동남아
건축문화
산책

동남아 건축문화 산책

박순관 지음

이담
Books

1993년에 박사과정을 시작하면서 어떤 공부를 해야 할 지를 심사숙고하던 중에 지도교수를 맡아 주셨던 명지대학교 건축대학의 김경수 교수님으로부터 아시아를 비롯한 비서구 사회의 건축에 관한 안내와 조언을 받았고, 그것은 이후의 공부 방향과 내용을 결정짓는 중요한 계기가 되었다. 그 무렵부터 개인적으로 키워 왔던 몇 가지 문제의식과 공부 영역이 있다. 비서구 (혹은 제3세계) 사회의 문화와 건축적 현실에 대한 비판적 진단, 아시아 건축문화의 역사적 근본들과 그것의 지역적 변용 및 근대 이후의 양상, 건축에서 지역학의 의미와 방향 등이 그것들이다. 막연한 관심과 호기에서 비롯된 공부는 일차 연구대상 지역으로 동남아시아를 선정하면서부터 구체화되기 시작했다.

하지만 이 주제들에 대한 학문적 실적과 교육적 뒷받침이 전무하다시피 했던 당시의 한국 건축계에서, 그리고 동남아시아 건축문화에 대한 관심과 학문적 비중이 턱없이 낮았던 당시의 상황에서, 모처럼 의욕적으로 출발했던 공부를 이어가는 것이 그리 쉽고 순조로웠던 것만은 아니었다. 무엇보다도, 국내에서 관련 자료를 구하기도 힘들었고 선행 연구를 찾기도 어려웠다. 당연히, 함께 공부하고 토론할 연구자도 드물었다. 이와 함께, 우리나라 바깥 지역에 대한 연구에서 겪게 되는 여러 가지 어려움―지역 언어, 1차 자료 수집, 체계적인 현지조사 등―도 뒤따랐을 뿐만 아니라 그에 수반되는 현실적 부담도 만만치 않았다.

　그럼에도 불구하고, 그동안 한국 건축계가 취해 왔던 지적(知的) 주류
와는 다른 입장에서, 동남아시아를 비롯한 아시아 지역 전반의 문화와
건축에 관한 기존의 이해와 인식을 새롭게 하고 그에 따른 사례 연구의
지역적 범위를 늘리는 데 일조할 수 있다는 점에서, 나름대로의 학문적
소신과 보람을 챙겨 올 수 있었다. 또한 그 과정에서 아시아의 문화와 건
축에 대한 열린 생각과 관점을 구비할 수 있었던 것은 공부하는 사람으
로서 누릴 수 있었던 행운이자 즐거움이었다.

　서론에서도 다시 언급하겠지만, 당시 한국 건축계의 지적 흐름은 크
게 '서양적인 것 vs 한국적인 것'의 이항대립적인 구도 속에서 전개되었
고, 아시아를 비롯한 타 문화권의 건축문화에 대한 관심과 이해는 거의
도모되지 못했다. 그 과정에서, 간혹 아시아 건축에 대한 논의가 부분적
으로 있기도 했지만, 그 역시 중국과 일본 중심의 동북아시아에 국한된
지리적 범위에 갇혀 있었다. 그리고 최소한 동북아시아 문화권과 연관
된 역사적 의미와 가치를 거시적 측면에서 깊이 있게 다룬 노력과 실적
도 상대적으로 미약했다는 점에서, 기존의 흐름과 한계를 바꾸고 보완
할 만한 힘을 드러내지 못한 것으로 이해된다. 덧붙여, 넓은 의미에서,

한국 건축가들의 문화적 사고영역과 건축적 창작 또한 그 같은 구도와 별반 다름없는 상황에서 이끌어지고 있는 것으로 보인다.

동남아시아의 문화와 건축에 대한 공부는 이러한 배경에서 시작되었다. 이 지역은 아시아의 여러 지역들 중에서도 건축 활동이 가장 활발하게 전개되고 있는 곳일 뿐만 아니라 우리가 참고할 만한 건축적 결과물도 의외로 많고 다양하다. 그것은 인도, 중국, 일본의 건축만큼 우리에게 많은 시사점을 주며, 비서구 사회 혹은 아시아의 문화적 가치와 연관된 중요한 사례로 논의될 수 있을 정도의 일정한 내용과 수준을 지니고 있다. 이와 관련해, 국내에서 동남아시아의 건축역사와 문화를 다룬 연구 성과는 상당히 빈약한 상황이다. 동남아시아 지역을 향한 경제적 이해관계와 건설시장이 확대되기 시작한 이후, 이 지역에 대한 관심이 조금씩 높아지면서 최근에 이르러 동남아시아 출신의 몇몇 건축가들이 건축저널에 소개되거나 보고서 성격의 연구 프로젝트가 단편적으로 개진된 적이 있지만, 학문적 차원의 관심과 성과는 여전히 낮고 미비하다.

동남아시아를 포함한 아시아의 여러 지역을 누비기 시작한 지도 근 20년 가까이 되었다. 동남아시아를 기점으로 삼아 시작된 공부는 시간이 지나면서 인도, 중국, 일본을 비롯한 다른 지역으로 확대되었다. 그것은 동남아시아가 근본적으로 인도와 중국의 문화적 성분과 관련된 바탕을 상당 부분 지니고 있기 때문이다. 되돌아보면, 아마도 그 긴 시간의 대부분을 아시아의 문화와 건축에 대한 원론적인 기초 지식을 쌓는 데 할애하고, 그에 대한 얕은 인식과 지식으로 곳곳의 건축물과 도시경관을 몸으로 부대끼면서 관찰하고 기록하는 데 소비했던 것으로 기억된다.

그 과정을 회고해보면, 결과적으로 현지의 인문학적 바탕과 그에 대한 역사적 이해를 깊이 있게 확보했다기보다는 일차적인 조사와 답사 수준을 벗어나지 못한 채 일반적이고 개론적인 내용을 답습하거나 주관적인 이해에 머문 한계를 드러낸 셈이다. 아시아 혹은 동남아시아의 문화와 건축에 관한 폭넓은 사유와 심화된 인식을 마련하는 작업은 아직 필자에게 남겨진 요원한 짐이자 큰 부담으로 남아 있을 수밖에 없다. 본서 역시 그러한 한계와 부담을 고스란히 안고 있는 결과물로 남을 것이다.

이 책은 그동안 발표했던 학회논문들과 건축저널에 연재했던 원고들 그리고 박사학위논문 등에서 정리된 일부 내용을 주제별로 재구성하고, 여기에 나름대로 필요하다고 생각되는 내용을 추가로 보완한 것이다. 동남아시아의 건축문화를 완전하게 고찰·이해하고, 독자적인 관점과 해석으로 논한다는 것은 필자에게는 아직 역부족이다. 이런 이유로, 그동안 이 책의 출간을 미뤄왔지만, 긴 과정의 반환점을 도는 심정으로, 지금까지의 공부 내용을 개괄적으로나마 중간점검해 보는 차원에서 용기 내어 정리해 보았다. 미흡한 부분은 차츰 수정 · 보완하고자 한다.

다만, 이 책의 전반에 담겨진 내용에 제한하여 의미를 부여해 본다면, 최소한 동남아시아의 건축문화가 지니는 역사적 근본(성분)들과 지역적 현상을 개론적으로나마 유형별로 다루었다는 점이다. 또 동남아시아의 건축문화를 본격적으로 다룬 국내의 첫 사례라는 점도 이 책이 지니는 작은 의미들 중의 하나로 내세우고 싶다. 여기에서 발견될 모든 허점과 오류는 필자에게 있음을 미리 밝힌다. 여러 측면에서 부족한 이 책이 부디 동남아시아를 비롯한 아시아 지역 전반의 건축문화에 관한 인식을 새롭게 함과 더불어 그에 대한 학문적 관심과 재미를 고양시킬 수 있는 단초가 되기를 기대해 본다.

본서를 엮는 데 직접적으로 큰 도움을 주신 분들을 언급하지 않을 수 없다. 먼저, 명지대학교 건축대학의 김경수 교수님은 내 공부의 시작과 과정을 이끌어 주셨을 뿐만 아니라 항상 큰 격려와 함께 무언의 힘을 보태 주셨다. 한국외국어대학교 태국어학과의 이병도 교수님은 동남아시아 현지답사와 자료조사를 여러 차례에 걸쳐 동행하면서 형제 이상의 우애(友愛)로 현지어에 대한 모든 어려움을 해결해 주셨다. 특히, 적지 않은 분량의 태국어 문헌들을 밤새워 번역해 주셨던 일은 잊지 못할 고마움으로 기억된다. 세명대학교 건축공학과의 권태호 교수님은 국내 건축계 유일의 동남아 유학자로서 동남아의 도시 · 건축에 대한 안내와 도움 말씀을 주셨다. 제주국제대학교 건축디자인학과의 양상호 교수님은 이 책을 쓰는 내내 깊은 동료애로 현실적인 배려를 아끼지 않으셨다. 그리고 한국학술정보(주)는 필자의 사정으로 여러 차례 원고마감을 어겼음에도 불구하고 오랜 시간을 기다리면서 이 책의 출간을 허락했으며, 또한 부족한 내용의 졸고를 완성도 높게 마무리했다. 이분들의 도움으로 이 책이 나오게 된 것에 대해 진심으로 감사의 마음을 표한다. 끝으로, 내 삶과 공부를 뒷바라지해주신 부모님께도 깊은 감사와 사랑을 드린다.

2013년 6월
박순관

Contents

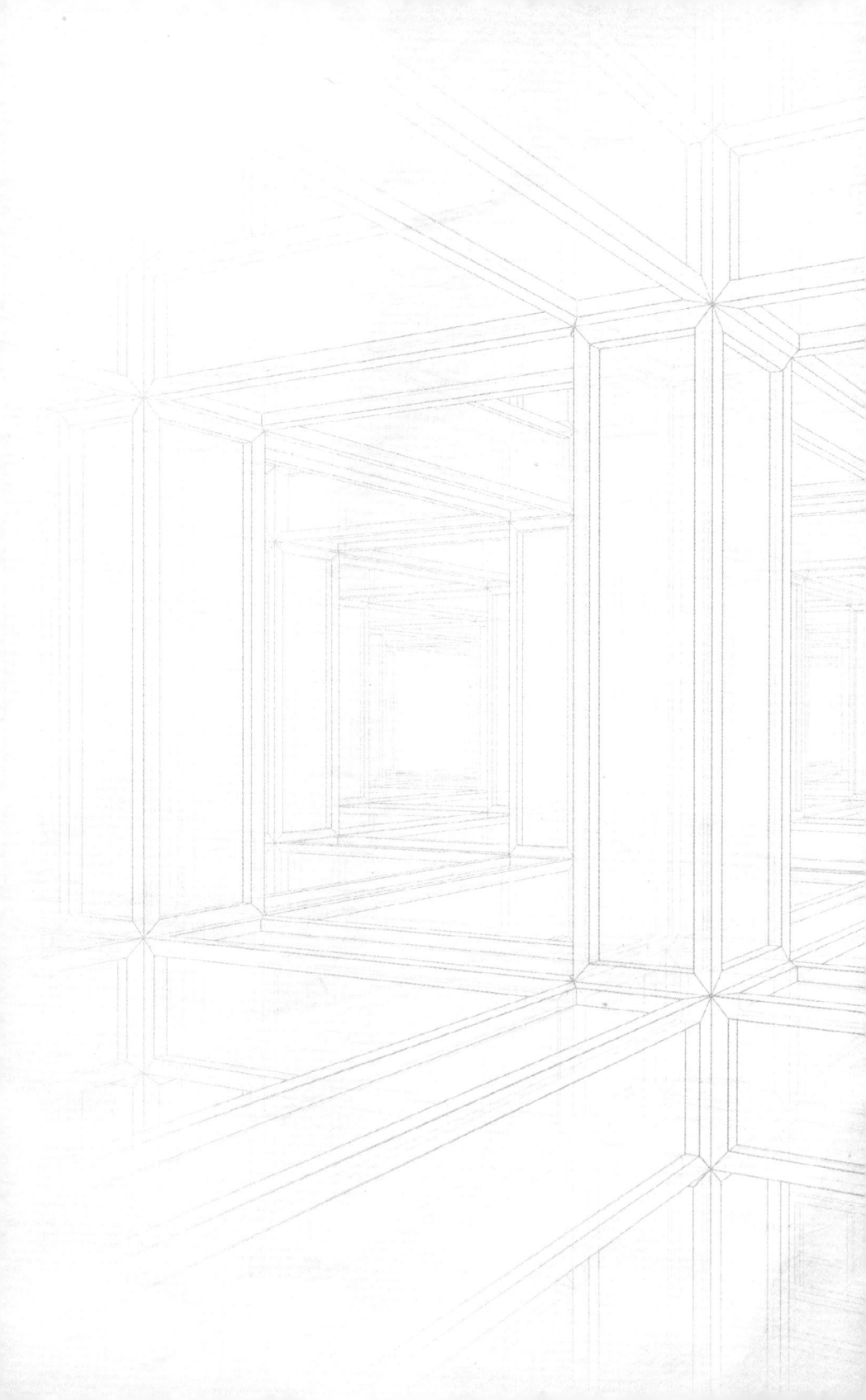

제 1 장

서론:
역사적 경험과 문화적 근본들

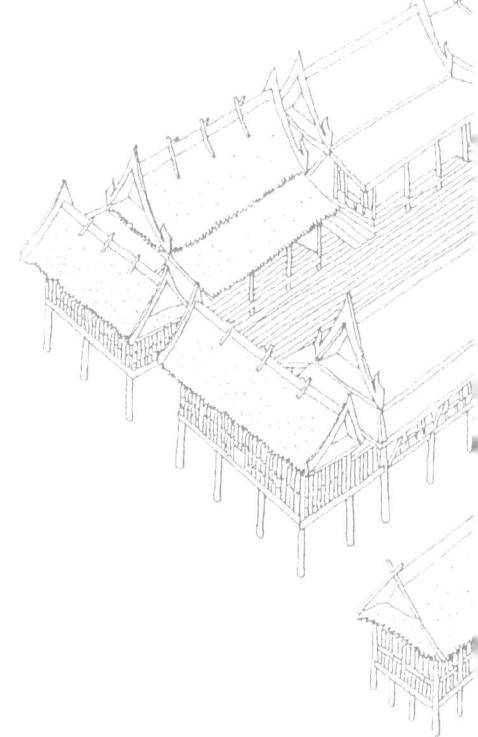

서론:
역사적 경험과 문화적 근본들

　하나의 지역문화권으로서의 동남아시아(이하 '동남아')는 관념적·물리적 측면에서 다른 문화권과는 구별되는 독특한 역사적 내용과 문화적 특성을 드러냈다. 확실히, 동남아는 그 자체로서 고유한 역사성과 지역성을 지니고 있는 지역이다. 그 안에는 고대부터 이어져 온 다양한 문화적 근본들이 서려 있으며, 오랜 세월에 걸쳐 광범위하고 복잡하게 전개된 역사적 내용과 그에 따른 문화적 갈래들이 지역과 시기(時期)를 달리하며 축적되어 왔다.

　여기에는 이 지역의 역사·문화적 흐름에서 공통적으로 발견되는 보편적 특성과 함께 그와는 구별되는 별개의 특수성도 존재한다. 동남아에서 발견되는 문화적 보편성은 바로 이 지역 전체를 관통하고 있는 여러 갈래의 문화적 근본들을 공유하는 데서 비롯된 것이며, 특수성은 그러한 거시적 흐름과 틀 안에서 지역 내의 여러 민족(국가)들이 그와는 구별될 수 있는 독특한 문화성을 추구하면서 구축된 것이다. 흔히, '보편성 속의 특수성'으로 요약되는 둘 사이의 인과관계는 동남아의 문화적 흐름을 통해 견고하게 확립되었으며, 그 과정에서 전개된 다양한 현상들은 지역적 정체성과 연관된 일정한 내용과 의미를 지닌다.

　동남아에는 여러 종교와 인종과 자연적 조건 등이 함께 얽히면서 적층된, 그리고 나름의 역사적 경험과 지역화를 거치면서 고착된 문화적 다변성과 차이가 존재한다. 이 지역은 역사적으로 인도와 중국으로부터 문화적 · 종교적 영향을 크게 받았고, 그것이 이 지역의 토착문화와 지속적으로 반응하면서 하나의 전통으로 역사화 되었고, 또 지역화 되었다. 아시아의 거대한 문화적 줄기를 이끌어 왔던 인도와 중국과의 역사적 관계에서 비롯된 일련의 인과성 (因果性)은 동남아의 문화적 바탕을 형성하는 주된 성분으로 남아 있다. 이와 함께, 대략 16세기 이후부터 본격적으로 시작된 유럽 열강들과의 관계사(關 係史) 또한 이 지역의 문화 형성에 영향을 미친 중요한 측면이다.

　이러한 문화적 바탕들은 동남아 건축문화의 크고 작은 특성들로 귀결되었고, 여기에 지역 고유의 인문성과 열대지방의 자연 · 지리적 조건이 덧붙여지면서 하나의 완성된 지역건축으로 이어져 왔다. 특히, 열대기후와 관련된 건축적 개념은 근대 시기를 거치면서 '열대성 근대건축(Tropical Modern Architecture)'이라는 건축유형으로 발전했다. 이처럼, 역사적으로 동남아의 건축적 흐름에 관여해 온 다양한 문화적 성분들은, 한 편으로는 창작 기반의 다변화라는 측면에서 많은 가능성을 지니고 있지만, 다른 한 편으로는 이로 인해 오히려 이 지역의 문화적 · 건축적 정체성을 모호하게 만드는 이유로 작용하기도 했다.

1. 인식과 재인식, 또 하나의 참고대상으로서의 동남아

지역문화에 대한 창조적 이해와 국제적 의미화가 중시되고 있는 글로벌 시대에서, 문화를 사고(思考)하는 지역적 범위와 창작 개념의 영역을 확대하는 노력이 요구되고 있다. 특히, 식민지 경험에 따른 역사적 후유증과 여파에 시달려온 우리의 경우, 그리고 유럽과 미국 중심의 서양문화에 치중하여 지역적으로 편협하게 세계문화를 인식해 온 우리의 현실에서, 그러한 노력은 상대적으로 더 절실하게 요구될 수밖에 없을 것이다.

20세기 후반부터 비교적 활발하게 논의되기 시작한 '다문화주의(multi-culturalism)'에 대한 관심과 이해가 커지면서, 문화연구는 이미 자국(自國)의 경계를 넘어 타 문화와의 소통과 결합을 진지하게 다루는 추세에 있다. 이는 문화를 이해하기 위한 사고력(思考力)의 폭을 넓힘과 아울러 우리문화의 절대성과 상대성을 더 분명하게 논하기 위함이다. 그런 면에서, 타 문화에 대한 연구는 곧 우리문화를 이해하는 안목과 판단기준을 확대하는 작업임과 동시에 우리 문화의 창작 기반을 '넓고 깊게' 축적시키는 일과 다름 아니다.

이와 관련해, 지금까지 우리나라에서 이루어져 온 타 지역에 대한 건축문화연구는 주로 서양 지역에 치중되어 왔으며, 아시아에 관한 연구 또한 지역적으로 중국과 일본에 치우치는 양상을 보여 주었다. 이로 인해, 우리 바깥의 문화적 상황을 폭넓게 인식하고 논평하는 데 있어 지역적 편협성과 한계를 드러낼 수밖에 없었다. 다시 말해, 건축역사와 이론을 연구하는 국내 학자들은 대부분 유럽과 미국 중심의 서양 지역을 주된 연구대상으로 삼으면서 서양의 건축이론과 건축가들의 작품을 소개하고 해설하는 데 집중했고, 그에 대한 상대적 노력의 일환으로 한국건축의 역사적 정체성에 대한 탐구가 병행되는 양상을 보여 주었다. 그 과정에서 산발적으로 행해진 아시아의 건축문화에 관한 연구는 주변국인 중국과 일본에 국한되었으며, 그 내용에서도 한국건축과의 역사적 인과관계를 설명하거나 각국의 건축양식이 지니는 특성을 비교적(比較的)으로 고찰하는 것에 치중되는 경향을 보여 주었다.

그러한 흐름에서, 한국건축계는 서양 이외 지역의 건축문화에 대해 무관심하거나 열등한 것으로 간주하는 인식 태도를 드러내기도 했다. 서양이 아시아를 비롯한 비서구 사회 지역에 대해 '서양식의 오리엔탈리즘(orientalism)'을 지니고 있다면, 우리 역시 동남아에 대해 '우리식의 오리엔탈리즘'을 묵시적으로 드러내 온 셈이다. 이는 서양식의 근대화를 거치는 과정에서 형성된 부정적인 인식 태도로, 이로 인해 아시아 지역의 고유한 문화적 자산(資産)에 기반을 둔 주체적 시각보다는 서양적 가치를 앞세워 비서구 사회의 지역건축을 이해하려 했던 문화적 편견과 그에 따른 문제적 시각이 조성되었다.

이처럼, 서양건축에 대한 편향과 아시아건축에 대한 편협한 이해는 건축연구의 지역적 다양성을 제한하고 건축가의 상상력을 '지리적으로, 그리고 관념적으로' 한정된 범위에 가두는 결과를 초래했을 뿐만 아니라, 한국건축을 생각하고 만들어내기 위한 깊이와 넓이 역시 그 안에 갇히게 만든 주된 이유로 작용했다. 이러한 시점에서, 진지하게 요구되는 것은, 당연히 또 항상 그래 왔듯이, 우리 역사와 현실에 대한 주체적 인식을 키우고 그것을 더 넓은 의미에서 현대화시키는 작업을 꾸준히 다듬어 가는 일일 것이지만, 한 편으로는 그동안 우리가 무시해 왔던 지역의 건축문화에 대한 새로운 인식과 이해를 통해 우리 건축을 이해하기 위한 지적(知的) 바탕을 넓히면서 세계건축을 새롭게 재인식하는 자세도 필요할 것이다.

이 같은 맥락에서, 한국건축의 심각한 문제성을 재론해 볼 때, 그것을 넘어서기 위한 한 방법으로 비서구 사회의 역사·문화적 가치와 그것의 현대적 양상을 살피면서 그것이 지니는 문화적 비전을 참고하는 노력이 요구된다.

우리나라를 비롯한 대부분의 비서구 사회는 근대적 의미의 사회변화를 겪는 과정에서 서양과 관련된 문화적 반응과 그에 따른 지역적 양상을 드러냈다. 하지만 그것은 대체로 역사적 진정성이 결여된 부정적 의미의 식민성과 근대성으로 인식되어 왔으며, 그 과정에서 역사성과 지역성에 대한 새로운 이해와 탐구의 중요성이 상대적으로 강조되었다. 이러한 양상은 비서구 사회에 속하는 대부분의 지역에서 나타나는 일반적인 흐름이자 현상이다.

동남아는 우리보다 약 350년 정도 일찍 유럽의 직접적인 식민지배와 정치적 간섭을 받아 왔으며, 독립 이후의 현실과 양상 또한 그 연장선상에서 상당한 질곡을 겪어 왔다. 우리와 비슷한 역사적 경험을 지녔고 또 현실적으로 비슷한 처지에 놓여 있는 나라들에 대한 연구는 우리의 역사와 현실을 재론하는 데 필요한 제3의 기준과 가치를 제공한다. 역사적으로, 동남아와 우리나라는 근래의 경제적 교류에 따른 몇 가지 측면을 제외하고는 그렇게 긴밀한 역사적 인과관계를 맺지 못했다. 때문에 동남아를 우리와의 역사적 인과관계 내지는 문화적 연결고리를 찾아 이해하려는 시도는 내용적인 면에서 큰 의미를 갖지 못한다. 다만, 큰 틀에서 '한국적인 것과 서구적인 것'의 갈등과 절충으로 점철되어 온 우리의 건축적 상황을 폭넓은 시각으로 다변화시키기 위한 노력이 요구되는 시점에서, 일차적으로 아시아 국가들 중 가장 역동적인 건축현상을 드러내고 있는 동남아 지역의 건축문화를 살피는 작업은 학문적인 시사성과 함께 아시아의 건축문화에 대한 이해의 폭을 넓힐 수 있는 하나의 사례로 삼을 수 있다는 점에서 나름의 의의를 지닌다.

2. 지역건축에 대한 이해

문화는 시대마다, 지역마다, 민족마다 상대적으로 다른 가치와 의미를 드러내 왔다. 그중에서도, 건축은 한 시대의 문화적 사고와 삶의 양식과 기술적 성과를 종합적으로 드러낸다는 점에서, 문화사(文化史)의 중심 주제로 다루어져 왔다. 건축물을 설계하는 일, 다시 말해서, 건축물의 모양을 만들고 공간의 크기와 느낌을 정하는 작업은 단순한 손재주나 기술만으로 이루어지는 것이 아니라, 역사적으로 이어진 삶의 모습과 정서를 이해하고 그것을 당대(當代)의 과학적 기술력과 문화적 사유(思惟)로 새롭게 구현하는 복잡한 과정과 역량을 필요로 한다.

한 지역의 문화와 건축에 대한 연구는 일반적으로 그 지역에서 발견되는 고유한 성분과 주된 속성(屬性)들을 파악하고, 그것이 역사의 흐름에서 어떤 형식과 양상으로 자리매김 되어 왔으며, 현재의 시점에서 어떻게 이어지고 있는가를 총체적으로 설명하는 것을 주된 내용으로 삼는다. 또한 서로 다른 지역문화들 간의 비교를 통해 차별성과 공통성을 밝히는 것을 거시적인 목표로 삼기도 한다. 이는 궁극적으로 현대의 상황을 더 근본적이고 복합적으로 이해하기 위함이다.

건축물은 그 지역의 실질적인 조건들 ― 자연환경, 기후, 지역재료 등 ― 과 인문적인 상황 ― 민족적 관습과 정서, 세계관과 신앙, 사회적 규범과 제도 등 ― 의 종합적 결과로 남게 되며, 역사적 연속성이라는 측면에서 가치화된다. 그것은 지역건축의 공간구성과 형태적 모습을 이끌어 가는 바탕으로 작용하며, 그 안에는 지역의 역사적 정신과 물리적 특질이 함께 담겨지기 마련이다. 문명시대 이전의 건축물은 단순히 자연환경으로부터 인간을 보호하는 피난처로서의 역할에 머물렀지만, 점차 인간 삶의 양태와 욕구가 다양해지면서 건축의 역할과 의미도 훨씬 복잡한 역사·문화적 단층을 지니게 되었고, 문화적 의미도 상당한 넓이와 깊이를 지니게 되었다.

서양의 경우, 파르테논(Parthenon)은 고대 희랍의 시대적 이상(理想)과 사회적 현실을 세련된 감각으로 표현했고, 중세의 고딕건축은 기독교적 이상과 시대적 윤리를 장엄한 규모로 구현했으며, 르네상스 시대의 건축은 휴머니즘 사상에 힘입어 인간 중심의 사고와 가치를 중시한 건축미를 드러냈다. 또 산업혁명 이후의 근대사회에서 이루어진 건축은 당시의 과학적 발견과 획기적인 구조기술의 발달을 통해 이전(以前) 시대와는 판이하게 다른 건축문화를 창출했다. 아시아 역시 서양과는 다른 내용의 건축적 가치와 문화적 의미를 드러내 왔다. 역사적으로 인도와 중국이 큰 부피를 차지하면서 이어져 온 아시아 건축은 서양과는 다른 인간 삶의 모습과 사회상을 반영하면서 고유의 동양적 세계관과 과학적 지식을 담아냈다. 불교, 유교, 힌두교, 이슬람교 등을 비롯한 다양한 종교적 사유 체계는 아시아 건축의 기본 정신과 성격을 결정짓는 바탕이었다.

아시아의 한 부분으로서, 인도와 중국에서 비롯된 문화적 내용을 공통으로 삼고 있는 동남아는 다른 지역에 비해 상대적으로 다양한 종족(민족) 구성과 다층적인 종교적 양상에서 비롯된 복합적 인문 구조를 드러내고 있으며, 이것이 이 지역의 중요한 역사적·지역적 특징으로 설명되기도 한다. 동남아에 속해 있는 나라들은 대체로 공통의 문화적 기반을 지니면서 서로 인접해 있으며, 그에 따른 역사·문화적 연대의식을 보여 주고 있다. 이 지역 전체를 덮고 있는 아열대성 기후 또한 그와 같은 차원에서 동남아 건축문화의 연대감을 강화시켜 주는 중요한 요소로 작용해 왔다.

하지만 광범위하게 공유되고 있는 문화적 근본과 인문·지리적 유사성에도 불구하고, 이 지역 전체를 하나로 묶어 설명할 수 있는 단일한 속성이 있다고 단정하기는 어렵다. 그러기에는 동남아의 여러 지역에서 전개된 건축유형이 너무나 다양할 뿐 아니라 각각이 지니는 의미 또한 큰 차이를 갖기 때문이다. 다시 말해, 동남아 각국은 건축문화적 측면에서 기본적으로 서로 연관시켜 비교·설명할 수 있는 충분한 유사성을 지니고 있는 반면, 다른 한 편으로는 전혀 다른 가치체계와 결과로 논의될 수 있을 정도의 차별성도 지니고 있다. 전자는 각국의 역사적 과정과 경험이 비슷한 데서 기인(起因)한 것으로, 각국의 문화적 전개과정에서 드러나는 일반적이고 방법론적인 차원의 문제이며, 후자는 각국의 고유한 문화적 특징에서 비롯된 특수하고 실천적인 차원의 문제로 이해될 수 있다.

3. 문화적 근본들과 성격

인도와 중국의 영향을 받기 이전의 동남아에는 샤머니즘 성격의 민간신앙을 믿었던 여러 부족국가들이 존재하고 있었고, 그들은 이미 각각의 고유한 토착문화를 형성하고 있었다. 문헌에 따르면, 기술적인 면에서 야금술, 논밭농사, 계절풍을 이용한 항해술 등이 발달했었고, 모계(母系) 중심의 혈통계승과 상속제도를 지닌 여성 중심의 촌락사회를 이루기도 했다. 또 조상과 정령숭배 및 토착적 우주관 등이 혼합된 관념 체계를 갖추고 있었다.

동남아에서는 대략 기원전 3~4세기를 전후(前後)로 동손(Dong Son) 문화가 전개되기 시작하면서 인도와 중국의 문화적 양상과 연관시켜 논의될 수 있는 특징들이 나타나기 시작했다. 이들 두 나라는 동남아 지역에서 정치적·문화적 측면에서 상대적으로 앞선 모델로 간주되었기 때문에 동남아에 존재했던 대부분의 왕국과 부족국가들은 두 나라와의 관계를 통해 국제적 관계를 수립해 가는 양상을 보였다. 인도와 중국의 문화는 일정한 시차(時差)를 두고 기존의 토착 지배세력에 의해 선택적으로 수용되었고, 뒤이어 일반 대중들이 이를 따랐을 것으로 추정된다.

동남아에서 초창기의 문화적 바탕으로 작용한 것은 인도로부터 전래된 힌두교와 불교였다. 이 두 종교는 지역화 과정에서 서로 융화되는 경향을 보이면서, 궁극적으로 인도에서 이루어진 원래(原來)의 것과는 전혀 다른 모습으로 나타나기도 했다. 예를 들면, 인도네시아에서 9~15세기 기간에 걸쳐 융성한 힌두-불교건축은 그것의 초기 영감(靈感)을 인도의 건축적 특징에서 이끌어 왔지만, 후에 인도네시아의 지역적 여건들과 결합되는 과정을 거치면서 동남아 종교건축의 지역성을 대변하는 독특한 유형으로 발전했다.

인도와 중국 다음으로 이 지역에 영향을 미친 것은 이슬람 문화였고, 뒤이어 유럽 중심의 서양문화가 뒤따라 유입되었다. 동남아가 서양에 알려진 것은 13세기 말 경에 이 지역에 상륙했던, 이탈리아의 탐험가 마르코 폴로(Marco Polo, 1254-1324)에 의해서다. 이 지역이 알려지면서 이웃 나라들에 의해 여러 가지 명칭으로 불렸다. 인도인들은 동남아를 '멀리 떨어져 있는 인도 혹은 더 큰 인도'라고 불렀으며, 중국인들과 일본인들은 각각 난양과 남포라고 불렀다. 이후 서양인들은 이 지역을 동인도 혹은 극동아시아의 일부로 규정했다. 오늘날 쓰이는 '동남아'라는 명칭은 제2차 세계대전 중이었던 1943년에 실론(Ceylon, 스리랑카의 옛 이름)에 본부를 두고 창설된 영·미 동남아 사령부가 일본과 전쟁을 수행하면서 전략적으로 붙여진 것이다.

고대(古代) 시기에 동남아에 유입된 일종의 강력한 외래문화(外來文化)로써, 동남아의 새로운 전통으로 자리를 잡은 인도와 중국의 문화는 이 지역에서 군림했던 여러 고대 왕국들의 발흥과 발전에 결정적인 기여를 했다. 이들 외래문화의 영향과 관련해, 기원 전후(前後) 시기부터 13세기 말까지의 기간을 종종 유럽에서 행해진 시대구분에 견주어 '동남아의 고전시대'라고 부른다(조흥국, 1996: p.22). 주로 인도의 상인들, 승려, 예술가 등에 의해 이 지역으로 유입된 힌두교와 불교는 동남아의 정치제도와 사회풍습에 큰 영향을 주었으며, 당시 동남아에서 권력을 행사하던 기존 세력들은 인도로부터 유입된 종교적 권위를 적극적으로 활용해 이 지역을 지배하기 위한 통치 원리로 삼았다.

흔히, 동남아 지역의 문화적 특징을 '다양성과 동질성'이라는 두 단어로 변증(辨證)한다. 지구상에서 유일하게, 이 지역에는 인도·중국·중동·서양 등에서 비롯된 서로 다른 문화적 근본들이 함께 공존하고 있으며, 역사적으로 힌두교·불교·이슬람교·유교·기독교가 지역별로 강하게 고착되어 왔다. 이는 다양성의 이유이자, 동질성의 동기(動機)로 설명된다. 동남아에 전래된 각각의 문화적 근본들은 일차적으로 토착문화와의 반응을 거치면서 지역화 되었고, 그 위에 각 문화들 간의 절충과 갈등이 반복적으로 덧칠되었다.

어떤 면에서, 그것은 무성격(無性格)의 다양성이며 그 속에서 동질성을 논하기란 어렵다. 이 지역의 문화적 성과는 각 문화 간의 차이를 인정하고 그 경계에서 서로의 가치를 대립시켜 병치·혼합하는 태도에서 비롯된 것으로 이해된다. 지역의 기후에서 비롯된 몇 가지 건축술적(建築術的)인 공통성과 사회경제적 구조 및 역사적 진화 단계에서 보이는 유사성 등을 논외로 한다면, 이 지역의 문화적 동질성이란 의미상 '통합되어 같아짐'을 뜻하는 것이 아니라 각각의 문화적 근본과 차이를 인정하고 동화시키려는 태도와 관련된 무형(無形)의 관념인 셈이다.

4. 인도의 영향

동남아 지역과 인도 대륙과의 역사적 관계는 기원전 6세기경까지 올라간다. 이 시기부터 시작된 두 지역 간의 관계는 기원전 3세기에 이르러 인도의 불교 황제인 아소카(Asoka) 왕이 불교 전파를 목적으로 이 지역에 수도승들을 파견하면서 긴밀해지기 시작했다. 인도로부터 전래된 브라만교(바라문교, Brahmanism, 훗날의 힌두교)와 불교 및 힌두교는 이 지역의 문화적 기반을 이루는 데 큰 영향을 미쳤을 뿐 아니라, 이후 시기의 역사 흐름에서도 지속적으로 작용했다.

동남아인들은 조각, 신화, 철학, 사원, 언어, 철자법, 법률 그리고 정치이론 등의 여러 분야에서 인도의 사상을 최대한 이용했다. 왕권의 신성(神聖)을 강조하는 인도인의 의식은 특히 이 지역의 토착지배자들에게 큰 호응을 얻어 쉽게 수용되었다. 이들은 스스로를 부처와 같은 모습 혹은 힌두교의 주요 신(神)들인 비슈누(Vishnu, 보호의 신)와 시바(Shiva, 파괴의 신)라고 칭하며 자신들의 공적과 위대함을 상징하는 거대한 기념비를 세우기도 했다.

인도의 문화는 드바라바티(Dvaravati, 5~11C), 스리비자야(Srivijava, 7~13C), 크메르 왕조(Khmer Empire, 9~15C, 현 캄보디아), 미얀마(Myanmar, 옛 버마) 등과 같은 여러 시기와 지역을 거치면서 넓게 퍼졌다. 이들 문화는 소승불교와 대승불교를 번갈아 따랐으며, 힌두교는 단지 크메르에서만 강하게 나타났다. 인도의 문화적 확장은 13세기에 인도가 이슬람의 침략을 받으면서 약화되기 시작했다.

5. 중국의 영향

중국의 동남아에 대한 관심은 역사적으로 매우 오래되었지만, 이 지역에 대한 직접적인 영향은 13세기에 인도의 문화적 확장이 약해지면서부터 시작되었다. 당시 중국의 불교도들이 동남아 항로를 경유해 인도로 여행하면서 중국의 영향이 직·간접적으로 미치기 시작했다. 중국의 통치자와 유교에 바탕을 둔 관리들은 그들의 정치적·사회적 이념을 통해 동남아의 초기 왕국들과 국제적인 관계를 확대시켰다.

이후, 중국은 동남아에 대한 무력 침공을 두 번에 걸쳐 감행했다. 첫 번째는 13세기 말경에 몽골제국의 쿠빌라이 칸(Kubilai Khan)이 현재의 태국과 미얀마 지역을 침략했었던 시기로, 이 무렵에 남부 중국에서부터 동남아로 많은 중국인들이 이주했다. 두 번째는 15세기 초에 인도양까지 군대를 파견한 일이다. 이때까지는 동남아의 대부분 지역이 인도 문화권에 속해 있었으며, 인도화된 많은 왕국들이 흥망을 거듭하는 역사적 과정을 거쳤다.

중국과 동남아 지역 간의 국제 교류가 활발해지면서 상업무역이 번창하게 되었고, 중국으로부터 전래된 불교, 도교, 유교는 인도의 영향과는 다른 차원에서 이 지역의 정치철학과 문화적 정서에 큰 영향을 미쳤다. 중국인들의 이주가 늘면서 중국인 공동체가 자연스럽게 형성되었고, 중국의 영향을 받은 문화적 현상과 건축물이 등장하기 시작했다. 이에 따라, 중국 출신의 건축장인(建築匠人)과 예술가들의 사회적 역할도 점차 확대되었다.

동남아 건축의 한 특징인 채색타일과 금박장식 등은 중국의 영향을 받은 대표적인 처리 기법에 속한다. 중국 장인들은 동남아의 현지인들에 비해 상대적으로 섬세하고 뛰어난 기술을 지녔었기 때문에 중국 출신의 예술장인들은 건축기술자로서의 확고한 입지를 얻게 되었고, 그것은 오늘날까지 하나의 사회 · 문화적 성분으로 이어지고 있다.

6. 이슬람의 영향

불교와 힌두교보다 훨씬 늦은 시기에 유입된 이슬람 문화 역시 동남아 지역의 중세문화 형성에 많은 영향을 미쳤다. 불교화가 주로 동남아의 대륙 내부 지역에서 이루어졌다면, 인도네시아를 비롯한 해상 지역과 그 주변에서는 이슬람화가 진행되었다. 초창기에는 동남아인들이 아랍인들을 얕잡아 봤던 풍조가 만연했었기 때문에 이슬람 문화가 제대로 정착되지 못했다. 대륙보다는 해상 지역에서 진행된 이슬람화는 대략 13세기 무렵부터 시작되었을 것으로 추정된다. 이슬람이 이 지역에 소개된 것은 훨씬 이전부터였지만, 10세기경 인도에 이슬람교가 유입되고, 그것이 다시 이 지역에 전파되면서 이슬람 문화가 본격적으로 유입되기 시작했다.

이슬람 문화의 전파는 주로 오래전부터 동남아 지역과 무역을 해오던 아랍과 인도의 무슬림 상인들에 의해 이루어졌으며, 14~15세기를 거치면서 당시 동남아의 주요 무역항이었던 말레이시아 반도의 말라카(Malacca) 지역을 중심으로 점차 확산되었다. 1403년에 세워진 말라카 도시는 동남아에서 가장 중요한 이슬람 도시국가이자 이슬람 상업의 중심지로 큰 각광을 받았다. 이슬람 문화는 그것을 적극적으로 받아들인 말레이시아, 인도네시아, 필리핀 남부 지방의 문화적 복합체 위에 접목되었다. 이러한 양상은 유럽이 동남아 지역을 침탈하기 시작한 16세기 초까지 강하게 이어졌다.

7. 유럽의 영향

16세기 초에 포르투갈이 말라카 지역을 점령하면서부터 시작된 유럽의 동남아 진출은 이후 이 지역의 국제 정세와 문화 형성에 상당한 영향을 미쳤다. 동남아를 대상으로 당시 유럽 각국들이 펼쳤던 식민주의와 무역개방 등의 압력 아래서 태국을 제외한 대부분의 동남아 지역이 식민지로 전락했다. 이와 함께, 서양의 기독교가 이 지역에 빠르게 유입되었고, 이는 동남아의 종교 양상을 흔드는 계기가 되었다.

이 지역의 식민화는 영토의 일부를 할양하거나, 불공정한 무역조약을 체결하여 경제권을 상실하거나, 완전한 정치적 지배를 받는 양상 등의 유형으로 크게 나뉘어 이루어졌다. 이 과정에서 지배국가의 종교(기독교) 문화와 건축 양식이 적극적으로 유입되었으며, 그 결과로 서양건축이 동남아 건축문화의 한 부분을 장식하게 되었다. 유럽의 영향을 통해 발생한 문화적 변화는 기존의 다른 종교들에 의해 이루어졌던 것과는 근본적으로 다른 성격을 드러냈다.

서양인들은 이 지역에 대한 식민지배를 통해 자국의 경제적 부(富)를 추구함과 동시에, 기독교적 신념과 유럽문화를 이식시켜 이 지역의 역사적 성격과 문화적 바탕을 변화시켰다. 특히, 문화예술 측면에서, 불교·힌두교·이슬람교와 중국적인 문화성분을 주류로 삼아 형성되었던 기존의 전통적 문화구조 위에 유럽의 사상과 문화가 덧씌워짐으로써, 동남아의 문화적 성격을 더 복잡하게 만들었다는 부정적인 측면을 야기 시켰다. 그러나 한 편에서는 이것이 동남아 지역의 근대화를 위한 역사적 동기로 작용했고, 그로 인해 피상적으로나마 근대적 의미의 정치문화와 물질문명의 발전을 통한 사회변화를 이끌 수 있었다는 긍정적인 견해를 펼치는 입장도 있다.

당시 이 지역에서 전개되었던 유럽 세력의 패권은 포르투갈, 영국, 프랑스,

네덜란드, 스페인, 미국 등이 주를 이루었다. 포르투갈은 이 지역에 가장 먼저 식민지를 구축했음에도 불구하고, 이후의 식민지 확보 경쟁에서 우세한 지위를 차지하지 못했다. 포르투갈은 네덜란드가 말라카를 점령한 1614년까지 단지 몇 개의 분산된 속령들과 섬 지역의 몇몇 요새들만 점유하고 있었다. 영국은 이 지역에 가장 큰 영향력을 미친 나라들 중의 하나다. 1786년에 페낭, 1819년에 싱가포르, 1824년에 말라카를 인수했고, 1914년에는 말레이시아 반도 전체를 실질적으로 지배했다.

인도차이나에서 프랑스의 지배는 19세기 후반부터 시작되었고, 비교적 늦게 이 지역에 진출한 미국은 1898년에 스페인으로부터 필리핀을 양도받았다. 이 과정에서 당시 유럽에서 유행하던 신고전주의풍의 건축양식이 지배국가의 건축가들에 의해 곳곳에 지어졌다. 유럽의 식민 열강들이 자국의 건축 역사와 논리를 바탕으로 전개했던 식민건축은 동남아 건축문화의 한 층을 이루는 중요한 역사적 현실로 남아 있다.

일본 또한 일시적이긴 했지만 동남아 전역에 걸쳐 실질적인 지배권을 확보했다. 일본의 지배는 결과적으로 동남아에서 전개된 유럽 중심의 권력 구조를 개편시켰으며, 서양의 지배를 종식시키는 단초를 제공했다. 동남아 현대사에서 가장 큰 분수령이 된 제2차 세계대전이 끝난 후 첫 10년이 지나서 대부분의 동남아 나라들은 독립을 이루었다. 이후, 서양 중심으로 재편된 세계 질서 속에서 근대적 의미의 사회적 변화를 겪기 시작했으며, 문화와 건축 역시 그러한 상황과 맞물린 양상을 드러냈다.

동남아 주거문화의
전통과 특성

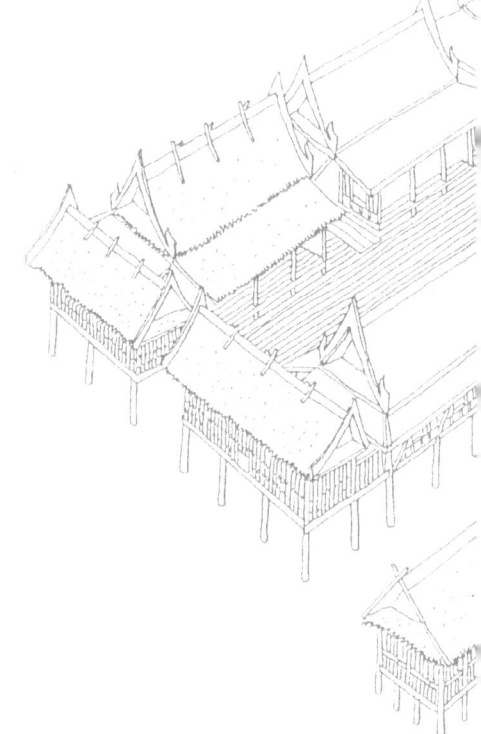

동남아 주거문화의
전통과 특성

동남아 지역에서 역사적으로 전개되어 온 주거문화의 양식적 유형은 지역별로 상당히 다양한 모습을 드러내 왔다. 정확히 조사된 수치는 아니지만, 동남아 지역에서 발견되는 전통주거문화의 건축적 양식은 대략 86개에 달하는 것으로 알려져 있다.[1] 이들 각각에는 자연 풍토와 종족(민족)의 고유한 조형의식에 따른 개별적 특성이 담겨 있으며, 이는 곧 동남아 건축의 전통적 이미지를 대변하는 지역적 정체성으로 강하게 인식되고 있다. 이들 양식들은 확실히 크고 작은 차이에 따른 개별성을 갖지만, 한 편으로는 그것의 역사적 기원과 자연환경을 공유하는 데서 비롯된 유사성을 지닌다.

동남아의 전통주거에는 생활을 위한 실제적 기능 외에도 사회적 · 신앙

---

1) Lim Chong Keat (1987), p.7.

적 의례와 관련된 기능이 복합적으로 담겨 있다. 또한 공공성과 프라이버시, 남성과 여성, 기혼과 미혼, 신성함과 세속적 기능 등의 대조적인 개념들이 지역에 따라 다양한 방식으로 실현되어 있다. 하지만 각각의 기능과 개념을 독립적으로 구현하기 위한 공간 분화가 적극적으로 이루어져 온 것은 아니다. 그것은 오히려 공간에서보다는 형태와 장식에서 더 적극적으로 전개되는 양상을 보여 주었다.

동남아의 전통주거문화에 대한 기존의 연구는 대부분 기후, 지리, 환경, 재료의 특질 등과 같은 지역의 물리적 조건이 토착 양식과 어떤 인과관계를 맺고 있으며, 그것이 공간구성과 형태 그리고 축조기술의 측면에서 어떻게 특성화되었는가를 밝히는 데 중점을 두었다. 또한 그것의 지역별 차이와 공통점을 설명하는 것을 연구의 중심 주제로 삼기도 했다. 한편, 과학적 설명과 기능적 이해에 비중을 두고 있는 이러한 태도와는 달리, 문화인류학적 입장에서 조상으로부터 이어져 온 전통적 관념과 우주론적 세계관, 토착신앙, 사회적 관습 등과의 인과성(因果性)을 다루면서 해석의 범위를 넓히려는 정반대의 노력도 있다.

전통주거의 비기능적·비물리적 측면을 중시하는 이러한 태도는 기후와 재료 같은 물리적인 조건에 따라 도식적으로 이해될 수 있는 문제점을 보완할 뿐 아니라, 동남아 고유의 정신성에 근거하여 보다 깊이 있게 이해할 수 있는 인문적 관점을 제공한다. 또한 동남아를 인도나 중국의 영향 관계를 통해 파악하려 했던 기존의 태도를 비판적으로 검증하면서 동남아의 고유 사회에서 발견되는 특성과 의미를 지역의 문화사적 흐름에서 재조명할 수 있다는 가능성을 보여 준다.[2]

---

2) 대표적인 예로, Roxana Waterson이 저술한 〈The Living House : An Anthropology of Architecture in Southeast Asia, Oxford University〉를 들 수 있다.

1. 전통주거의 기원과 원시주거

동남아 전통주거의 건축적 기원과 역사적 변화에 대한 규명은 아직까지도 모호한 채로 남겨져 있다. 이는 나무를 주재료로 삼았던 동남아 전통건축물의 수명이 최대 200년 정도밖에 되지 않고, 그에 대한 기록도 많지 않기 때문이다. 하지만 인류학과 언어학 분야에서 제기된 몇 가지 추론을 종합해 볼 때, 그 기원은 대략 5,000~6,000년경 전으로 추정되고 있다.[3] 문헌에 따르면, 현재의 인도차이나(Indochina) 반도와 오스트레일리아(Australia)에 걸친 광대한 지역에 걸쳐 오스트랄리아인(Australoid),[4] 니그로인(Negroid), 멜라네시아인(Melanesoid) 등이 차례로 이 지역에서 살았고, 그 권역은 동남아 군도(群島)와 대륙의 일부분, 대만, 태평양(마이크로네시아, 폴리네시아, 마다카스카르) 등에 이르렀다.

동남아 전통주거의 기원과 관련해, 군터 도메니크(Domenig, G.)는 오스트로네시안(Austronesian) 건축양식의 기원이 신석기 시대의 중국 남부 지역을 비롯해 동남아와 일본까지 포함하는 광역적인 범위에서 논의될 수 있다고 주장한다. 즉, 양쯔(Yangtze) 강 유역 주변에 집중되어 있었던 중국 남부 지역의 신석기 문화가 동남아적 특성과 깊은 관련이 있다고 주장하면서, 고상식(高床式, Rasied pile foundations or pile-built dwellings)과 유사한 구조의 건축양식이 중국 남부에서 발전된 것이고, 그것이 다음 시기인 청동기와 초기 철기시대로 이어지면서 동손 문화와 일본에 중요한 영향을 미쳤다고 주장한다.[5] 동손 문화는 기원전 600~400년부터 기원후 1세기에 걸쳐 북

---

3) Roxana Waterson (1990), pp.11-15. Chen Voon Fee (1998), pp.8-9.
4) 호주 원주민 및 그들과 인종적 특징이 비슷한 호주 주변의 여러 종족들을 일컫는다.
5) Roxana Waterson, op. cit., p.16.

▲ **도면 1** 신석기시대 동남아 원시주거의 가상 복원도

부 베트남을 핵심지역으로 삼아 전개되었으며, 이 시기에 만들어진 청동제 드럼(drum)의 그림 · 조각을 통해 당시 동남아 전통주거의 다양한 모습을 알 수 있다.[6]

　　인류학적으로, 언어적 인척은 건축적 특성을 포함한 문화적 공통성의 핵심으로 인식되고 있다. 오스트로네시안 언어문화권[7]으로 묶여지는 이 지역에서, 후기 신석기 시대의 원시 —오스트로네시안 사람들은 처음에 북부 베트남과 중국 남부의 해안 · 강변지역에서 정착마을을 이루며 생활을 유지했

---

6) Roxana Waterson, op. cit., p.18.
7) 오스트로네시안 언어 그룹은 대략 700~800개 정도의 단어와 숫자를 사용했으며, 베트남, 대만 등이 여기에 포함된다.

다. 이들은 기원후 500년경까지 지속적으로 이동·분산하면서 지역적 팽창을 보여 주었는데, 대만에는 기원전 4000년 전에, 필리핀에는 기원전 3000년 전에, 그리고 인도네시아에는 그보다 1,000~1,500년 후에 도달했던 것으로 추정된다.[8]

이들이 거주했던 집은 직사각형의 평면 구성에 생활공간을 지면에서 올려 기둥으로 받친 고상식 구조를 취했으며, 내부에는 한 개 이상의 난로와 생활용품을 올려놓는 선반을 설치했고, 지붕은 박공 모양을 기본형으로 삼았으며, 측면에는 비막이 용도의 목재 널을 덧붙였던 것으로 추정된다. 이와 관련해, 오스트로네시아 세계의 하위 그룹이었던 말레이—폴리네시아인(Malay-Polynesian)들이 마룻대, 서까래, 이엉, 기둥, 난로 위 저장용 선반, 금이 그어진 통나무 사다리, 난로, 공공건물 등과 같은 단어들을 사용하고 있었다는 점과 그들의 후손으로 여겨지는 '오랑 아슬리 종족(Orang Asli)[9]의 주거형식을 통해 원시-오스트로네시아 세계의 주거문화를 구체적으로 유추해 볼 수 있다.

오늘날 말레이시아 반도에 남아 있는 소수 원주민인 오랑 아슬리 종족은 장대기둥 위에 대나무나 등나무로 기본 골격을 짜고 야자수 잎으로 덮은 오두막 형식의 원시적인 집을 지었는데, 이는 동남아 고상식 주거의 원초적 형식으로 간주되고 있다. 이것이 말레이시아 반도의 기후와 연관된 열대성 특징을 지닌 토착주거로 정착되면서 '캄풍(Kampong)'이라 불리는 동남아의

---

8) Roxana Waterson, op. cit., pp.12-14.
9) 말레이시아 반도의 첫 번째 원주민 집단으로, 약 2만 5천 년 전에 이동해온 것으로 추정된다. 현재 반도에 살고 있는 인구수는 약 10만 명 정도로, 크게 세 종족—반도 북부의 네그리토(Negrito) 족, 반도 중앙부의 세노이(Senoi) 족, 반도 남부의 原말레이(Proto-Malay) 족—으로 분류된다. 이 중 원시-말레이족은 다른 종족들과는 달리 기원 전 2,500~1,500년 경 중국 남부 지방에서 이주해 온 사람들의 후손으로 여겨진다 (Chen Voon Fee, op. cit., p.11).

▲ 사진 1 깜띠엥 저택. 방콕. 태국　　　▼ 도면 2 태국 전통주거의 기본형식

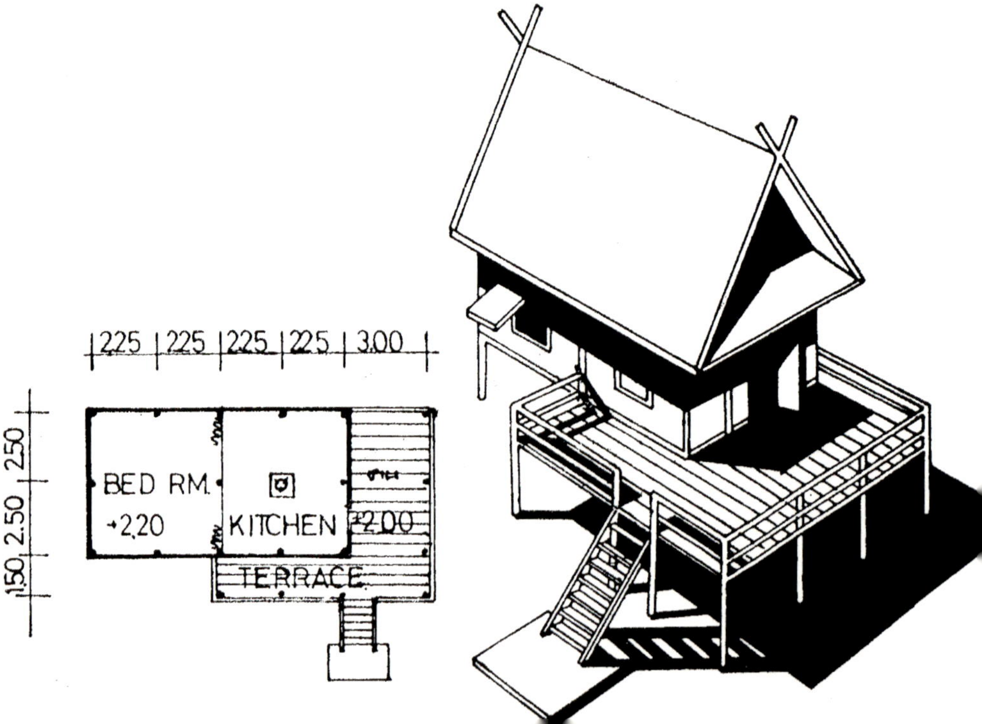

대표적인 주거양식으로 발전했다.[10]

　오랑 아슬리 주거는, 지역과 위치—해안가, 낮은 지대, 높은 지대 등—에 따라 약간의 차이를 보였지만, 일반적으로 지반에 약 40㎝(팔꿈치에서 손가락 끝까지의 길이) 정도 깊이로 말뚝을 박고 그 위에 바닥보를 걸친 후 바닥널과 대나무 판자를 설치했으며, 기둥 위에 대들보와 도리 및 서까래를 얹히고 야자수 잎으로 지붕을 마감했다. 지붕의 경사는 평균 45도 이상이었으며, 바닥보는 일반적으로 지면에서 약 1~4m 높이에 단단한 나무못으로 고정되었다. 마룻바닥을 높일 경우는 밑 공간을 창고나 작업공간으로 충분히 활용할 수 있는 장점이 있었지만, 오르내리기가 불편하여 대개 마룻바닥을 낮게 설치하는 경우가 많았다. 그리고 바닥마룻널은 보와 직각으로 연결되었고, 그 위에는 탄성이 높고 윤기가 있는 판판한 대나무를 깔았다. 이와 같은 바닥 구조는 환기와 통풍에 유리했을 뿐만 아니라 유지관리(평균 5년에 한 번 교체)에도 용이했다. 이 같은 장점 때문에 대나무는 벽을 구성하는 재료로도 사용되었다.

　또한 창문은 집이 높을 경우에는 크게 뚫어 망루처럼 보이게 했고, 낮을 경우에는 벙커 모양처럼 가늘게 설치했다. 출입문은 처음에는 나무껍질을 이용해 하나만 설치했지만, 문명화되면서 종교적 영향으로 남녀의 위계가 생김에 따라 후에 두 개로 늘었다. 유사(有史) 이전 시기에 동남아 전체 지역에서 일반적으로 전개되었을 것으로 추정되는 이러한 축조방식은 오랜 기간을 거치면서 다양한 양식으로 변화 · 발전했다. 이들 양식들은 크게 지붕형태와 생활방식에 따라 여러 형식으로 유형화 되었다.

---

10) Ken Yeang (1992), p.104.

2. 일반적 유사성과 지역적 다양성

　　동남아의 전통주거는, 역사적으로 상당히 다양한 형식을 드러냈음에도 불구하고, 전체가 공유하고 있는 일반적인 유사성과 공통성을 지닌다. 반면, 각각의 형식에는 그와는 별개로 논의될 수 있는 독창성도 담겨 있다. 여기에는 동남아의 물리적 · 환경적 측면에서 비롯된 보편적인 건축적 기반과 지역별 · 민족(종족)별로 창안된 개별적 특수성이 복합적으로 섞여 있다. 동남아의 마을과 건축에는 오랜 세월을 통해 이어져 온 사회적 관계망(關係網)과 신앙(신화)적 이념 그리고 생활관습 등과 연관된 일정한 질서와 계획원리가 존재한다. 각각의 주거는 그러한 체계를 이루는 기본 단위로 기능하며, 지역의 기후 조건과 재료에 따른 고유의 미적(美的) 특성을 지닌 상징적 결과물로 남아 있다.[11]

　　생활공간을 지면(地面)에서 들어 올린 고상식 구성, 평균 45~60도에 달하는 급한 지붕물매, 뾰족한 지붕 모양, 다양한 형태의 지붕장식들, 개방성이 강한 다용도의 단일한 공간체계, 좁고 어두운 내부 공간, 단차(段差)를 이용한 공간의 위계 설정, 성(性)에 의한 공간 구분, 지역적 색채가 강한 공예적인 장식기법, 가변성이 높은 목구조 등은 주로 열대기후와 지역재료에서 비롯된 건축적 해결을 공통분모로 삼아 구축된 일반적 특성들이다. 특히, 이 중에서도 고상식 구성과 독특한 지붕형식은 동남아 전통주거의 일반성과 특수성을 동시에 수렴하고 있는 대표적인 특성에 속한다. 각 지역의 종족들은 이러한 일반성 위에서 고유의 신앙적 관념과 사회적 관습에 따른 차이와 문화적 상상력을 부여함으로써 독자적인 주거 형식을 마련했다. 각 지역의

---

11) Dawson, B. & Gillow, J. (1994). p.10.

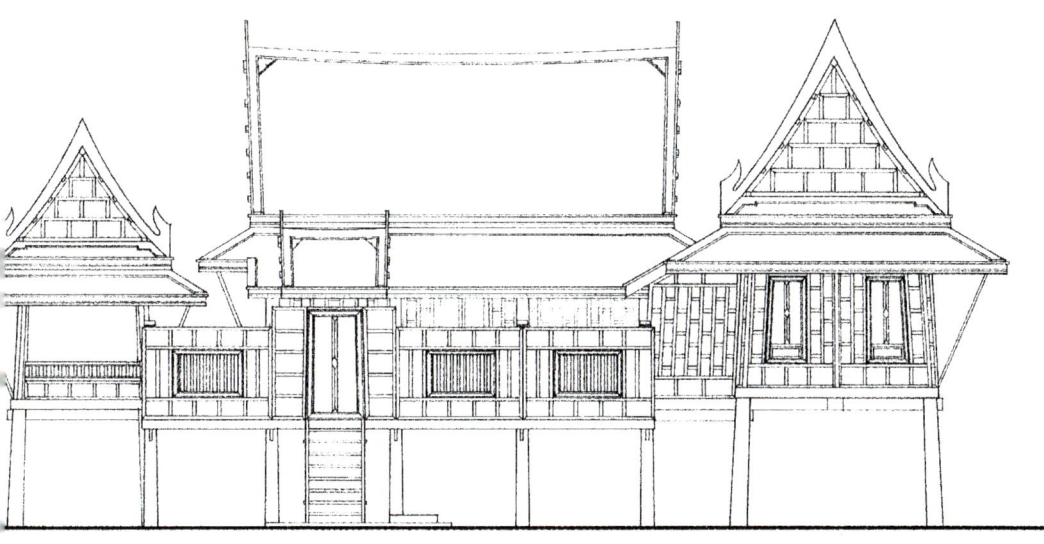

▲ **사진 2** 쑤안 페커드 저택, 방콕, 태국   ▼ **도면 3** 태국 전통목조주거의 입면도

전통건축양식들이 드러내는 건축적 차이—형태구성, 축조방식, 주거개념 등—는 바로 그것을 확립하는 과정에서 확립되었다.

고상식 구성은, 태국 북부의 산간지방이나 인도네시아의 자바 지역과 같은 몇몇 지역을 제외하고, 동남아 지역의 전통건축이 보편적으로 취하고 있는 기본 형식이다. 열대성 지역에서 고상식이 지니는 건축적 이점은 아주 많다. 우선, 장마철에 발생하는 폭우와 홍수에 대비하기 쉽고 해충과 동물의 피해를 줄일 수 있으며, 습하고 무더운 날씨에 마룻바닥의 틈을 통해 내부공간의 통풍과 환기를 자연적으로 해결할 수 있다. 또한 지진에 따른 피해를 최소화시킬 수 있는 구조적 장점도 지니고 있다.

참고로, 동남아의 전통주거에서 돌 기초(基礎)를 세워 건물을 세우거나 지반(땅) 위에 직접 건축물을 짓는 경우는 그리 많지 않다. 간혹 지반 기초 방식으로 지어진 사례가 발견되는데, 이는 대개 인도의 영향을 받은 것이다. 또한 태국의 북부 산간 지역에서는 높은 고도의 추위에 대한 건축적 대응으로써 지중(地中) 기초를 지닌 주거가 발견되기도 하는데, 이 역시 중국의 영향을 받은 결과이다.

고상식 구조가 실제적인 건축구조와 공간구성의 기본 틀을 이끄는 측면에서 고착화된 것이라면, 그와는 달리 지붕 형식은 신앙과 신화적 관념을 상징적으로 표현하는 측면에서 의미화 되었다. 이에 따라, 지붕의 크기와 모양을 과도하게 확장시키거나 경사도를 급하게 처리하여 형태적 강도를 높임으로써, 시각적 효과와 상징적 의미를 강화시키는 양상이 지속적으로 이어져 왔다. 이는, 전통적으로 이어져 온 신앙적 관념과 생활양식의 변화가 상당히 더디게 이루어져 왔고 내부공간에 대한 비중이 상대적으로 낮게 인식되었던 역사적 흐름에서, 종족의 문화적 정체성을 시각적으로 더 강렬하게 표현하기 위한 일차적 수단으로 지붕의 형태성을 강화시키는 데 큰 비중을 두었기 때문이다. 이런 점에서, 지붕의 조형성은 일면 동남아 건축의 형태적 특성과 그것의 역사적 변화 양상을 대변하는 주된 미적(美的) 요소가 된다.

한편, 동남아의 전통주거에는 지역 그 자체의 물리적 환경과 정신세계에서 비롯된 풍토성 이외에도, 인도와 중국 그리고 유럽 등을 포함한 외국과의 문화적 교류와 종교적 전파에 따른 변화도 반영되어 있다. 이들 각 나라의 무역 상인들과 전도사들은 새로운 건축적 사고(思考)와 기술을 전달하고 마을의 배치와 생활방식에 따른 공간구성의 변화에도 일정한 영향을 끼쳤지만, 전통적인 건축양식과 건설방식을 전환시킬 수 있을 정도의 질적(質的)인 변화를 이끌지는 못했다.

예를 들면, 인도네시아에서 주로 9~15세기에 걸쳐 이루어진 힌두건축과 불교건축은 초창기에 인도의 건축양식을 차용했지만, 후에는 지역적 조건에 따른 영향이 강하게 가미되어 인도의 것과는 다른 독특한 건축적 전통을 이루었다.[12] 이슬람 건축의 경우 역시, 이슬람 문화의 영향이 지속적으로 이루어졌음에도 불구하고, 기존의 흐름을 변화시킬 수 있을만한 새로운 건축적 힘으로 작용했다기보다는 오히려 토착적인 건축양식에 이슬람교의 종교적 기능을 끼워 맞추는 방식으로 전개되었으며, 그 과정에서도 건축기술적 측면보다는 종교적 이념을 암시적으로 드러내는 소극적인 양상을 보여 주었다.[13]

---

12) 수마트라의 북서쪽 끝에서부터 이리안자야 지역의 정글에 이르기까지 약 3,500마일에 걸쳐 1만 3,000여 개의 섬으로 구성된 전체 인도네시아 군도는 북동으로는 중국, 북서로는 아라비아와 유럽 그리고 인도 사이의 무역 루트를 따라 퍼져 있다. 인도 문화의 영향은 자바와 발리 지역의 만다라(mandala) 방식의 마을 배치에서 명백히 나타난다(Fritz A. Wagner (1988), pp.75-88). 중국 또한 인도네시아 문화에 영향을 미친 주요 성분이다. 16세기 초에 포르투갈을 시작으로 이 지역에 마지막으로 도래한 유럽 세력은 1600년경에 네덜란드가 이 지역의 동인도회사 무역권을 인계받은 이후 식민지배 세력의 전기를 마련하면서부터 본격적으로 상해지기 시작했다. 한편, 12세기부터 점차적으로 인도네시아에 확산되기 시작한 이슬람 문화는 수마트라, 보르네오 해안, 술라웨시, 자바 등지로 급속히 퍼지면서 기존의 힌두교와 불교를 쇠퇴시켰다.

13) Tjahjono, G. (1998), pp.6-7.

3. 주거에 대한 고전적 인식과 의미

역사적으로, 신앙과 관념은 지역의 역사와 인문적 내용을 채우는 정신적 근본이자 문화적 정체성을 구성하는 핵심성분으로 기능해 왔다. 또한 인간 세상과 우주를 이해하는 하나의 논리임과 동시에 인간 사회의 질서와 관습을 비롯한 문화예술의 전반을 지배하는 기본개념으로 작용해 왔으며, 전통주거에도 그와 관련된 다양한 내용과 성격이 반영되어 있다.

동남아의 전통사회에서 집(건축물)은 단순한 생활공간으로서의 실제적 기능과 의미를 넘어 지역과 종족의 전통신앙과 관념을 표현하는 대상으로 인식되어 왔다. 다시 말해, 동남아에서 주거는 주생활(住生活)을 위한 물리적 공간이라는 일차적 목적과 함께 집단의 사회적 질서를 구성하는 기본 단위로 기능해 왔으며, 동시에 조상숭배와 신앙적 의미를 표현하는 신성화된 상징물로 인식되는 경향이 강하다.

전술했듯이, 동남아 전통주거가 지니는 다양한 의미들은 오스트로네시안 문화권에서 발생한 문화적 줄기에서 비롯된 것으로 전해진다. 오스트로네시안 세계에서, 집이 상징하는 의미와 내용은 다양했다. 첫째, 집은 사회적 공동체를 반영하는 것으로, 집의 형태적 특성과 크기는 소유자의 사회적 신분과 계급을 암시했다. 둘째, 집은 조상의 물리적 화신으로 정의되기도 했는데, 조상의 정신이 담긴 신성한 가보(家寶)를 보관하는 장소로 간주되기도 했다. 셋째, 집의 내부공간에는 사회적 관습을 비롯한 여러 차원의 기준들이 반영되어 있다. 즉, 집의 내부와 외부, 전면과 후면, 위와 아래, 좌측과 우측 등과 같이 서로 대비되는 쌍들은 성별, 친족관계, 노인과 젊은이, 그리고 죽음과 삶(생활) 등과 연계된 사회적 관계를 표현하고 조직하는 기준으로 활용되었다.

이외에도 주거공간은 때로 지역의 우주론과 연결된 추상적 의미를 갖는데, '우주(macrocosm) 속의 소우주(microcosm)'로서 이해되기도 한다. 이들 모두는 동남아의 전통주거에 깃들어 있는 정신적 바탕이자 상징의 근거들로서, 건축물의 방위(향)와 배치를 비롯해 공간의 성격과 위계 및 형태적 의미를 결정짓는 디자인 원리로 활용되어 왔다. 그 과정에서, 전통주거의 계획적 방향은 생활의 편리성(기능성)과 구조적 합리성보다는 종족의 역사 속에서 구축된 신앙적 의미를 보존하고 사회적 질서와 연속성을 이어가는 데 더 큰 의미를 두고 이루어져 왔다.[14]

이런 점에서, 동남아의 전통주거는 본질적으로 그 자체의 건축적 합목적성에서 의미화된 것이 아니라 종족 집단의 관념적 정체성을 형성하고 사회적 질서를 유지하는 하나의 방법으로서 역사화된 것이다. 이는 건축구조나 시공방식 등과 같은 기술적 측면에서보다는 형태, 공간구성, 장식 등에서 더 명확하게 실현되었으며, 지역적으로 고립되거나 외진 곳에 위치할수록 그러한 성격은 훨씬 강하게 나타났다.

4. 관념성

동남아에서 전통주거는 세계(우주), 지역신앙, 조상숭배, 인간, 사회 등과 관련된 인문적 상상력의 표현으로서 존재한다. 이러한 인문적 요소들은 물리적 결과물로 존재하는 건축물에 또 다른 의미의 정신성과 생명력을 불어넣었으며, 주거공간의 내용과 의미를 지속적으로 확대시켰다. 즉, 종족의

---

14) Dawson, B. & Gillow, J., op.cit., p.14.

문화적 정체성을 구현하는 물리적 실체로서, 조상의 정신을 담고 있는 신성한 대상으로서, 우주적 세계관의 축소판으로서, 신앙을 실천하는 의례공간으로서, 공동체의 관습과 질서를 유지하기 위한 사회적 단위로서, 그리고 가문과 거주자의 부(富)와 계급을 상징하는 표현 수단으로서 발휘되어 왔다.

동남아 전통주거의 밑바탕에는 무엇보다도 지역 고유의 세계관과 자연관에서 비롯된 관념적 토대가 두텁게 깔려 있다. 동남아인들이 경험했던 자연 세계에 대한 이해와 우주론적인 개념은 점차 사회·문화적 차원으로 수렴되었으며, 그것은 궁극적으로 집을 만들고 구성하는 실질적인 기본 개념으로 응용되었다. 비록 동남아 전체가 하나의 통일된 세계관을 갖고 있는 것은 아니지만, 대부분의 동남아 지역에서 거시적으로 공유되어 온 토착적 신념체계는 우주(세계)를 크게 3개의 영역으로 분화하고, 그것을 계층화시켜 각각에 별개의 위계와 의미를 부여하는 것이다. 신(神)이 거주하는 신성한 영역으로 간주되는 상부세계, 인간의 생활영역인 중간세계, 낮은 계급의 영령(英靈)과 동물이 거주하는 하부세계 등이 그것이다.

이러한 관념은 건축에도 직접적으로 반영되어, 집의 공간과 형태는 일반적으로 수직적인 면에서 세 부분으로 나뉘어 인식된다. 즉, 고상식 구조에서 지면과 맞닿아 있는 하부공간은 동물의 마구간으로 쓰이거나 생활쓰레기를 버리는 불경스러운 공간으로 간주되며, 지면에서 일정 높이로 올려진 중간층 공간은 일상의 삶이 이루어지는 생활공간으로 활용된다. 또 다락이나 지붕 밑 공간 등과 같은 상부공간은 조상으로부터 물려받은 가보나 영적(靈的)인 물건을 보관하는 신성한 곳으로 여겨진다. 지붕공간은 신이나 조상의 영역과 동일시되며, 생활공간은 세속적인 일상세계의 경험을, 그리고 하부공간은 죽은 영혼이나 초자연적 대상이 거주하는 지하세계와 연결되어 있는 것으로 인식된다.[15] 간혹 각 공간들 사이의 경계를 명확히 하기 위해 장식이 강한 건축부재를 생활공간 층 전체에 설치하여 세속적인 하부공간과의 분리를 시각적으로 강조하기도 한다.[16]

세계관과 관련된 또 다른 관념들 중의 하나는 태양과 관련된 방향성이다. 이는 통상적으로 태양이 흘러가는 방향을 따라 건축물을 일직선으로 배치하는 것으로,[17] 도식적인 의미에서 '동-서' 방향의 축(軸)은 삶(일출)과 죽음(석양)을 상징하는 중요한 방향성을 지닌다. 또한 동서남북 각각의 방위는 토착신앙이나 신화에 근거한 상징적 의미를 지닐 뿐만 아니라, 사회적 관습을 이끌어 가는 관념적 틀로 귀결되기도 한다.[18] 예를 들면, 동쪽은 새로운 생명을 얻거나 삶을 고양시키는 행동과 관련되며, 서쪽은 죽음 혹은 조상의 신성함과 연결되어 있는 곳으로 인식된다. 이런 이유로, 여성은 동측에서 출산을 하고, 서쪽에는 시체를 안치하며, 시체의 머리는 남쪽을 향하도록 한다. 또한 북쪽은 삶과 연관된 활기와 경작지에 필요한 물을 얻는 원천이며, 동시에 신(神)과 면하고 있는 신성한 곳으로 인식된다.

이러한 관념은 인간 삶의 과정을 태양의 움직임과 동일한 것으로 이해하는 믿음 때문이며, 통상적으로 건축물의 배치는 태양이 움직이는 방향 외에도 주변의 지리적 · 지형적 특성, 즉 산과 바다 또는 중요한 장소 등과 관련되어 있다. 예를 들면, 내부와 외부, 높음과 낮음, 앞과 뒤, 오른쪽과 왼쪽 등과 같이 서로 반대되는 범주들이 우주관에 따라 나름의 의미를 갖게 되며,

15) Tjahjono, G., op. cit., p.18.
16) Roxana Waterson, op. cit., p.93, Dawson, B. & Gillow, op. cit., p.14.
17) 동남아의 대부분 지역에서 나타나는 토착적 우주론은 네 개의 기본방위를 따르지만, 이와는 다른 변형된 방위개념을 채택하고 있는 지역도 있다. 이는 힌두 영향에 의한 것으로, 예를 들면, 자바의 마을 배치는 동서남북의 네 방위 외에도 중앙점을 추가하여 다섯 개의 기본방위를 사용하는 힌두식 유형을 지닌다(Roxana Waterson, op. cit., pp.88~94).
18) Tjahjono, G., op. cit., p.19.

▲ **도면 4** 태국 전통집합주거 입체도, 라차부리 지역, 태국

이는 건축물의 내부공간을 조직하는 의례적 의미와 질서를 창출하는 기준
이 될 뿐만 아니라 내부공간에서 이루어지는 생활상(生活相)을 구체화시키
는 데 활용된다.

전통적인 동남아의 우주관에서, 집의 내부와 외부에 대한 인식은 서로
다른 특별한 의미를 지닌다. 한 예로, 집의 배치는 동-서 축을 따르되, 정면
이 면하는 방향은 동-서 축을 피하여야 한다는 원칙을 들 수 있다. 이는 태양
의 빛이 집 내부로 들어오는 것을 금기시하기 때문이다. 이에 따라, 원칙적
으로 내부공간은 햇빛이나 열 등과 같은 모든 외적인 근원들로부터 분리된
다. 동남아 전통주거의 내부공간이 어두운 것은 이러한 이유와 관계가 있으
며, 창문을 설치하지 않거나 소극적으로 처리하는 것 또한 같은 맥락에서 이

해될 수 있다.

좌우(左右)의 개념 또한 방향성과 관련된 중요한 고려사항으로, 동-서를 하나의 고정된 축으로 삼으면서 남-북 방향을 왼쪽과 오른쪽을 가르는 기준으로 삼는다. 그리고 바다, 육지, 강, 섬 등과 같은 지리적 조건도 방위와 대등한 개념으로 작용하는데, 강의 상류와 하류 그리고 섬의 머리와 꼬리 등과 같이 서로 상반되는 사항들이 배치에 영향을 미치는 고려사항들이다.

조상숭배와 관련된 관념적 가치 역시 전통적 관습과 주거문화를 규정해 온 또 다른 측면으로 중시된다. 넓은 의미에서, 조상숭배는 동남아 종족사회의 기본 바탕으로 작용해 왔으며, 문화적·종교적 실천의 중심 개념으로 기능해 왔다. 우주적 세계관이 집 바깥의 초월적인 의미와 관련된 가치 체계를 지니면서 방향성을 규정하는 거시적인 원리로 작용한다면, 조상숭배는 사회적 질서와 생활방식을 규정하는 신앙적 원리로 작용해 왔다. 조상에 대한 숭배는 가계(家系)의 역사와 종족의 문화를 인식하는 중요한 측면임과 동시에 가계에 속해 있는 구성원으로서의 자격과 권리, 사회·정치적 위상, 남녀 사이의 관계와 의무 등의 규율을 규정하는 기준으로 작용해 왔다.

동남아에서 가족 단위는 하나의 사회적 그룹과도 같은 가계에 속해 있다. 인도네시아의 경우, 집은 그 안에서 함께 살고 있는 사람들을 묶는 사회적 그룹으로 정의되며, 이들은 전형적으로 그 집을 처음 건립한 조상과 동일시된다.[19] 이는 조상을 정신세계와 물질세계 사이의 매개자로서뿐만이 아니라 집과 가족구성원을 보호하는 수호자로서 인식하는 전통적 관념 때문

---

19) 인도네시아에서 집은 사회적 그룹을 표현하는 '살아 있는' 대상물로 인식되며, 실제로 영혼 또는 생활의 기운을 북돋아 주는 원리를 지니고 있는 것으로 인식된다. 이러한 개념은 일반적으로 식물학적 유추에 의해 그려지는데, 집을 짓는 과정에서 기둥은 '심어지는 것'이며, 다른 부재들은 성장의 방향에 따라 배열되는 것이다. 이에 따라, 집의 각 부분들은 때로 구성방식에서 신체의 일부분으로 명칭화되기도 한다. 예를 들면, 지붕은 머리로, 내부공간의 기둥은 팔로, 그리고 지층부의 외부 기둥은 다리로 인식되며, 심지어는 환기를 목적으로 지붕에 설치된 개구부조차 어린아이의 머리카락으로 여겨지기도 한다.

이다. 또한 조상의 정신이 집에 현시됨으로써 집의 생명력이 유지되고, 다산(多産)과 풍요가 이루어진다는 믿음 때문이다.[20] 이와 관련해, 말레이시아의 전통사회에서는 조상의 정신이 집을 구성하는 중요 부재에 깃들어 있다는 믿음 때문에, '티앙 세리(tiang seri)'라 불리는 내부의 중앙기둥을 집의 수호자로, 그리고 집의 내구성을 보장하는 정신적 상징으로 간주하기도 한다.[21]

한편, 사회적 그룹으로서의 전통주거는 여러 세대들이 하나의 건축물로 묶여 있는 다가구(多家口) 형식으로 나타나기도 하며, 때로는 친족 그룹이 함께 사는 '멀티 패밀리(multi-family)' 개념의 주거 유형으로 언급되기도 한다. 흔히, '롱 하우스(long house)'로 불리는 이러한 유형은 동남아에서 공동체 건축물의 잠재성을 가장 잘 보여 주는 독특한 건축적 현상으로, 여러 개의 단위주거들이 길게 연결된 갤러리와 개방된 베란다로 서로 연결되어 있는 형식을 취하고 있다. 보르네오를 비롯한 인도네시아 군도에서 일반적으로 나타나고 있는 롱 하우스는 단순한 주거 기능 이외에도 방어의 목적과 사회·정치적 동맹을 강화시키기 위한 의도가 반영되어 있다.[22] 롱 하우스의 축조는 상당한 경제력과 노동력을 요구하기 때문에 가족공동체의 권위와 위상을 드러내기 위한 인상적인 규모와 독특한 형상 그리고 세련된 장식을 지닌다.

동남아의 전통주거는, 실제적으로든 관념적으로든 이상에서 언급한 관념들과 사회적 관습에 의해 상당 부분 규정되어 왔으며, 그에 따라 건축물의 규모, 공간의 분리와 위계, 장식의 내용과 패턴 등이 이루어져 왔다. 이러한 토착적 신념체계는 건축화 되는 과정에서 서로 긴밀하게 연결·혼합되면서

---

20) Roxana Waterson, op. cit., p.123.
21) Roxana Waterson, op. cit., p.122.
22) Roxana Waterson, op. cit., p.156.

하나의 표현 체계로 묶이게 되며, 그에 따라 원래의 의미와 상징의 폭이 더 넓어지거나 다양하게 인식되는 양상을 드러내기도 한다. 예를 들면, 3개의 영역으로 분화된 수직 구성의 경우, 우주관에 따른 '상, 중, 하' 개념 이외에도 사회적 신분—귀족, 평민, 노예—에 따른 위계와 인간의 신체—머리, 몸, 다리—와 관련된 개념이 추상적으로 내포되어 있다.[23] 특히, 전통주거의 각 부분에 인간 신체의 이름을 따서 이해하거나 설명하는 태도는 '집의 의인화(擬人化)'를 통해 생활공간으로서의 의미와 삶의 생명력을 강화시키기 위한 2차적인 관념성으로 이해될 수 있다.

5. 공간성

전술했듯이, 동남아의 전통주거는 자연환경에 대응하기 위한 '거주처(shelter)'로서의 일차적 의미와 종족의 관념적 상징성에 더 큰 비중을 두고 이어져 왔기 때문에, 인간생활 그 자체가 지니는 다양한 요구들을 공간적으로 수렴하기보다는 종족의 사회·문화적 기저(基底)에 깔려 있는 정신적 가치의 반영을 더 중시했다. 이에 따라, 생활을 위한 실용적 공간보다는 신앙과 조상을 위한 정신적 공간을 추구하는 성향을 드러냈다.

동남아 전통주거에서 공간적인 측면이 차지하는 건축적 비중은 형태에 비해 상대적으로 낮게 인식되는 경향이 강하다. 형태적으로 과장된 지붕과 풍부한 장식적 의미를 지닌 외관에 비해 내부공간의 크기는 상당히 작을 뿐

---

23) 여성은 집의 내부나 뒤쪽 부분으로, 반면에 남성은 건축물의 전면과 동일시된다. 집의 전면은 남자의 머리처럼 설명되고, 뒷면은 꼬리로서 인식된다. 또한 전면은 얼굴이며, 전면의 문은 집의 눈으로 일컬어진다. 또한 용마루는 몸통(등뼈)으로서 집의 관념을 반영하는 것이며, 측벽과 벽기둥은 다리와 발에 비유되고, 뒷벽은 항문으로 은유되기도 한다.

만 아니라 그것을 구성하는 요소와 연결 방식도 외부구성에 비해 간결하고 단순하다. 인도네시아 술라웨시 섬에 있는 또라자 지방의 전통주거는 그러한 특성을 보여 주는 대표적인 사례에 속하는데, 거대하고 인상적인 지붕에 비해 내부는 세 개의 아주 작은 방으로 구성되어 있을 뿐이며, 지붕 형태와의 공간적 인과관계도 상당히 약하다.[24]

이는 열대기후로 인해 주생활의 대부분이 외부에서 이루어지기 때문이다. 실제로, 내부는 공간을 여러 기능으로 나누는 벽이 없이 하나의 단일공간으로 계획되어 있거나 또는 간단한 칸막이로 분할되어 있는 경우가 대부분이다. 이 같은 공간구성은 역설적으로 내부의 개방감과 가변성을 얻는 데 유리했다. 내부공간은 비좁고 어두운 편으로, 개구부(창문)의 수(數)가 적을 뿐 아니라 그 크기도 작으며, 아예 창문을 설치하지 않는 경우도 있다.

원칙적으로, 개구부는 지역의 기후 조건에 따른 문제로써, 무덥고 습한 해안 지역에서는 환기와 통풍이 가장 중요한 사항이기 때문에 비교적 큰 창이 필요하고, 고도가 높은 고산지대의 경우에는 추위를 막기 위해 개구부를 최소화시키기도 한다. 하지만 습하고 무더운 열대기후임에도 불구하고, 동남아의 전통주거에서 개구부의 크기가 작고 수가 적은 것은 낮에 실내에서 생활하는 시간이 아주 적다는 이유와 함께 방어 목적이거나 햇빛이 집 내부로 들어오는 것을 금기시하는 전통적인 관념이 주된 이유로 작용했기 때문이다.

이에 따라, 하부의 옥외 지반층 공간과 본채에 딸린 외부 베란다 그리고 여러 집들이 함께 공유하는 마당공간이 내부공간에 비해 상대적으로 더 큰

---

24) 물론 집의 규모와 거주자의 사회적 위상 그리고 지역의 기후조건에 따라 이와는 전혀 다른 구성과 분위기를 지니기도 했다. 지금은 지방의 저소득층이나 일부 극빈층 주택을 제외하고는 단일 공간으로 계획된 사례를 찾아보기는 어렵다.

▲ **사진 3** 타이 루에 종족의 전통주거, 치앙마이, 태국 　　▼ **도면 5** 타이 루에 종족의 전통주거의 입체도

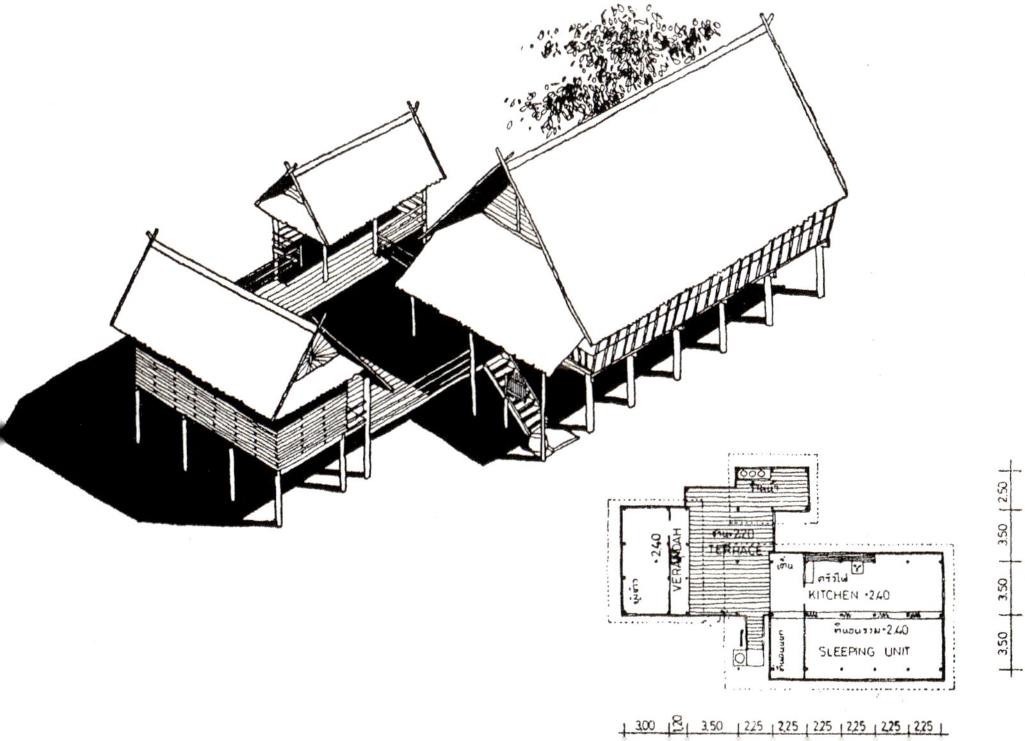

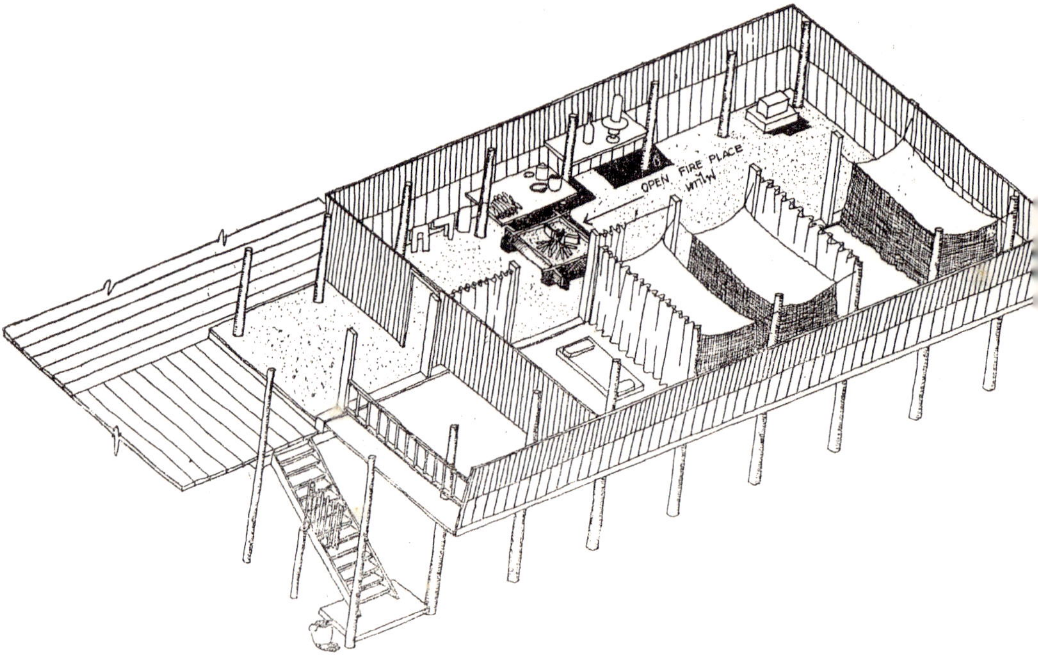

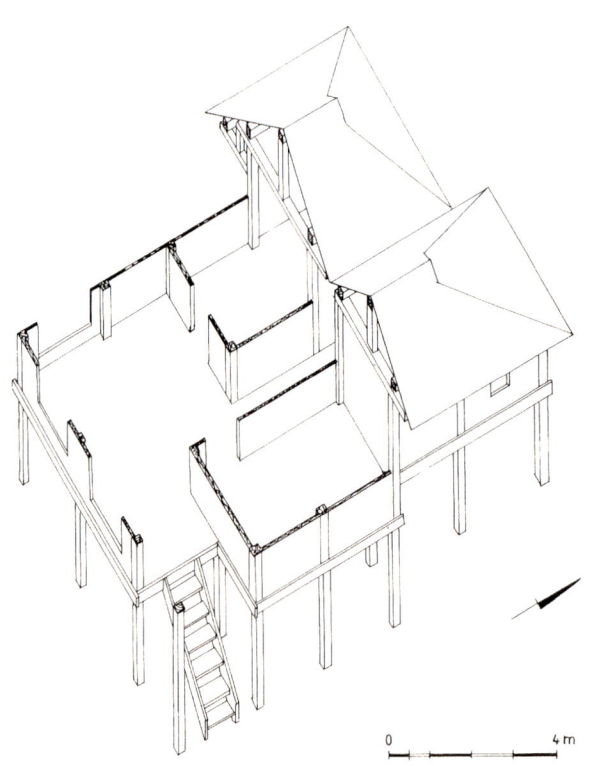

▲ **도면 6** 타이 루에 종족의 전통주거의 내부공간구성도　　　　　▼ **도면 7** 태국 북부지역의 전통주거

0 ├───────────┤ 4 m

비중을 차지한다. 지반층 공간은 가축을 키우거나 농기구와 같은 생활도구를 보관하는 장소이며, 경우에 따라 휴식과 여성들의 가사노동을 위한 공간으로 쓰이거나 수공예품을 제조하는 작업장소로 활용되기도 한다.

내부의 바닥과 벽은 대나무나 얇은 판재를 사용해 수평·수직·대각선으로 엮어져 있으며, 최소한의 채광과 조망을 위해 외벽에 덧문이 달린 작은 창을 두는 경우가 많다. 내부의 중앙에는 화로가 놓여 있으며, 화로에서 발생한 연기는 실내의 해충과 모기를 방충하는 효과 외에도 지붕 이엉의 볏짚을 소독해주는 역할도 한다. 내부공간에서 가장 중요한 것은 환기와 통풍의 원활한 처리인데, 내부의 더운 공기는 위로 올라가 지붕에 설치된 개구부를 통해 환기되고 마룻바닥의 틈을 통해 외부의 차가운 공기가 유입되어 공기의 순환을 유도한다.

6. 형태성

일반적으로, 넓은 의미에서 볼 때, 동남아의 전통주거는 내부공간의 치밀한 전개보다는 웅장하고 당당한 외부 형태를 만드는 데 더 큰 의미를 두고 이어져 온 것으로 이해될 수 있으며, 이를 통해 건축적 진화를 이루어내는 경향을 드러냈다. 그 중에서도 지붕은 동남아 건축의 형태성을 대변하는 주된 요소이며, 또한 가장 큰 미적(美的) 효과를 발휘하는 표현 요소로 다루어져 왔다.

지붕 양식은 일반적으로 급한 경사도, 안장 모양(saddle-backed roof)의 완만한 곡률을 지닌 용마루선, 길게 확장된 지붕선과 처마선, 과장된 높이, 토착적 상징성이 가미된 지붕 장식 등을 특징으로 삼고 있다. 이 모든 것들

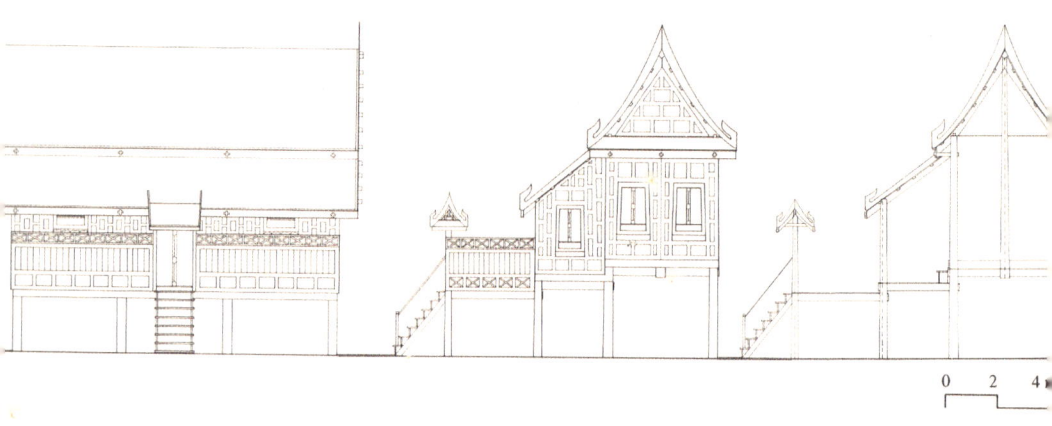

<table>
<tr><td>0</td><td>2</td><td>4</td></tr>
</table>

▲ **도면 8** 태국 중부지역의 전통주거   ▼ **도면 9** 인도네시아 카로 바딱 전통주거양식

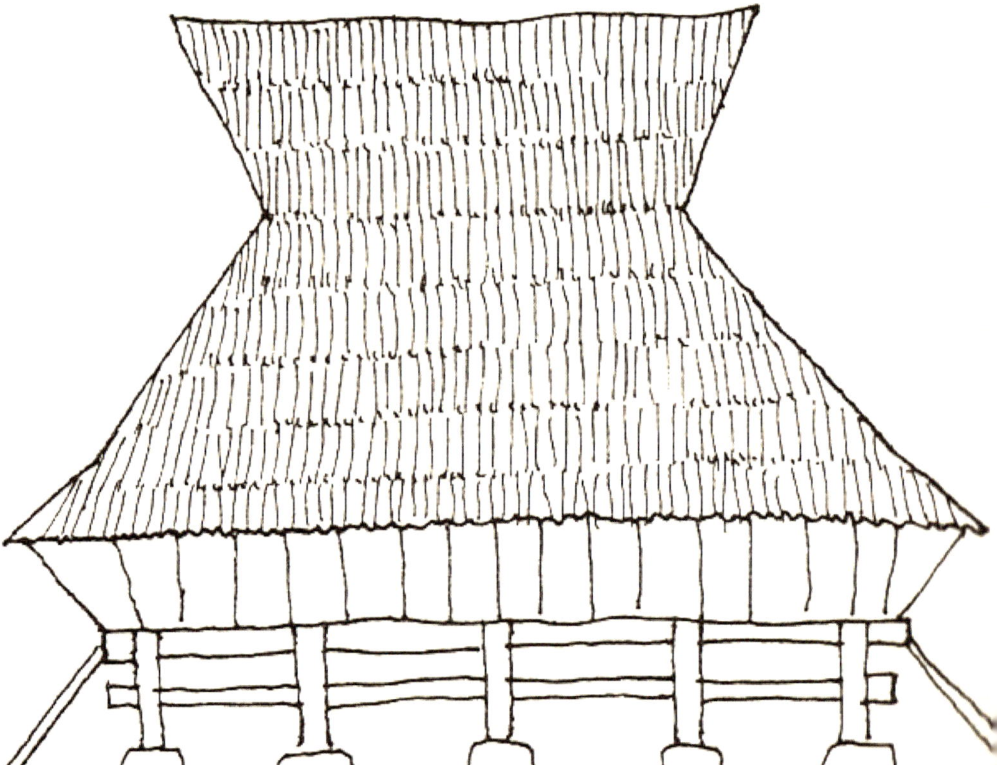

은 동남아의 기후와 자연환경 그리고 이 지역을 관통해 온 전통적 관념을 바탕으로 삼아 공유되고 있는 특성들이다. 기능적인 측면에서보다는 미적(美的)인 측면에서 의미화 되어 있는 이들 특징들은 동남아에서 지역별로 크기와 모양을 달리하며 다양한 방식으로 전개되었는데, 대륙 지역에서보다는 인도네시아를 비롯한 군도 지역의 전통주거에서 더 극적으로 특화되었다. 이러한 흐름 역시 고대 오스트로네시아 시기부터 비롯된 것으로 추정된다.

급한 각도로 처리된 지붕 경사는 수시로 발생하는 열대성 폭우(暴雨)를 빠르고 안전하게 흘려보내기 위함이며, 길게 돌출된 처마는 창문에 그늘을 제공하고 비가 내부로 유입되는 것을 막아준다. 이처럼, 빗물의 신속한 배출을 일차적 목적으로 삼았던 경사 지붕은 점차 그 각도가 급해지면서 지붕의 규모와 높이에 영향을 미친 것으로 이해된다. 또한 각 종족의 토착신앙과 신화적 내용을 상징하기 위한 건축적 노력이 지붕에 집중된 것도 그러한 양상을 강화시킨 하나의 이유로 작용했다.

지붕의 형태성에 대한 중시는 지붕을 구성하는 요소들의 크기를 늘리고 수직성을 강조하는 방향으로 이어졌는데, 단일 주거 건축물의 높이가 14m에 이르는 경우도 있다. 이 같은 방식은 때로 지붕선이 벽체를 대신할 정도의 극단적인 사례를 낳기도 했는데, 예를 들면, 인도네시아의 일부 지역에서는 벽이 없이 기둥 위에 마루공간을 두른 채 지붕을 마루공간까지 연장하여 내부공간을 만들기도 한다.[25] 또한 용마루와 처마의 길이가 확대되면서 그에 따른 독특한 지붕 곡선이 도출되었다. 지역별로 지붕선의 양상은 다양하지만, 동남아 전통주거의 지붕양식을 대변하는 것 중의 하나로, 용마루를 완만한 곡선으로 처리한 안장 모양의 지붕선을 들 수 있다.

---

25) Roxana Waterson, op. cit., p.30.

▲ 사진 4 미낭가바우 지역의 궁전양식

　　인도네시아를 비롯한 여러 섬 지역에서 아주 폭넓게 이루어진 안장형 지붕은 기본적으로 지붕의 용마루를 확대시켜 양 끝을 위로 올린 형상을 취하고 있다. 서부 수마트라의 미낭가바우(Minangkabau) 전통주거 중에는 마치 물소의 뿔처럼 하늘을 향해 높이 솟구친 형상을 취하거나, 배의 선미(船尾)나 뱃머리처럼 용마루 끝이 아주 날카롭게 경사진 채 극적으로 위로 추켜올려지거나, 또는 술라웨시 또라자 전통주거의 경우처럼, 양 끝부분을 길게 돌출시켜 처마공간을 과장시키고 그것을 큰 기둥으로 다시 지지하는 방식 등이 모두 안장형 지붕을 기본형으로 삼아 독창적으로 발전된 사례들에 속한다.

　　이에 관해, 인류학적으로 안장형 지붕과 뾰족한 곡선 처리는 고대 오스트로네시안 시기에 동남아와 주변 지역에서 공유되어 온 것이며, 이는 실제적으로 고대 동남아인들의 신화에서 종족의 유래와 관련해 강한 의미를 갖

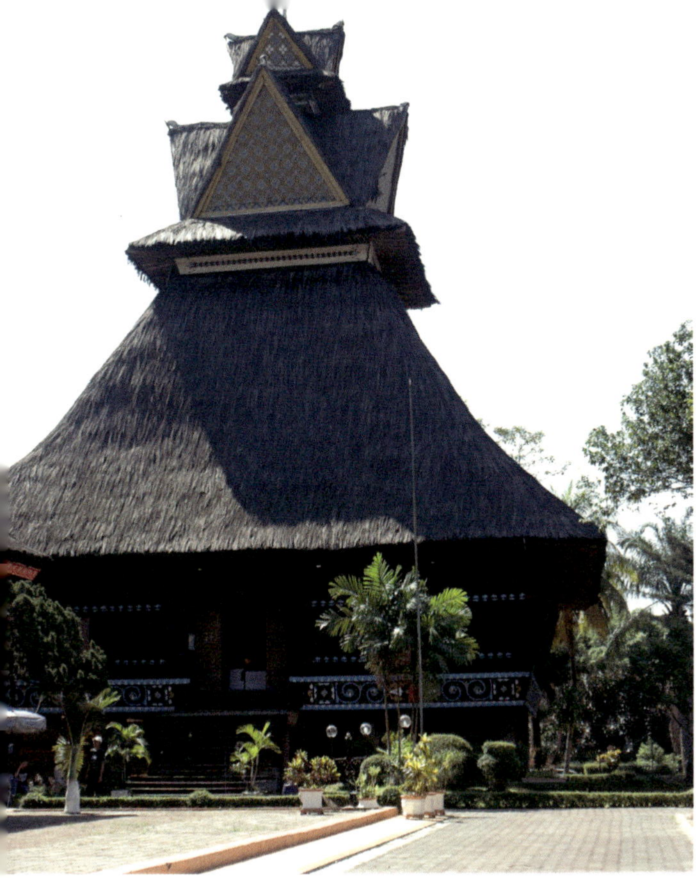

◀ **사진 5** 인도네시아 수마트라 북부지역의 전통주거

▼ **사진 6** 인도네시아 수마트라 서부지역의 전통주거

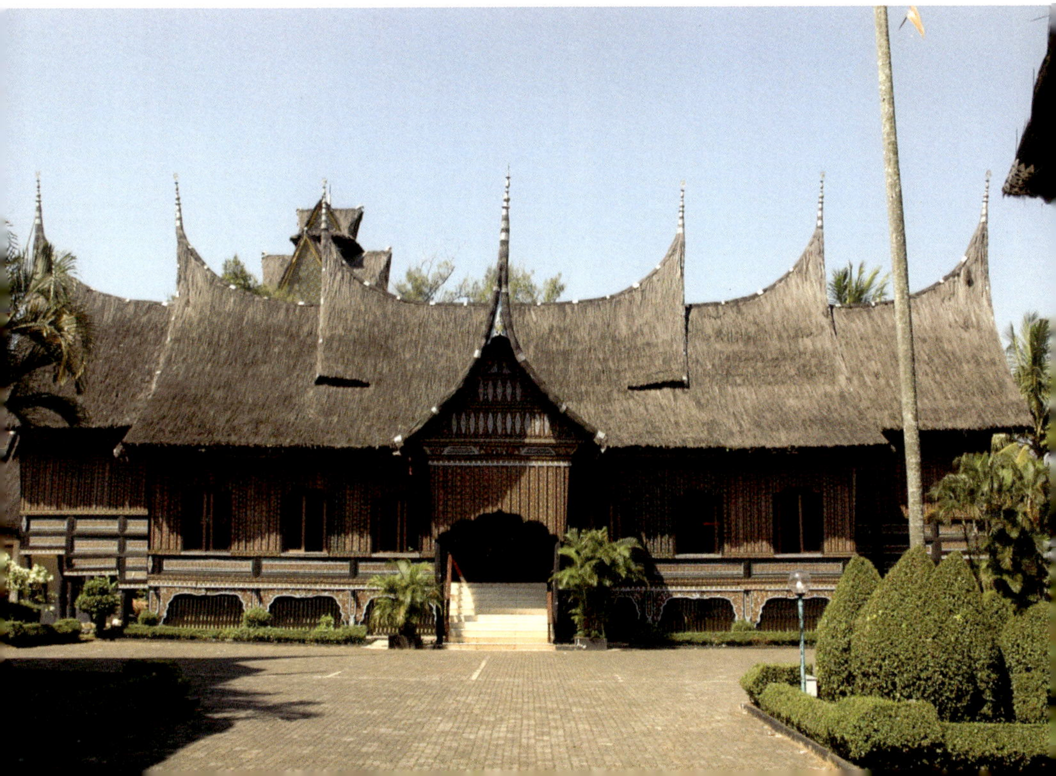

▲ **사진 7** 인도네시아 리아우(Riau) 지역의 전통주거

◀ **사진 8** 인도네시아 누
사 텡가라 서
부지역의 전통
주거

고 있는 '배(boats)'를 상징화한 것으로 설명되고 있다. 이에 근거해, 안장형 지붕을 인도네시아에서 도래한 '배 모양의 지붕(ship roof)'으로 논의하기도 한다.[26]

7. 장식

동남아의 예술과 건축에서 이루어져 온 다양한 패턴의 장식은 이 지역의 관념적 미(美)를 대변하는 또 하나의 영역이다. 동남아에서 장식은 단순히 건물의 외관을 꾸미는 감각적 미의식(美意識)을 넘어 문화적 정체성을 드러내는 상징성과 일상적 삶의 안녕을 기원하는 주술적(呪術的) 의미를 강하게 담고 있다.

장식은 대부분 조각과 채색(彩色) 기법으로 이루어지며, 일반적으로 인간, 식물, 동물 등과 관련된 다양한 의미 체계를 상징적으로 담고 있다. 건축물에 새겨진 장식적 모티브(motive)의 디자인과 배열은 사회적 위계(체계), 신앙적 의례, 우주적 질서, 정신적 가치 등을 포괄하는 메시지의 표현이며,[27] 그에 따른 하위개념으로서 진리, 정의, 행복, 번영, 삶과 죽음, 성(性) 등을 상징하는 다양한 의미들을 담고 있다. 이들은 상호보완적인 이원적 개념들— 즉, 하늘과 땅, 남성과 여성, 삶과 죽음, 동쪽과 서쪽, 현실(사회)과 신앙 등— 의 적용과 조합을 통해 형성되는데, 일정한 위계에 따라 상부에서 하부로 배열되는 것을 하나의 원리로 삼고 있다.[28]

---

26) Roxana Waterson, op. cit., p.20.
27) Tjahjono, G., op. cit. pp.20-21.
28) Sandarupa, S. (1986), pp.84-90.

▲ **도면 10** 물소 머리 모양의 장식 패널, 또라자 전통주거   ▼ **도면 11** 이끼 모양 장식, 또라자 전통주거

일반적으로, 전통주거에 조각되는 장식은 식물과 동물의 모티브를 직설적으로 묘사하거나, 또는 그 모양이나 의미를 자연의 형상과 연관시켜 상징적으로 도식화한 다이어그램을 주된 내용으로 삼아 이루어진다. 예를 들면, 원(圓)은 태양과 힘을, 황금색 칼은 부(富)를, 곡식(쌀)과 물 및 가보(家寶) 장식은 풍성함을, 그리고 물소(buffalo)의 머리는 번영과 신앙·의례적 희생을 상징한다.[29] 여기에 더해진 채색은 그러한 상징성을 강화시키는 수단으로 의미화 되어 있으며, 기본적으로 어두운 내부공간과는 대조적으로 건축물의 외부에 태양과 하늘의 밝음을 반영하려 했던 의도가 내포되어 있는 것으로 보인다. 자연색(自然色)을 주조로 삼아 화려하게 칠해진 채색 장식은 대체로 거칠고 투박하게 처리되는데, 이는 오히려 토속적인 의미를 강화시키는 효과를 안겨 준다.

이외에도, 일상생활에서 쉽게 찾아볼 수 있는 소박한 모티브를 나선형의 기하학적 패턴으로 표현하기도 하는데, 그 예로 길게 나부끼는 수초(水草), 올챙이, 호박덩굴 등을 들 수 있으며, 이 밖에도 'X' 형 모양의 화관(花冠), 뱀 형상의 곡선, 마름모꼴, 종교적 의례와 관련된 상징성을 나타내는 나뭇잎 장식 등이 있다. 특히, 물소는 신화적·사회적·예술적 측면 모두에서 가장 중요한 의미를 갖는 대중적인 장식의 모티프로 간주되었기 때문에[30] 그 의미 영역 또한 다른 모티프들에 비해 상대적으로 넓다.[31] 때문에 물소의 머리를 실물처럼 사실적으로 조각한 목재 장식은 건축물의 전면을 꾸미는 중요

---

29) Dawson, B. & Gillow, J., op. cit., p. 112.

30) 일반적으로, 동남아에서 버팔로는 부(富)를 상징하며, 신앙적 의례(儀禮)를 위한 제물(祭物)로 사용되기도 한다.

31) 토라자에서 버팔로는 신앙적 제물(祭物) 이외에도 부(富), 용기, 번영, 강함, 호전성 등의 다양한 의미를 지닌다. 여러 종류의 버팔로 중에서도, 특히 유려한 곡선 뿔을 지닌 얼룩진 검은색 버팔로가 가장 가치 있는 것으로 여겨지는데, 이는 토라자 지역에서만 서식하는 종(種)으로 인도네시아의 다른 지역에서는 찾아볼 수 없다. 참고로, 전통적으로 집을 장식하는 장인(匠人)들은 버팔로를 수고비로 받기도 한다.

▲ **사진 9** 물소 머리 장식, 사단 또라자 마을 내

한 장식 요소로 활용되는 경우가 대부분인데, 주로 건축구조상 중요한 기능
을 맡고 있는 내력벽이나 큰 기둥에 설치되며, 마을에서 가장 중요한 건축물
이나 사회적으로 신분이 높은 사람의 주택에서 더 크고 정교하게 새겨지기
도 한다. 이는 물소가 동남아 사회에서 전통적으로 중시되어 왔기 때문으로,
물소는 세속적인 의미에서 부(富)와 사회적 지위를 상징할 뿐 아니라 신앙
적 측면에서도 거주자를 보호하는 의미를 지니고 있다. 참고로, 동남아 사회
의 신앙적 관념에 따르면, 물소는 땅과 하늘 사이를 매개하는 동물이며, 사
후(死後) 세계로 올라가기 위한 수단으로 여겨지는 신성한 의미를 지니기도
한다.[32]

---

32) Roxana Waterson, op. cit., p. 8

동남아 건축에서 반복적으로 등장하는 또 다른 대표적인 특징으로 지붕의 박공 장식을 들 수 있다. 박공 부분과 용마루가 만나는 곳에 'X' 자형으로 설치된 이 장식은 서까래를 단순하게 확장시킨 것이거나, 아니면 그와는 관계없이 의도적으로 덧붙인 것으로 보이기도 한다. 이러한 유형의 장식은 태국을 비롯한 동남아 전역에서 공통적으로 나타나고 있으며, 지역마다 서로 다른 형상과 의미를 지닌다. 그것은 지역에 따라 물소의 뿔, 배의 뱃머리나 선미, 가위, 새의 머리, 그리고 상상의 신화적 동물(물뱀)인 '나가(Naga)' 등에 비유되는 다양한 이미지로 전개되었다.

8. 구조, 기술, 재료

동남아에서 적용되어 온 전통적인 결구방식(結構方式)은 못을 사용하지 않고 부재(部材)를 서로 연결하는 장부맞춤(mortise joint)이다. 부재들은 주로 대나무 줄기나 새끼줄로 엮어지며, 나무못과 쐐기 등으로 보강된다. 이미 알려졌듯이, 이러한 건설방식이 지니는 건축적 이점들 중의 하나는 건축물을 다른 위치로 이설(移設)하거나 해체하는 데 유리하며, 지진에 대한 저항력이 높고 안전성 또한 강하다는 점이다.

건축물 전체를 지지하는 기둥은 지면 위에 그대로 설치하기보다는 평평한 초석(礎石) 위에 단순하게 세워지는 경우가 대부분으로, 이 역시 구조적 융통성을 높이기 위함이다. 하지만 최근에는 콘크리트 기둥으로 대체되는 추세에 있다. 동남아의 전통건축에서 벽은 중요한 요소가 아니다. 벽이 하중을 부담하는 경우는 거의 없으며, 하중을 전담하는 기둥이나 보에 연결되어 조립식 칸막이벽으로 구성된다. 전체 구조는 지붕을 지지하는 기둥과 보가

주를 이루며, 생활공간인 마루층과 지붕은 구조적인 연계성 없이 서로 분리되어 있다. 때문에 기둥과 보로 구성된 구조체계가 형태적으로 귀결되는 사례가 많다. 지역에 따라, 벽은 건축물 전체의 구조적 안정성을 더하기 위해 가벼운 재료를 사용하고, 바깥으로 약간 기울여 세우는 경우도 있다. 또한 미낭가바우 주택에서처럼, 집 주인의 취향과 사회적 지위에 따라 벽의 높이가 다양하게 계획되기도 한다.

기둥과 보를 연결하는 방식은 내부공간의 구성에도 영향을 미친다. 즉, 작은 규모의 단일공간으로 구성된 건축물에서는 마룻바닥의 높이차가 발생하지 않지만, 규모가 큰 건축물의 경우에는 하나의 기둥에 여러 개의 보들이 위·아래로 겹쳐지게 되면서 마룻바닥의 높이 또한 달라질 수밖에 없다. 이러한 경우, 마룻바닥의 높이가 높을수록 위계가 높은 공간으로 간주되는 관습이 남아 있다.

목구조를 기본틀로 삼는 동남아 건축에서 목재의 강도와 재질은 구조와 형태에 영향을 미치는 중요한 측면이다. 하중을 담당하는 기둥이나 보에는 강도가 강한 티크(teak), 아이언우드(iron-wood), 다크우드(dark-wood) 등과 같은 단단한 나무가 사용되는데, 일반적으로 100~150년 정도의 수명을 지닌다. 동남아에서 자생하는 나무들 중 티크(teak)나 센갈(cengal, Balanocarpus heimii) 등과 같은 강도와 밀도가 높은 나무는 특유의 오일을 지니고 있는데, 이는 흰개미의 침투를 막아 주는 방충 효과를 지니고 있다.

하중을 받지 않는 벽체와 지붕은 부드럽고 가벼운 재질의 나무를 사용하는데, 대나무, 코코넛, 야자나무 등은 대체로 사용이 용이하고 저렴해서 일반적인 집이나 임시구조물에 널리 쓰인다. 대나무 구조는 태풍과 지진에 강하지만 내구성과 내화성이 떨어지고 흰개미에도 약하기 때문에 대체로 임시재료나 벽과 내부의 칸막이 재료 또는 장식재나 벽·바닥의 패널로 쓰인다. 하지만 지역에 따라, 목재의 물량이 부족할 경우, 서까래나 도리들보와 같은 구조재로 활용되기도 한다.[33] 이 경우, 목재들이 구조적인 완성체로 결합된다기보다는 대나무 줄기나 새끼줄로 엮어지는 방식을 취하게 되며, 이러한 결구방식으로 인해 상당히 독창적인 지붕 형태가 만들어지기도 한다.[34] 지붕의 환기 구멍은 서까래를 설치하는 각도를 조절하여 만들어지는데, 이 또한 지붕의 형태 구성에 영향을 미치는 중요한 요소이다.

9. 사례 1: 인도네시아 또라자의 전통주거

인도네시아 전역에는 대략 16~20개 정도의 전통주거양식들이 존재한다. 그 중에서도, 인도네시아의 술라웨시(Sulawesi) 군도에 위치한 또라자(Toraja) 지역의 전통주거는 그 자체가 지니고 있는 강한 형태성과 지역성으로 인해 동남아의 여러 전통주거양식들 중에서도 가장 독창적인 특성을 지닌 것으로 평가할 수 있다.

1) 역사 개관

인도네시아의 여러 전통사회들과 마찬가지로, 또라자[35] 역시 동남아의 역사와 문화권이 지니는 보편적인 특성[36]과 지역성을 공유하면서, 한편으로는 그것과 구별될 수 있는 종족 고유의 역사 · 문화적 흐름과 사회체계를 이어 왔다.[37] 그것은 신앙과 신화를 비롯해 사회체계와 관습 전반에 걸친 차이를 낳았다. 또라자의 역사와 문화는 가깝게는 주변의 큰 세력이었던 부기

---

33) Dawson, B. & Gillow, J., op. cit., pp.23~24.
34) Roxana Waterson, op. cit., p.75.

스(Bugis)와 루유(Luwu) 종족들과의 국지적 관계를 통해서, 그리고 멀게는 시암(Siam, 현 태국)과 인도 및 아랍 출신의 무역 상인들과 연계된 국제 교류를 통해 형성되었다.[38]

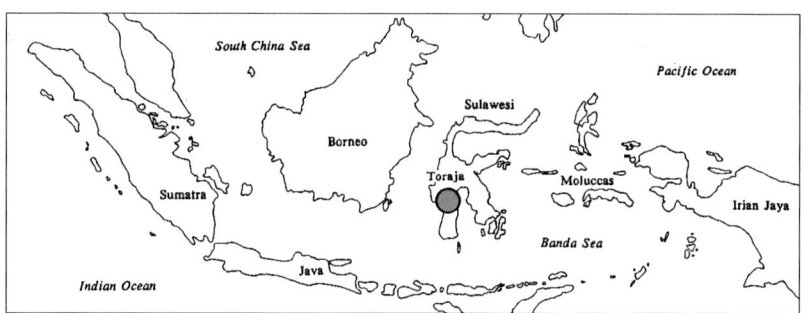

▲ **도면 12** 또라자 지역 위치도

---

35) 인도네시아 술라웨시의 남부와 중앙부에 걸쳐 위치한 석회석 질(質)의 산악 고원지방(해발 평균 700~800m)이다. 크게 건기와 우기의 두 계절로 나뉘며, 북에서 남으로 흐르는 두 강을 축으로 삼는 지형 구조를 지니고 있다. 전체 면적은 3,205㎢에 달하며, 연평균 섭씨 14~26도의 기온 분포와 82~86%의 습도를 지닌 전형적인 열대기후 지역에 속한다. 현재의 행정 인구는 약 36만 명 정도(1995년 기준)의 규모이며, 주로 벼농사(일모작)와 가축 사육을 주된 생계로 삼고 있다. '또라자'는 과거에 '셀레베스(Celebes)'로 불리던 지역에 해당하며, 술라웨시 섬의 남부와 중앙 지역의 고원에 거주하는 종족을 일컫는다. 그 명칭의 기원은 'To-Raa 또는 To-Rara'에서 비롯된 것으로, 'To'는 '인류(mainkind)'를, 'Raa or Raya'는 '환영(또는 유용함)'을 의미한다. 그러나 현재의 명칭은 서양의 인류학자들에 의해 명명된 것으로, 'Tori-Aja'를 어원으로 삼고 있는데, 'Tori'는 '사람'을, 'Aja'는 '위쪽'을 의미한다. 결국, '또라자(Toriaja)'는 '산(높은 곳)'에 살고 있는 사람들 또는 상류에 살고 있는 사람들'이란 의미로 해석된다. 이는 아마도 해안가에서 생활하던 사람들의 입장에서 상대적으로 서술된 것으로 추측된다(Jowa Imre Kis-Jovak (1998), p.13).

36) 또라자의 인종적 기원은 기원전 2500~1500년 사이에 남중국에서 배로 이동해 온 것으로 추측되며, 원시 말레이인(Proto-Malay) 계통에 속한다. 이들의 전통 종교인 '알룩(Aluk Todolo)' 역시 이 시기에 형성된 것으로 추측된다. 전설에 따르면, 또라자인들은 바다를 통해 북쪽에서 왔다고 전해지며, 항해 도중 폭풍을 만나 배가 손상되어 그 잔해들을 이용해 새로운 집을 지었다고 한다. 이러한 전설에 따라, 집의 배치는 항상 북쪽을 향한다(Dawson, B. & Gillow, op. cit., p.110).

37) 또라자 사회는 전통적으로 세 계급 — 또까뿌(Tokapu), 또마까가(Tomakaka), 또뿌다(Tobuda) — 으로 구성된다. 또까뿌는 가장 높은 계급으로 전 인구의 10% 정도가 이에 속하며, 또마까가는 두 번째 계층인 중산층 계급으로 20% 정도가 이에 해당한다. 마지막으로, 70%에 달하는 또뿌다는 가장 낮은 계급으로 대부분 노동자나 소작인들이다. 한편, 이러한 계급적 틀 내에서, 전통사회에서 개인적으로 맡아왔던 사회적 역할에 따라 6개의 계급으로 다시 세분되기도 한다. 참고로, 또라자 종족 역시 인도네시아의 다른 종족들과 마찬가지로 모계와 부계 모두를 따르는 양성 동등의 사회 체계를 지니며, 사회적 권리와 유산상속 또한 이에 준하여 이행된다(Sandarupa, S., op. cit., p. 63. Roxana Waterson, op. cit., p.163).

이 과정에서 17C 중엽에 이슬람교가 유입되었고, 이후 주변 종족들과의 전쟁에 따른 어려운 시기를 극복해 가는 역사적 흐름 속에서 일부 지역에 한해 점차적으로 이슬람화가 진행되기도 했다.[39] 이 무렵부터 시작된 서양과의 접촉을 통해 또라자 지역이 대외적으로 알려지게 되었다. 하지만 이는 곧 네덜란드의 식민지배로 이어졌고, 이로 인해 또라자는 종교와 사회를 비롯한 모든 면에서 큰 변화를 겪게 되었다. 네덜란드가 추구한 종교적 교화 정책과 지역개발에 따른 사회·경제적 변화로 인해 또라자의 전통신앙과 조상숭배 의식은 점차 약화되었으며, 교육을 받은 새로운 지식층이 사회 전면에 등장하게 되면서 신앙적 권위와 전통적 질서 역시 큰 변화를 겪게 되었다.

이 같은 양상은 1945년 독립 이후에도 계속 이어지고 있으며, 넓게는 인도네시아 전역에서 전개된 민족주의 흐름 속에서 또라자 지역의 근대화와 관련된 새로운 사회적 이슈를 낳았다. 이와 함께, 1970년대부터 강하게 일기 시작한 관광산업의 활성화로 지역사회 전반이 외부 세계에 개방되면서 무분별한 관광개발이 진행됨에 따라 전통적인 지역환경과 문화유산이 훼손되는 문제성을 드러내고 있으며, 전통주거 역시 그러한 맥락 속에서 박제된 역사물로 남거나 어설픈 현대 건축으로 전락하는 근대적 운명을 겪게 되었다.[40]

---

38) 주로 옷감과 커피 등이 주요 품목이었으며, 때로 노예가 거래되기도 했다. 특히, 이 중 인도로부터 유입된 옷감은 후에 또라자 예술에 영향을 미치기도 했다. 하지만 당시 대부분의 국제 관계는 주변 종족인 부기스 종족을 통해 이루어졌고, 그 규모도 상당히 작았다. 엄격히 말해, 또라자가 대외적으로 독자적인 지위를 갖거나 주체적인 무역 관계를 주도한 것은 아니었으며, 여전히 외부 세계와 단절된 채 고유의 전통신앙과 사회적 관습을 유지하고 있었다(Sandarupa, S., op. cit., p.17).

39) 하지만 육류를 섭취하는 또라자인들의 음식 문화로 인해 대중적인 포교를 이루지는 못했다.

40) 네덜란드는 17C 중엽 이후 선교사들을 앞세워 또라자인들을 교화시키면서 교육정책의 수립과 기독교 전파를 통한 사회변화를 시도하였으며, 1905년부터 이 지역에 군대를 주둔시키기 시작했다.

▲ **사진 10** 보리(Bori) 또라자 지역의 마을 전경

2) 주거의 의미와 전통적 관념

　　동남아의 다른 지역에서와 마찬가지로, 또라자에서도 지역 고유의 세계
관과 전통신앙은 사회 체계와 문화예술 전반을 이끄는 주된 관념이자 근본
이다. 여기에는 동남아 전역에서 공유되고 있는 일반성과 함께 또라자에서
독립적으로 생성된 고유한 특성이 인과적으로 얽혀 있다. 조상숭배와 민간
신앙의 형태로 이어져 온 이 지역의 전통적 관념은 또라자인들의 생활양식
과 사고방식을 지배하는 기본 개념으로 기능해 왔다. 그것은 '알룩 또도로
(Aluk Todolo, 이하 알룩)'[41]라 불리는 전통신앙을 통해 확립되어 왔다.

　　또라자의 우주관에서 볼 때, 북쪽은 하늘의 지배자임과 동시에 인간 존
재를 창조한 신으로 불리는 '푸앙 마투아(Puang Matua)'의 영토가 있는 곳
이며, 남쪽은 사후세계(來世)가 있는 곳으로 간주된다. 즉, 북쪽은 하늘의 머

리를 의미하며, 가장 높은 수준의 신인 '푸앙 마투아'의 거주공간으로 인식된다. 한편, 영혼의 땅이 있는 곳으로 인식되는 남쪽은 서쪽과 유사한 맥락에서 '죽은 사람' 혹은 조상과 동일시된다. 때문에 집안의 가보(家寶)는 주로 남쪽 방의 남서 측에 보관되며, 경우에 따라 가보 대신 화로가 놓이거나 다산(多産)을 기원하는 의식을 수행하는 곳으로 활용되기도 한다. 또한 서측과 동측은 신체의 왼손과 오른손에 비유되기도 한다.

또라자 전통신앙의 주된 특징 중의 하나는 종족의 시조(始祖)에 대한 숭배 의식이 상당히 강하다는 점이다.[42] 이는 이슬람과 기독교가 도래하기 이전부터 또라자 사람들의 삶 속에 강하게 밀착되어 있었으며, 신앙으로서 뿐만이 아니라 관습과 의례에 관한 기준으로 고착되어 왔다. 이러한 의식은 또라자의 전통주거와 건축에 일정한 특성을 부여하는 결과로 이어졌는데, 태초의 주거 양식을 종족의 시조가 건립했다는 믿음 때문에 이들의 전통주거에는 종족(또는 가문)의 시조와 관련된 신화적 상징성이 강하게 반영되어 있다. 즉, 또라자의 전통주거에는 단순히 일상생활에 필요한 물리적 해결보다도 종족의 공동체적 삶을 이끌어 가는 데 필요한 관념적 가치와 신앙적 의미가 더 중시되어 있다. 그것은 주거를 의미하는 단어들에서도 단적으로 확인된다.

---

41) '알룩'은 또라자에서 가장 오래된 전통 신앙으로 다양한 성격의 신(神)을 섬긴다. 그중에서도, 만물을 창조한 신으로 여겨지는 '푸앙 마투아'는 가장 높은 신으로 추앙되고 있다. 푸앙 마투아는 북쪽 하늘에 거주하는 신으로, 낮과 밤의 균형을 유지하는 태양과 관계가 있다(Jowa Imre Kis-Jovak, op. cit., p.36). 이런 이유에서, 북쪽은 가장 신성한 의미를 지닌 방향으로 간주되며, 건축물에서도 이러한 의식이 반영된다. 예를 들면, '린도 푸앙(lindo puang)'이라 불리는 북쪽 지붕에 설치된 박공 윗부분은 신이 출입하는 입구로 여겨지는 곳이다. 참고로, '알룩'의 신념 체계는 힌두교와 관련이 있으며, 인도네시아 정부에 의해 공식적인 종교로 인정되고 있다.

42) Sandarupa, S., op. cit., p. 63.

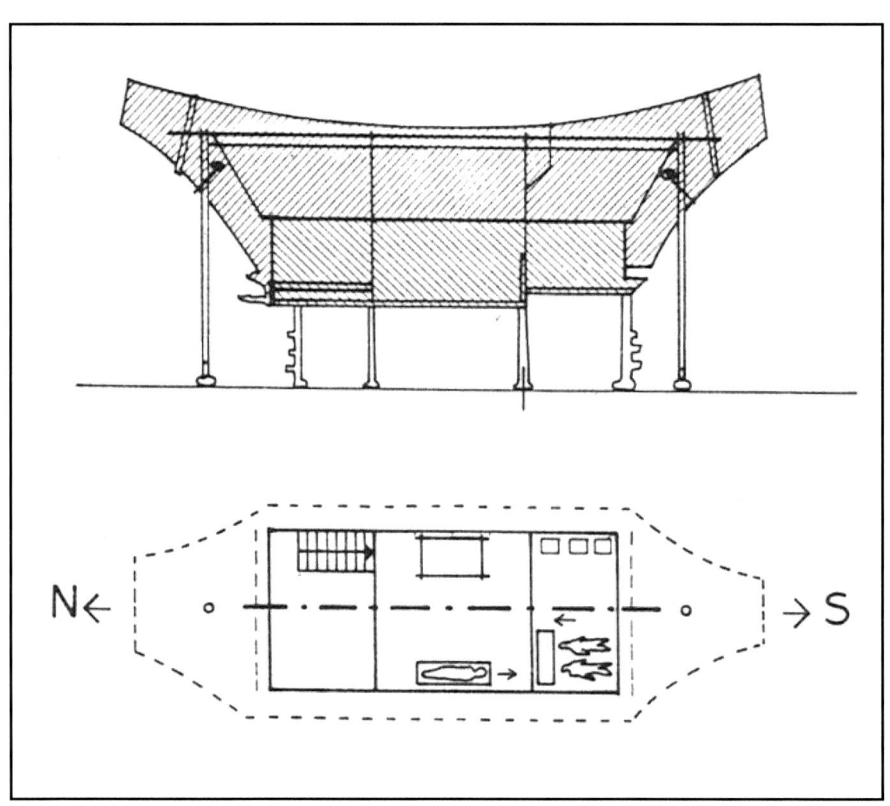

▲ **도면 13** 신화적 의미의 도해, 인도네시아 또라자 종족

또라자의 언어에서, 주거(집)를 의미하는 단어로 '바누아(banua)'[43]와 '통고난(tonggonan)'[44]을 들 수 있다. 넓은 의미에서, 또라자라는 단어 속에는 이들 두 단어의 의미가 함께 포함되어 있다. 바누아는 주거(집)를 의미하는 일반적인 말이며, 대체로 단독 세대의 소규모 가족이 생활하는 작은 규모의 일반적인 주택을 통칭한다. 이와는 달리, 통고난은 바누아에 비해 역사적·신화적으로 더 깊은 의미를 지닐 뿐만 아니라 사회적으로도 상당히 다양한 의미를 내포한다. 즉, 역사적으로는 부족(씨족)을 창시한 조상들이 건립했던 거주처(집)를 뜻하는 것으로 주거(건축)의 원형(기원)과 관련된 신앙적 의미를 지니고 있으며,[45] 사회적인 측면에서는 가족구성원이 서로 만나는 공공장소를 의미하는 것으로 중요한 일상사를 협의하거나 신앙적 의례에 참여하는 행위를 뜻하기도 한다.[46]

그런 점에서, 통고난은 단순한 주거 기능을 넘어 종족의 동질성과 전통을 상징할 뿐 아니라 또라자인들의 의식적인 삶과 연대감을 지탱하는 중심

---

43) '바누아(banua)'는 원시-오스트로네시안(Proto-Austronesian) 언어에서 아주 광범위한 의미로 사용되며, 주로 대륙, 토지(영토), 정착지, 마을, 도시 등의 다양한 의미가 내포되어 있다. 이는 지역별로 다양한 차이를 보이는데, 예를 들면, 사단 또라자(Sa'dan Toraja) 지역에서는 '주택'을 의미하는 반면, 이웃하고 있는 부기스 지역에서는 특정 지도자의 통치 아래에 있는 '영토'를 의미한다. 또 다른 지역인 또바 바탁에서는 전통적인 우주론에 따른 세 영역—하늘, 땅, 지하—을 의미하기도 한다(Roxana Waterson, op. cit., p.92). 한편, 원시-필리핀 언어에서 'banuwa'는 '하늘'을 의미하기도 한다.

44) '통고난(tongkonan)'은 원래 '앉다(sit)'라는 뜻을 지닌 단어에서 유래한 것으로, 부족(가문)을 창건한 존경받는 조상이나 높은 위계의 인물이 앉는 곳(자리)으로 여겨지는 단어다. 인도네시아 사회에서 '누가 어디에 앉는가?'라는 것은 엄격하게 강조되는 위계적 개념에 속한다. 한편, 통고난은 또라자 지역의 옛 고유 명칭에서 비롯된 것으로 추측되기도 한다. 건축적인 면에서는, 단독 주거를 의미하는 바누아와는 달리, 여러 채의 집들이 모여 있는 집합적 의미로 활용되기도 한다. 참고로, 통고난에 대한 신화적 기원은 '푸앙 마투아'가 하늘에 처음으로 건립한 집이라는 데서 비롯된다. 이는 네 개의 기둥과 지붕 그리고 벽을 지니며, 인도의 옷감과 철과 대나무 등의 재료로 건립된 것으로 전해진다(Sandarupa, S., op. cit., p.60).

45) Dawson, B. & Gillow, J., op. cit., p.13.

46) Dawson, B. & Gillow, J., op. cit., p.109.

개념으로 작용해 왔다.[47] 이처럼 사회적이면서 동시에 종교적 의미를 지닌[48] 통고난은 오늘날 부족이나 가문의 사회적·종교적 측면의 전통성을 의미하는 단어로 더 친밀하게 사용되고 있다.[49]

3) 또라자 전통주거의 구성 요소

또라자의 전통주거는 크게 본채와 곡물창고를 주된 구성 요소로 삼아 전개되어 왔다. 이외에도, 가축을 가두는 외양간, 곡식을 지키기 위한 망루(望樓), 무덤 등이 부가적으로 전개되어 왔다. 하지만 이들 대부분은 임시건물의 성격이 강할 뿐만 아니라, 건축양식 면에서도 논의될 만한 형식을 지니지 않고 있다. 참고로, 외양간은 동물의 종류 — 물소, 돼지, 수탉 등 — 에 따라 규모와 형식을 달리하며, 무덤 건축도 동굴형 무덤과 장례용 가건물 등으로 나뉜다.

본채는 구조 방식에 따라 크게 파일 타입(pile house)과 블록 타입(block house)으로 나뉘며, 구조를 지지하는 기둥의 수(數)는 건축물의 규모와 건축주의 사회적 위상에 의해 결정되기도 한다.[50] 고상식으로 알려진 파일 타입은 측면에 4개 이상의 거칠게 자른 기둥들을 초석 위에 설치하여 건축물을 지면에서 일정 높이로 올리고, 여기에 구멍맞춤 형식으로 보를 교차시켜 연결하는 방식이다. 이는 몬순기후 지역에서 우기(雨期)에 발생하는 위생 문제뿐만 아니라, 건기(乾期)에 환기를 용이케 하는 장점을 지닌다.

---

47) Dawson, B. & Gillow, J., op. cit., p.137.
48) 통고난은 그것을 사용하는 주체의 사회적 신분에 따라 크게 세 가지의 위계로 구분된다. 최고 권위를 지닌 고위관료나 귀족 계급을 위한 'tongkonan layuk', 일반 관료 계급을 위한 'tongkonan pekamberan', 일반인을 위한 'tongkonan batu' 등이 그것이다(Sandarupa, S., op. cit., p.64).
49) Jowa Imre Kis-Jovak, op. cit., p.34.
50) Jowa Imre Kis-Jovak, op. cit., p.75.

▲ 사진 11 사단(Sadan) 또라자 지역의 전통주거(통고난) ▼ 사진 12 론다 그레이브(Londa Grave), 동굴무덤군

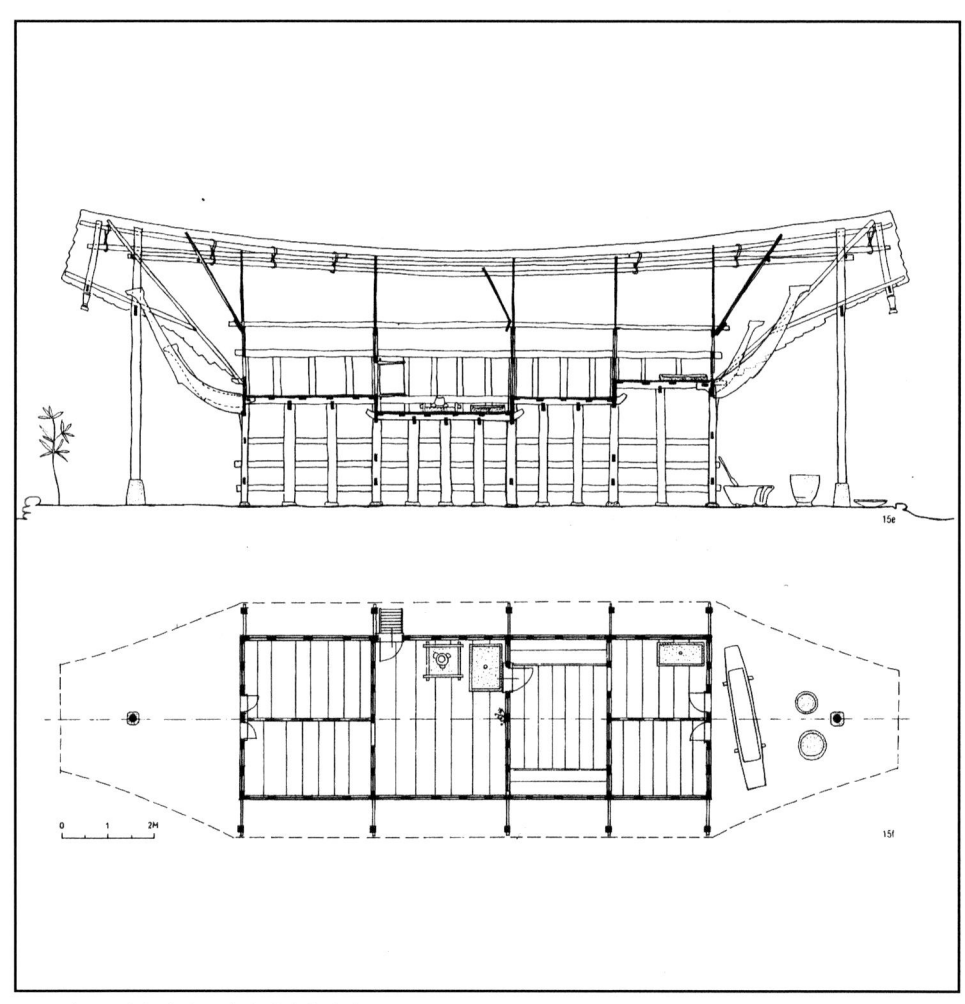

▲ **도면 14** 파일 타입 주거의 평면과 단면

◀ 사진 13 팔라와(Palawa)
또라자 마을의 곡
물창고

▼ 도면 15 곡물창고 입면도

이와는 달리, 블록 타입은 건축물이 지면과 직접 맞닿아 있는 형식으로, 모퉁이 초석 위에 원형의 보를 걸쳐 양측을 직각으로 구멍맞춤하는 방식으로 축조된다. 블록 타입은 역사적으로 파일 타입이 성립되기 이전부터 또라자 지역에서 활용되어온 오래된 방식으로, 원래 17세기 이전에는 주로 블록 타입의 단층 구조가 주를 이루었다. 하지만 이후 시기를 통해 또라자인들이 다른 종족들과 교류하면서, 주변의 부기스(Bugis) 종족의 영향을 받아 점차 파일 타입으로 전환하게 되었다.[51]

본채와 쌍을 이루어 구성되는 곡물창고는 쌀을 저장하는 일차적 기능 외에도 사회적 성격을 띤 다양한 기능들을 담고 있다. 저층부의 지반공간에 설치된 낮은 높이의 플랫폼은 마을 주민들의 커뮤니케이션이 이루어지는 공간으로, 작업공간이자 휴식공간이다. 또한 장례 행사에서 시신을 잠시 안치하여 곡물과 연관된 신화적 의미를 실행하는 의례공간으로 쓰이기도 하는데, 이는 곡물이 사후(死後) 세계를 안내한다는 신화적 믿음에서 비롯된 것이다.

곡물창고는 '알랑(alang)'과 '코랑(korang)'이라 불리는 두 개의 타입으로 다시 세분된다. 이는 장식의 양상이나 수준에 따른 구분으로, 전자가 조각 장식을 강조한 반면, 후자는 주로 대나무를 주재료로 삼으면서 장식을 절제한 것이 특징이다.[52] 이들의 건축형식은 일반적으로 본채인 통고난의 형식을 그대로 따르고 있지만, 지붕 용마루의 곡률이 본채에 비해 완만하게 처리되고 조각 장식이 단조로운 것을 특징으로 한다. 또한 쥐와 같은 집동물의 접근을 막기 위해 지반의 기둥 길이를 본채보다 길게 만들고 표면이 부드러

51) 참고로, 블록 타입은 원래 노예들이 사용하던 규모가 작은 주거양식이었지만, 때로 사회적 계급이 높은 가족이 규모를 확대해서 사용하기도 했다. (Jowa Imre Kis-Jovak, op. cit., p.68).
52) Jowa Imre Kis-Jovak, op. cit., p.74.

운 목재(코코넛 등)를 사용한다.

4) 마을의 구성과 주거의 배치

전술했듯이, 마을 안에서 이루어지는 건축물의 배치는 신화적 우주론에 입각한 방위 개념을 주된 기준으로 삼으면서 주변의 자연지형과 연관된 물리적 해결을 병행하여 정해진다. 마을의 배치는 크게 각각의 주거(본채)와 곡물창고를 중심으로 형성되며, 위치와 규모에 따라 다양하게 이루어진다. 일정 규모 이상의 마을에서는 여러 채의 단위 주거들과 곡물창고들이 마당을 사이에 두고 일렬로 배열되어 있는 규칙성을 보인다. 단위 주거와 곡물창고는 항상 하나의 유니트(unit)로 묶여서 배치되는 것이 특징이며, 하나의 주거에는 보통 1~3개의 곡물창고가 딸려 배치된다.

▼ **사진 14** 팔라와 또라자 지역의 마을 전경

또라자에서 주생활이 이루어지는 본채는 남성을 의미하는 것으로 주로 남쪽에 배치된다. 반대로, 여성을 의미하는 곡물창고는 북쪽에 배치되는 것이 상례이다. 각각의 주거용 본채는 북-남 방향의 축을 따라 일직선으로 세워지며, 그 맞은편에는 각 본채에 딸려 있는 곡물창고들이 동일한 축을 따라 배치된다. 즉, 여러 채의 본채들이 동-서 방향의 축을 따라 일렬로 배열되고, 이와 평행하게 곡물창고들이 배치된다. 결과적으로, 각 단위 주거의 전면은 북향을, 그리고 곡물창고의 전면은 남향을 향해 서로 마주한다.

때로 주변의 지리적 특성이나 중요한 지형지물(地形地物)에 따라 배치가 결정되기도 한다. 예를 들면, 주변에 강이 있는 경우, 강의 방향을 따라 배치가 이루어지기도 하는데, 그럴 경우, 곡물창고는 본채와 평행하게 배치되는 것이 아니라 직각으로 놓이기도 한다.[53] 이에 해당하는 예로, 사단 또라자(Sa'dan Toraja) 지역에서는 사단 강의 원류(상류)가 흐르는 방향을 우주론의 한 축으로 삼아 배치를 결정하기도 한다.

이는 북쪽을 하늘의 머리로, 남쪽을 하늘의 꼬리로 간주하는 전통적 믿음 때문이다.[54] 곡물창고는 집의 축소판으로 간주되기 때문에 본채와 동등한 차원에서 만들어지며, 그 규모와 수(數)는 사회적 신분과 부(富)를 상징하는 척도로 인식되기도 한다.[55] 본채 주거와 곡물창고 사이의 외부공간에는 '빠람빠(parampa)'라 불리는 마당이 마련되는데, 이는 주로 아이들의 놀이공간이나 공동체 작업공간으로 쓰이며, 때로 의례를 수행하거나 곡물을 말리는 장소로 활용되기도 한다.

---

53) Jowa Imre Kis-Jovak, op. cit., p.25.
54) 또라자 문화에서 북쪽(또는 동쪽)은 삶의 순환을 관장하는 방향으로 인식된다. 집은 곧 대우주 속에서 소우주의 원리를 재현하는 곳이며, 때문에 집은 우주와의 조화를 실현하는 곳으로 여겨진다. 이 역시 집이 북쪽을 향하게 된 주요한 이유이다(Sandarupa, S., op. cit., p.63).
55) Jowa Imre Kis-Jovak, op. cit., p.32.

원래 또라자인들은 이웃 종족들과의 전쟁을 위해 전략적으로 외부인들의 접근이 어려운 산등성이나 언덕 위에 정착하여 마을을 이루었다. 산지(山地)에서는 여러 채의 집을 지을 수 있는 면적이 평지에 비해 상대적으로 좁기 때문에 단위 주거들을 최대한 근접시켜 배치했고, 주변 지형 또한 불규칙했기 때문에 질서정연한 배치 유형을 실현하기가 어려웠다.[56] 이 같은 근접 배치는 결과적으로 이웃 종족들의 침입을 효율적으로 방어할 뿐만 아니라 주민들의 상호 소통을 원활하게 돕는 데도 유리했으며, 북-남 배치에 따른 단점을 보완하는 배치 기법이기도 했다.

산지에서 전통적으로 유지되어 온 이러한 배치 유형은 네덜란드의 지배가 시작되었던 1905년 이후부터 달라지기 시작했다.[57] 네덜란드는 또라자인들을 효율적으로 통치하기 위해 전략적으로 또라자 마을을 계곡 아래로 이동시키는 정책을 시행했다. 이러한 이유로 인해, 근대 시기 이후에 조성된 모든 마을은 계곡의 평지에서 일정한 규칙성을 갖는 배치 유형으로 바뀌게 되었다.[58]

5) 내부공간

또라자 전통주거의 내부공간은 웅장하고 독특한 외부 형태에 비해 상당히 좁고 폐쇄적이며 어둡다. 사단 또라자 지역에서 가장 오래된 전통적인 통고난의 경우, 평면은 직사각형의 모양을 취하며 북-남 방향을 축으로 삼아 3~4개의 공간들이 영역별로 분할되어 있는 단순한 구성을 취하고 있다. 직사각형의 평면 모양에는 인류와 연관된 네 가지 상징―인간의 탄생, 인간

---

56) Jowa Imre Kis-Jovak, op. cit., p.23.
57) 네덜란드로부터 벼농사 기법을 소개받은 이후 벼농사와 목축을 주업으로 삼고 있다.
58) Jowa Imre Kis-Jovak, op. cit., p.26.

▲ **사진 15** 내부 벽체, 팔라와 또라자 마을 내　　▲ **사진 16** 내부 바닥, 사단 또라자 마을 내

삶, 신에 대한 경배, 인간의 죽음—이 은유적으로 반영되어 있다. 또한 동서남북의 네 방향을 상징하기도 한다.

내부 전체는 대나무로 엮어진 목재 패널로 마감되어 있으며, 공간들 사이에 약간의 높이 차이를 두어 공간의 경계와 위계로 삼고 있다. 개구부는 최소한의 채광을 위한 작은 창문과 무릎 높이의 문턱을 지닌 목재 출입문이 전부이다. 각각의 공간은 칸막이벽으로 구획되며, 건축주의 취향과 부(富)의 정도에 따라 다양한 높이 차이를 갖는다.[59)]

평면의 전체 규모는 일정하지 않지만, 평균 3.8m의 너비에 8.8m의 길이를 지니며, 전통적으로 1:2.3 정도의 비례를 보인다. 이는 또라자에서 자생하는 목재의 재질과 크기를 감안하여 결정된 것으로, 환기와 통풍을 비롯한 자연공기 조절에도 효과가 큰 것으로 이해된다.[60)] 이러한 규모는 지역에 따라 차이를 보이기도 하는데, 장변(長邊)이 평균 18m 정도의 길이에 달하는 것도 있다.[61)]

전체는 외관상 3개 층으로 구분되어 있으며, 각 층(공간)은 지역 고유의

59) Roxana Waterson, op. cit., p.76.

60) Siregar, L. G. (2003), 4(2).

61) Jowa Imre Kis-Jovak, op. cit., p.66.

우주관에 따라 '하부(지하)세계, 중간(인간)세계, 상부(신화)세계' 등으로 의미화 되어 있다. 각각은 고유의 공간적 성격(기능)과 명칭을 지닌다. '살룩(sulluk)'이라 불리는 지반층 공간은 보통 가축을 가두는 곳으로 사용되지만, 계절에 따라 저장(창고)과 휴식 등의 용도로 활용되는 다목적 외부공간이다. 2층은 실질적인 주생활이 이루어지는 생활공간이며, 3층은 구체적인 기능보다는 관념적으로 의미화 되어 있는 지붕의 천장공간이다. 3층의 천장공간에는 간혹 가족구성원의 수가 많을 경우에 취침을 위한 다락공간이 설치되기도 한다.

2층의 생활공간은 다시 크게 세 공간(영역)—'탕도(tangdo)'[62]라 불리는 북쪽방, '살리(sali)'[63]라 불리는 중앙방, '숨붕(sumbung)'이라 불리는 남쪽방 등—으로 분할된다. 평면에서 북쪽에 위치한 '탕도'는 주로 노부모와 성인,

▼ **사진 17** 옥외 지반층 공간, 팔라와 또라자 마을 내

▲ **사진 18** 내부 중앙부의 살리 공간, 팔라와 또라자 마을 내　　▼ **사진 19** 내부 남측부의 숨붕 공간, 팔라와 또라자 마을

특히 미혼 여성의 침실로 이용되며,[64] 경우에 따라 손님을 위한 사랑방으로 활용되거나 신(神)에게 기도를 올리는 공간으로 쓰이기도 한다.

남쪽에 위치한 '숨붕'은 주로 부부의 침실로 활용되는 공간이다. 또한 조상과 관련된 신성한 가보, 전래품(傳來品), 귀중품 등이 보관되거나 장례식이 거행되기 전까지 시신(屍身)을 안치하는 장소로 쓰이기도 한다.[65] 이는, 전통적으로, 남쪽 방향이 조상의 정신과 죽음을 상징하는 방향으로 인식되고 있기 때문이다.

중앙부에 위치한 '살리'는 내부공간의 중심 역할을 하는 다용도 공간으로 거실, 주방, 식당, 난방(화덕) 등의 기능이 복합적으로 혼합되어 있다. 이곳은 앞의 두 공간에 비해 약간 낮게 설치되며, 기능상 전통적 관념에 따라 동측과 서측으로 나뉘어 사용된다. 동측 부분은 요리와 난방(화덕) 등의 일상(日常) 이외에 출산이나 결혼식 등과 같은 의례를 수행하는 공간으로 쓰인다.[66] 또한 계단과 출입구가 설치되는 곳이다.[67] 반대편의 서측 부분은, 남쪽과 마찬가지로, 죽음과 연관된 의미를 갖는 방향으로 인식되고 있기 때문에 장례식 동안에 시신을 안치하거나 옮기는 통로로 쓰인다. 집의 규모에 따라 중앙부(살리)의 북측에 고용인(하인)이나 미혼 남성을 위한 작은 규모의 침실공간이 덧붙여지며, 신분이 높은 집안의 경우에는 지붕 처마 밑으로 '롱가(longa)'라고 불리는 별도의 공간을 덧붙여 여성을 위한 작업공간으로 사

---

62) 주변의 마깔레와 깐나 등의 지역에서는 '손동(sondong)'으로 불리기도 한다.

63) 또라자에서 '살리'는 일반적 의미의 방을 지칭한다.

64) 미혼 여성의 침실공간을 '판둥(pandung)'이라 부른다. 하지만 집의 규모가 작아 '판둥'이 없을 경우, 미혼 여성이 '탕도' 공간에서 기거하기도 한다.

65) Sandarupa, S., op. cit., p.67.

66) 주방 공간에는 굴뚝을 설치하지 않는다. 환기는 지붕 중심부에 설치된 작은 구멍을 통해 이루어지는데, 또라자에서 지붕의 환기 구멍은 하늘과 연결된 신성한 통로로 인식되고 있다.

67) 계단과 출입구는 일반적으로 중앙부 '살리' 공간의 동측이나 북측에 설치하는 것을 원칙으로 삼고 있으며, 남측과 서측에는 설치하지 않는다.

용하기도 한다.[68]

내부 전체는 커다란 곡선형 지붕으로 덮여 있다. 다른 지역에 비해 상대적으로 길게 돌출된 처마 밑 공간은 옥외 발코니나 수납(저장) 공간으로 활용된다. 집의 전면에 해당하는 북측의 처마 밑 공간은 대개 발코니 용도로 쓰이는데, 이는 일반적으로 내·외부 공간을 이어주는 매개공간의 성격을 지니며, 이웃과의 소통과 휴식을 위한 목적으로 사용되거나 마을 행사를 위한 보조공간으로 활용되기도 한다. 반면에 집의 후면에 해당하는 남측의 처마 밑 공간은 주로 일상적인 생활물품이나 곡식을 저장하는 수납공간으로 쓰인다.

6) 구조와 기술

전통주거의 재료는 원칙적으로 목재를 주재료로 삼고 있으며, 건설방식 또한 목재와 관련된 구조적·기술적 기법으로 이루어져 왔다. 지붕은 또라자 지역에서 자생하는 목재들 중에서 재질이 질기고 가벼운 수종(樹種)으로 제작되는데, 특히 대나무를 겹쳐서 이어가는 방식이 일반적으로 활용된다. 또라자에는 이 지역에서만 자생하는 '방가(Banga)'라고 불리는 대나무를 주재료로 사용하여 트러스와 크로스 빔(cross beam) 구조를 만들고, 여기에 작은 서까래와 널을 '이죽(ijuk)'이라 불리는 야자나무 줄기로 고정시키면서 그 사이에 환기를 위한 통풍구를 설치한다. 통풍구는 용마루에서 점차적으로 각도를 조절하여 대각선 방향으로 엮어지면서 자연스럽게 만들어진다.

---

68) Jowa Imre Kis-Jovak, op. cit., p.31.

▲ **사진 20** 지붕 시공 상세, 팔라와 또라자 마을 내

◀ **사진 21** 뚜락 솜바(외
　　　 부기둥), 팔
　　　 라와 또라자
　　　 마을 내

▲ 사진 22 대나무 연결방식

▼ 도면 16 또라자 통고난의 횡단면도

지붕은 전체적으로 말안장 모양의 완만한 곡선을 취하면서 양 끝의 처마를 길게 돌출시킨 기념비적인 형태를 취하고 있다. 즉, 곧은 용마루 보를 중심으로 보강용 추가 부재를 덧대면서 위쪽과 바깥쪽으로 동시에 각도를 조절하여 처마 설치를 위한 캔틸레버 프레임(cantilever frame)을 만들고, 이 캔틸레버를 지지하기 위해 '뚜락 솜바(tulak somba)'라 불리는 별도의 외부 기둥을 세운다.

벽은 구조적 하중을 거의 부담하지 않으며, 하중을 전담하는 기둥이나 보에 덧붙여진 조립식 칸막이 개념으로 설치된다. 각각의 기둥은 지붕과 각 층의 하중을 지탱하는 기능 이외에도 사회적·신화적 상징성과 연관된 특별한 위치(방향)와 의미를 갖는다.[69] 이와 관련된 가장 특징적인 예로, 정치적 지배자나 귀족 또는 마을의 종가집(통고난)에는 내부공간의 중심부에 커다란 기둥이 설치되는 경우를 들 수 있다. 일반 주택에서는 찾아볼 수 없는 이 기둥은 거주자의 정치적·사회적 신분을 상징함과 동시에 마을의 중심이 되는 집임을 암시하는 것으로, 위치상 내부공간의 중심에 세워졌지만 실제로는 집이 완성된 후 끼워진 것이며 구조적 하중을 담당하지 않는다.[70] '페투오(petuo)'라 불리는 이 기둥은 오로지 공간의 위계와 우주의 중심을 상징하는 시각적 수직성을 암시할 뿐이며, 구조적 과장을 통해 상징성과 중심성을 부여한 것으로 이해된다.

7) 장식

또라자 전통주거에 응용되어 있는 장식의 패턴은 대략 150~200가지 정

---

69) 또한 건축물의 용도에 따라 기둥의 모양도 다르다. 한 예로, 곡물창고를 지지하는 기초 기둥은 일반 주택과는 달리 4변형이나 직사각형이 아닌 원형 기둥이며 표면 또한 매끄럽게 처리되는데, 집동물이 기둥을 타고 곡물창고로 올라오는 것을 막기 위함이다.

70) Roxana Waterson, op. cit., p.89.

도[71])에 달하며, 대체로 기하학적 구성의 다양한 모양으로 나타난다. 장식에는 종족의 번영, 다산(多産), 다작(多作) 등을 염원하는 의미가 담겨져 있으며, 대부분 물(水)이나 동 · 식물과 관련된 모티브를 사실적으로 형상화하거나, 또는 이와는 다르게 추상적으로 단순화시키기도 한다.

특히, 물소는 동남아의 다른 지역에서와 마찬가지로, 또라자에서도 가장 중요하고 일반적인 장식 모티브로 활용되고 있을 뿐 아니라 그것이 지니는 상징적 의미도 다른 요소들에 비해 넓고 높은 위계를 갖는다. 이와 관련된 대표적인 예에 속하는 '빠부아 띠나(Paqbua Tinaq)' 장식은 나뭇잎을 묘사한 것으로 가정의 평화와 단결을 상징하며, '빠떼동(Paqtedong)' 장식은 물소를 형상화한 것으로 삶(생활)의 풍요와 부(富)를 상징한다.

또라자 장식의 또 다른 특징으로 색채 효과를 들 수 있다. 채색 작업은 장식의 원래 의미를 시각적으로 강화시키거나 새로운 의미를 덧붙이는 기능을 갖는다. 채색 작업은 기본적으로 4가지 색—흑색, 황색, 백색, 적색(갈색)—으로 이루어지며, 각각은 토착신앙과 우주론적 의미를 드러내는 고유의 표현성을 지닌다. 각각의 색은 하나의 쌍(雙)으로 묶여 다양한 문맥 속에서 서로 상반되거나 보완되는 의미를 지니면서 활용된다. 그 예로, 적색과 백색은 주로 삶과 연관된 의례에 사용되며, 흑색과 황색은 죽음과 연관된 의례에 활용된다. 구체적으로, 흑색은 죽음과 어둠을, 황색은 신의 축복과 힘을, 살과 뼈를 의미하는 백색은 순수함을, 피를 의미하는 적색은 인간의 삶을 상징하며, 성별 면에서 적색과 백색은 남성을 그리고 황색과 흑색은 여성을 상징한다.[72] 이와 관련해, '빠쎄꽁(passekong)'이라 불리는 장식 패턴은

---

71) Jowa Imre Kis-Jovak, op. cit., p.42.
72) Dawson, B. & Gillow, J., op. cit., p.112.

▲ **도면 17** 빠뿌아 띠나 장식

▼ **도면 18** 빠떼동 장식

▲ **사진 23** 처마 밑 박공부분의 채색장식, 팔라와 또라자 마을 내

'남성적'인 디자인을 의미하며, 주로 적색과 백색으로 구성된다.[73]

　이외에도, 방위 개념과 관련하여 흰색은 가장 위계가 높은 신(神)인 '푸앙 마투아'를 상징하는 색으로 북쪽을 의미하며, 황색은 위계가 낮은 일반적인 신을 상징하는 색으로 동쪽을, 적색은 석양을 지시하는 색으로 서쪽을, 그리고 흑색은 조상과 죽음을 상징하는 색으로 남쪽을 의미한다. 모든 색은 주변의 자연물에서 추출되는데, 흑색은 화덕의 그을음에서 취해지며, 황색과 적색은 흙에서, 백색은 석회에서 얻어진다.[74] 색의 배합에는 주로 야자 기

---

73) Sandarupa, S., op. cit., p.90.

74) Roxana Waterson, op. cit., p.94

름이 사용된다.

장식은 주로 북측 입면에 집중되어 있다. 이는, 전술했듯이, 북측이 공공마당과 면해 있을 뿐만 아니라 신화적으로도 가장 중요한 의미를 지니기 때문이다. 이처럼 신성한 기능을 갖는 북측 입면은 세련되고 화려하게 조각된 물소와 수탉의 머리 조각을 비롯한 다양한 장식이 설치된다.[75] 특히, '손동(sondong para)'이라 불리는 지붕의 북측 박공 부분은 주택에서 가장 신성한 부분 중의 하나로 간주되기 때문에 상당히 화려하게 장식된다.

전체 입면은 삼각꼴의 지붕 박공, 중앙의 본체, 지반층 등의 세 부분으로 구성되며, 각각은 하늘과 땅과 지하세계를 상징하는 의미 체계를 지닌다. 예를 들면, 삼각꼴의 지붕 박공은 또라자의 전통 신화에 등장하는 세 신(神)을 은유적으로 표현한 것이며,[76] 전체적으로 남성적 범위를 표현하는 부분이다. 여기에는 남성의 강함 이외에도 통치자의 권위와 숭고함(위대함), 그리고 신성화된 조상을 상징하는 의미가 담겨 있다.[77] 삼각꼴 박공 안에 새겨진 햇살 모양과 수탉 등은 그와 관련된 의미를 지닌 상징적 요소들인데, 주로 상류층 주택에서 활용되고 있다.

반면, 또라자의 토착적 관념에서 볼 때, 집의 하단부에는 여성적 의미와 함께 사회적 결속과 단결 및 풍요로움을 상징하는 장식 요소들이 표현되는데, 이끼가 얽혀 있는 모양이라든가 물동이를 단단하게 묶어 놓은 모습, 그리고 풍성하게 자란 나뭇잎 문양 등이 그 예에 속한다.

---

75) 또라자에서 수탉 역시 신화적으로 중요한 의미를 지니는 동물이다. 수탉의 울음소리는 죽음을 회생시키고 충만한 희망을 살려내는 것으로, 궁극적으로는 하늘로 날아오르는 것을 의미하며, 하나의 별자리로 이해되기도 한다(Tjahjono, G. (1998), pp.22-23).

76) 창조(하늘)의 신인 'Puang Matua', 땅의 신인 'Pong Banggai Rante', 지하세계의 신인 'Pong Tulak Padang' 등이 그것이다(Sandarupa, S., op. cit., p.86).

77) Sandarupa, S., op. cit., p.90.

8) 형태적 특성과 역사적 변화

또라자 전통주거의 가장 큰 형태적 특징은 안장 모양의 곡선과 길게 돌
출된 박공처마를 지닌 지붕 모양이다.[78] 간혹, 지역의 전통건축물이 지니는
독특한 양식은 부분적으로는 기술적 내용과 한계에서 비롯되기도 한다. 건
축재료의 특질과 구조적 한계에서 비롯되는 결구방식상의 특성은 때로 상
당히 독창적인 형태를 이끌어내는 단서(端緒)로 작용하기 때문이다. 다시
말해, 전통건축의 독특한 양식은 부분적으로는 기술적 측면과 연관된 상상
력을 통해 발전하였으며, 그것은 결과적으로 종족의 미적 감각을 극적(劇
的)이면서도 이상적인 방향으로 귀결시키기도 한다.

동남아의 전통건축에서 나타나는 다양한 지붕 형태들은 그 반증(反證)
이다. 이 지역에서 지붕은 그 자체의 형태로서 처음부터 계획적으로 창조된
것이라기보다는 오히려 내부공간을 덮는 일차적인 목적에서 비롯되었지만,
그 전개과정에서 점차적으로 지역 고유의 환경·물리적 조건이나 관념적
특성에 따른 변화가 이루어지면서 지역별로 다양한 형태의 지붕 모양이 나
타난 것으로 이해된다.

---

78) 또라자 건축의 지붕 형태에 관한 기원은 명확하지 않지만, 지역 학자들의 견해에 따르면, 청동시대 동손
(Dong-son) 문화의 전통과 관련이 있는 것으로 보인다(Jowa Imre Kis-Jovak, op. cit., p. 68). 이와
관련된 몇 가지 논의들이 있다. 혹자는 지붕의 모양이 배에서 비롯된 것이라고 설명하는데, 옛 조상들이
배를 타고 사단(Sa'dan) 강을 따라 이 지역에 도착한 후 거주처를 마련하기 위해 배를 해체하여 집을 지
었기 때문에 배의 형상을 하게 되었다는 것이다. 또 다른 견해로는, 하늘의 형상을 본떠서 만든 것이라고
주장하기도 하고(Sandarupa, S., op. cit., p.61), 일부는 물소의 뿔 모양과 연관시켜 설명하기도 한다.

▼ **사진 24** 본채 전면, 팔라와 또라자 마을 내

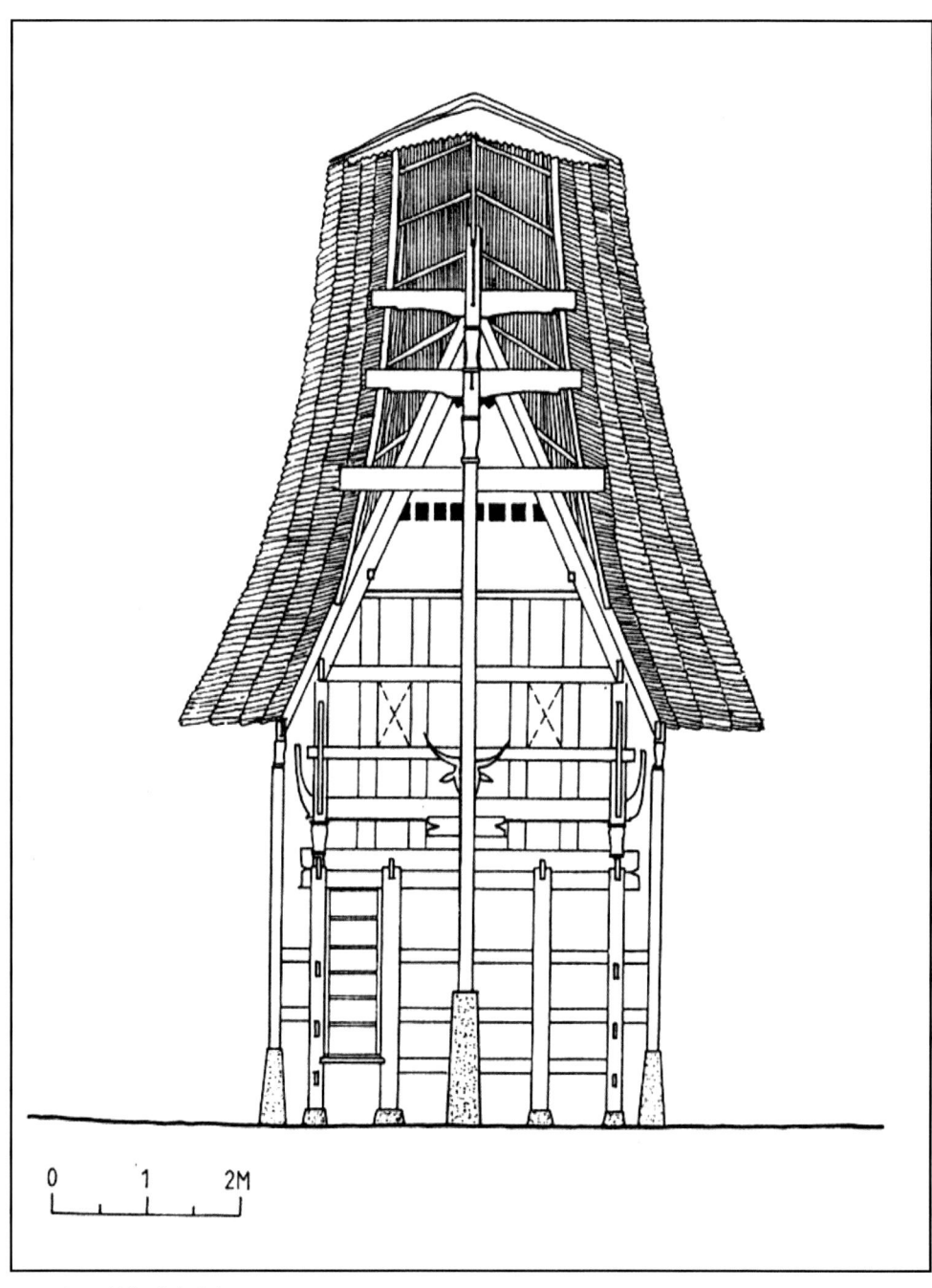

0   1   2M

▲ **도면** 19 북측 전면 파사드

전반적으로 육중하고 과장된, 그리고 강력한 시각적 이미지를 지니고 있는 또라자 전통주거의 지붕양식은 동남아의 다른 지역에서 발생한 여러 유형의 지붕양식들과는 구별되는 기념비적인 독창성을 보여 주며, 그 자체로서 조형적 유일성과 지역적 정체성을 지닌다. 역사적으로, 또라자 전통주거의 양식적 변화는 크게 5가지 단계를 거쳐 이루어졌다. 가장 큰 변화는 주거의 규모와 지붕의 형태에서 발생했으며, 전체적으로 형태 그 자체의 획기적인 의미나 새로운 구조기법의 응용보다는 규모의 확장에 따른 지붕 크기(높이)와 곡률(曲律)의 변화에 집중되었다.

또라자 전통지붕의 형태적 변화를 나타내는 그림에서, 가장 앞의 것은 초기의 지붕양식에 해당하는 유형으로 지붕의 용마루선이 거의 직선에 가까울 정도의 완만한 곡률을 지녔으며, 집의 규모 또한 낮고 작았다.

▼ 도면 20 또라자 지붕형태의 역사적 전개

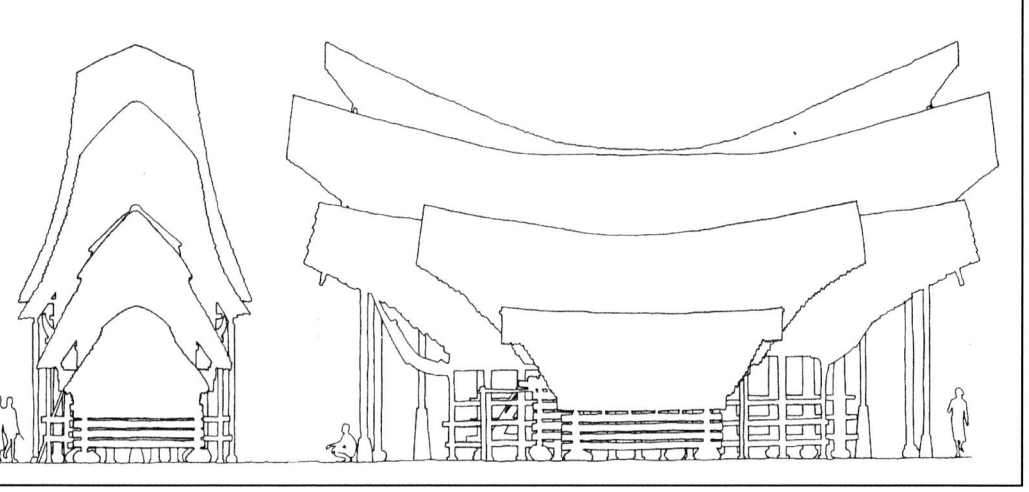

하지만 후기로 갈수록 지붕의 크기가 확대되고, 그에 따라 지붕의 용마루선과 처마선의 곡률도 점차 커지는 경향을 보였다. 또한 지붕의 확대는 기후와 관련된 건축적 이점을 얻는 데도 유리했다. 즉, 또라자 전통주거의 양식적 변화는 전체적으로 시각적 효과를 높이기 위한 극적인 효과를 강조하는 방향으로 전개되었다.

이는 집의 규모를 통해 사회적 신분과 권력을 암시하는 풍조가 확산되면서 발생한 것이다. 실제로 전면의 가장 작은 것은 신분이나 경제력이 낮은 계층의 주거 유형이며, 규모가 큰 것일수록 사회적 위상과 계급이 높은 계층을 위한 것임과 동시에 시기적으로도 근대에 가까운 것임을 의미한다.

반면, 내부공간은 외부 형태의 확대에 비해 상대적으로 큰 변화를 드러내지 않았다. 공간구성과 규모(면적) 면에서 새롭게 논의될 만한 근본적인 변화를 드러내지 않은 상태에서, 지붕의 확대에 따른 층고(層高)의 변화가 발생했을 뿐이다. 이로 인해, 건축물의 단면 폭이 높이에 비해 상대적으로 좁아지게 되면서 전체적인 비례(比例)가 수직적으로 치우치는 양상을 드러냈다.

9) 근대 이후의 변화와 전개 양상

또라자 전통주거의 형태성은 이 지역의 현대건축에서도 강하게 이어지고 있다. 근대 시기 이후, 또라자 지역은 외부 세력에 의한 사회적 질곡을 겪으면서 전통적 가치관의 급격한 변화와 그에 따른 문화적 재구축을 경험하게 되었다.[79] 또라자의 고유한 신앙체계와 정신적 가치는 네덜란드의 식민

---

79) 19세기 말까지 또라자 지역은 실질적으로 외부와 고립되어 있었다. 1900년대 초 이후부터 시작된 네덜란드의 식민지배는 정치적, 사회적 측면에 큰 영향을 주었다. 인도네시아가 네덜란드의 식민지배를 받는 기간 동안에, 또라자 지역은 지방분권적 차원에서 교육과 통신수단의 개선 등을 비롯해 새로운 경제 개념을 도입했다.

지배가 시작되었던 1900년대 초 이후부터 점차 약화되었고, 네덜란드의 기독교 선교 활동에 따라 대부분의 또라자인들이 기독교로 개종하였다.[80] 결과적으로 기독교의 확산은 또라자 지역의 사회적 변화를 주도한 외적(外的) 요인이자 주된 동력으로 작용했다.

　이러한 사회적 변화의 흐름에서, 지역들 간의 교류와 그에 따른 이주인구(移住人口)의 증대는 이전 시기에 비해 더 빠르고 광범위하게 전개되었고,[81] 이로 인해 각 지역의 전통문화와 건축양식은 지역적 경계를 넘어 서로 절충되는 양상으로 흐르거나 급변하는 사회적 혼돈 속에서 사라지는 양상을 겪기도 했다.[82] 이 과정에서 대부분의 전통유산이 소실되었으며, 또라자의 전통주거 역시 그와 비슷한 양상을 겪게 되었다.[83] 또한 근대적인 의미의 문화 개념과 새로운 건설재료가 보급됨에 따라 전통적인 건축양식과 건설기법도 점차 변형되기 시작했다. 이 외에도, 근대사회가 요구하는 새로운 생활방식의 수용과 그에 맞는 건축물의 증·개축도 그러한 변형을 촉진하는 주된 원인으로 작용했다. 증·개축은 단순히 기능적·물리적 요구에 의해서만이 아니라 건축물의 위상을 높이고 이미지를 쇄신하기 위한 의도에서 결정되기도 했다.

---

80) 1995년도 또라자 통계에 의하면, 기독교 86%(프로테스탄트 69%, 가톨릭 17%), 무슬림 7.87%, 불교도 0.31%, 그리고 또라자의 고유 신앙인 알룩 신앙 6% 등으로 구성 비율이 달라졌다.

81) 이는 또라자 지역을 비롯한 인도네시아의 근대 사회에서 상당히 중요한 사회적 현상으로 인식되고 있다. 이주의 개념은 수세기를 거치면서 하나의 문화적 관습으로 고려되고 있다. 그것은 젊은 남자가 인생의 기회와 경험을 쌓으면서 성숙해 가는 과정으로 이해될 수 있는 하나의 의례와도 같다. 이러한 이주 관습은 동남아의 문화에서 하나의 전형적인 패턴으로 이루어져 왔다.

82) 1950~60년대는 심각한 경제적 결핍과 사회적 소동이 있었던 시기이다. 2차 세계대전과 일본의 점령에 의한 사회적 피폐는 독립을 위한 투쟁으로 이어졌다. 특히, 1950년대에는 또라자의 고원지대로 이슬람 게릴라들이 유입되면서 많은 마을들이 소실되었다.

83) 현재 전통적인 똥고난이 남아 있는 마을은 대략 8개 지역—Tirorang, Buntu Pune, Ke'te Kesu, Buntu Kalando, Bori', Palawa, Sa'dan, Penanian—에 불과하다. (Sandarupa, S., op. cit., pp.75-77).

제2장 동남아 주거문화의
전통과 특성　101

▲ **사진 25** 마깔레 의회청사, 술라웨시, 인도네시아

또라자에서 근·현대 건축은 대략 20C 초부터 시작된 네덜란드의 식민 지배 과정에서 유입된 근대적 형식의 방갈로 주거양식이 이 지역에 소개되면서 시작되었다. 주로 콘크리트와 석재를 주재료로 삼아 유행된 방갈로 양식의 확산과 함께, 2층 규모의 목조주택이 도심지에 성행하면서 서양 근대 건축의 흐름과 관련된 다양한 건축적 시도들이 이루어졌다. 여기에는 비서구 사회가 일반적으로 드러낸 '전통과 근대' 사이의 문화적 단절과 갈등이 서려 있다. 그것은 넓은 의미의 근대성으로 일반화될 수 있음과 동시에 '또라자의 정체성(Torajaness)'과 관련된 지역적 특수성으로 이해될 수 있다.

근대 이후의 주거에서 나타나는 건축적 변화는 크게 내부공간의 기능성과 편리성을 보완하고, 전통문화의 다양한 요소들을 형태적 특징으로 차용하면서 지역적 정체성과 관련된 시각적 이미지를 강화하는 방향에서 전개되고 있다. 전통적으로 비좁고 폐쇄적인 특성을 보였던 내부공간은 널찍한 방과 커다란 개구부(창문, 문)를 지닌 사각형의 개방형 평면으로 바뀌었으며, 칸막이벽으로 공간분할을 다양하게 구성하고, 기존의 외부 발코니를 벽으로 막아 내부공간화 시켰다. 또한 외부 진입계단을 통해 생활공간으로 출입하던 기존의 고상식 계획도 지양되는 추세에 있다.

이 같은 변화는 역설적으로 또라자 전통주거에서 비롯된 것이라기보다는 주변 종족인 부기스(Bugis) 종족의 전통주거양식을 모델로 삼아 이루어졌다. 또라자인들은 몇 가지 이유에서 부기스 전통주거의 평면구성을 선호하는 경향이 강한데, 그것은 부기스의 전통주거가 기존의 또라자 전통주거에 비해 내부공간의 효용성과 활용도, 특히 용적률 확보와 환기 등의 면에서 훨씬 기능적이고 경제적일 뿐만 아니라 현대생활에 더 적합한 장점을 지니고 있기 때문이다. 이러한 선호도는 부분적으로 또라자 전통주거의 지붕양식에도 큰 영향을 미쳤는데, 또라자의 전통지붕이 부기스의 것에 비해 상당한 양의 대나무와 노동력을 필요로 했고 건설시간 또한 오래 걸렸기 때문이다.

형태구성 역시 내부공간의 근대적 구성과 연계된 건축적 변화를 드러냈다. 여기에서 논의될 만한 하나의 특징은 1층을 근대식으로, 그리고 2층을 전통양식으로 설계하는 방식이다. 1층은 사각형 평면을 형태화시킨 단순한 형태로 구성하고, 2층에 금속재—아연, 철 등—로 마감된 전통지붕양식을 직설적으로 재현하는 방식이다. 이와 함께, 1층 현관부 캐노피에 전통지붕양식을 덧붙이는 방식 또한 널리 유행되고 있는 디자인 기법 중의 하나다. 이처럼, 전통지붕양식을 하나의 독립적인 형태와 규모 있는 크기로 강조하는 경향은 동시대 다른 지역의 양상들과 비교될 수 있는 독특한 현상으로 이해될 수 있다.

또라자 현대건축의 형태적 특징을 단적으로 보여 주는 이러한 디자인 양식과 기법들은 현재까지도 주거를 비롯한 호텔, 공항, 관청 등과 같은 공공시설에서 보편적으로 적용되고 있다. 이것이 주변 도시인 란떼빠오(Rantepao)를 중심으로 전개되기 시작하면서 '란떼빠오 양식'으로 불리게 되었다.[84] 란떼빠오 양식이 성행하게 된 배경에는, 근대와 전통 사이의 문화적 연결을 위한 지역 출신 건축가들의 노력과 함께, 1960년대 중반 이후의 지역 발전을 위한 정책의 일환으로 관광산업이 적극적으로 장려되기 시작하면서, 전통지붕양식을 지역의 이미지를 상징하는 지역관광상품으로 인식했던 사회적 분위기가 크게 작용했다. 이는 결과적으로 전통주거를 근대적 시각으로 재인식하고 새로운 주거 유형을 탐구하는 사회적 동기를 제공했다.

하지만 근대건축에 대한 지적(知的) 깊이와 기술이 열악한 현실에서, 또 시공기간과 전통건축기술의 난이도 및 전통재료의 가격 상승 등의 현실적 어려움으로 인해 전통주거의 경쟁력이 약해지고 있는 현실에서, 전통주거의 건축적 진정성보다는 '보여 주기 위한', 즉 관광객들의 선호도에 호응하기 위한 간편한 수단으로서 전통주거의 지붕양식을 차용하는 '관광건축(tourism architecture)'의 수준에 머무는 한계를 드러냈다.[85]

이는 지역과 민족의 고유한 정체성을 편리하게 상징하고 그것의 역사성을 지속하는 가장 효과적인 수단이라는 점에서 나름의 현실성을 지니지만, 한편으로는 직설적 복고와 재현을 넘어선 창의적 실천이 부족한 상황에서 단순한 모방에 머물고 있다는 문제성을 드러냈다. 또한 재료와 기법에서도 아연판(혹은 함석판)이나 페인트 등의 산업재료를 사용해 도식적으로 마감

---

84) 여기에는 이 지역에 건설업자와 목수들이 몰리게 되었던 사회적 이유가 작용했다. 란떼빠오 양식은 또라자 원래의 전통양식에 비해 지붕의 비례가 크고, 용마루의 길이 또한 더 길다(Roxana Waterson, op. cit., pp.238-239).
85) Waller, E. (1991). pp.47-53.

하는 차원에서 전개되고 있다는 점에서, 전통주거가 지니는 역사적 의미와 건축적 기법을 상실했다는 비판적 시각을 낳았다.

10) 소결

또라자 지역에서 이어져 온 전통주거에는, 동남아 건축문화에서 공유되고 있는 일반적 특성 외에도, 또라자의 지역사적(地域史的) 흐름에서 구축된 다양한 건축적 가치가 반영되어 있다. 여기에는 또라자 고유의 자연환경, 인문성(관습, 신앙), 건설재료와 기술 등에서 비롯된 특성이 담겨 있다. 이는 동남아의 보편적 양상과는 다른 독특한 차이를 드러내는 결과를 낳았다.

또라자의 전통주거는 또라자인들의 건축관과 문화적 가치가 함의(含意)된 독특한 결과와 역사적 변화를 드러냈다. 그것은 '생활공간으로서의 집, 소우주로서의 집, 신앙적 의례공간으로서의 집, 그리고 사회적 상징으로서의 집'이라는 네 가지 기능의 종합적 표현으로 존재한다. 즉, 토착적 우주관과 신앙적 관념의 표현임과 동시에 사회적 질서의 반영으로서 의미화 되어 왔으며, 전체적으로 효용성보다는 신화적 의미와 사회적 상징성을 더 강조하는 측면에서 전개되어 왔다. 이러한 관념적 틀은 다시 하위개념으로 구체화되면서 지형과 관련된 건축물의 배치, 내부공간의 구성 원리, 다양한 패턴의 장식 디자인을 이끄는 개념적 근본으로 작용해 왔다.

또라자의 전통주거에서 지붕은 또라자 건축의 역사적 특성과 변화를 대변해 온 주된 건축요소로서, 그 자체가 지니는 혁신적인 조형성과 강력한 시각적 이미지로 인해 또라자 문화의 정체성을 대변하는 역사적 아이콘으로 인식되고 있다. 이러한 인식은, 전통주거가 지니는 건축적 단점에도 불구하고, 또 새로운 주거양식의 대중적 유행 속에서도, 근대적 인식의 확산과 함께 강하게 공존되면서 또라자 근·현대건축의 형태적 특성과 역사적 이미지를 구현하는 근본적 개념으로 작동하고 있다. 이에 따른 결과적 양상은 대체로 근대적 형식의 평면과 형태 구성 위에 전통지붕양식을 직설적으로 얹히는 극단적인 조합과 절충으로 나타났다.

이에 대한 비평적 입장은 크게 둘로 나뉜다. 하나는 서양 근대건축의 무의미한 국제성과 획일적 이미지를 뒤집는 혁신적인 디자인으로 평가하면서 지역건축의 정체성과 관련된 특별해(特別解)로 의미화 시키는 긍정적 입장이다. 반면, 다른 일각에서는, 이러한 시도 자체가 또라자 전통주거에 강한 인상을 느꼈던 네덜란드 건축가들의 가벼운 흥미에서 출발된 '관광용 식민지 양식'이며, 단순히 전통지붕양식만을 강조하는 것은 역사적 진정성이 결여된 물리적 재현에 불과할 뿐만 아니라 관광건축의 상업미학에 편승하는 문제성을 지닌다는 비판적 시각이 강하게 제기되고 있다. 덧붙여, 근대적 건설방식과 재료의 무분별한 수용 또한 문화적으로 저급한 건축물의 양산을 허용함과 동시에 전통주거의 양식적 가치를 하락시키고 있다는 부정적인 측면을 지니는 것으로 이해되고 있다.

이러한 문제적 현실에 대한 비판적 인식이 커지면서, 전통주거의 보존과 창조적 계승을 위한 다양한 지원책들, 즉 전통기술을 지닌 건축장인들에게 재정적 지원을 하거나 전통재료를 근대재료보다 싸게 공급하는 등의 제도적 방안이 수립되고 있으며, 더불어 전통주거의 현대적 재생산을 위한 디자인 탐색과 접근방법도 다양해지고 있다.

결론적으로, 또라자 전통주거는 다른 지역과 구별될 수 있는 고유의 역사성과 조형성을 보여줌으로써, 과거와 현재는 물론 앞으로의 문화적 비전을 이어줄 수 있는 강력한 역사적 근본으로 기능하고 있다. 또한 동남아 전통주거의 다양성을 설명하는 하나의 사례로서뿐만 아니라 동남아 지역에 속해 있는 소수 종족의 건축문화적 단상(斷想)을 살필 수 있는 독특한 사례로서 큰 의미를 지닌다.

10. 사례 2: 말레이시아 반도의 전통주거

 동남아의 다른 지역에서와 마찬가지로, 말레이시아 반도 내에서 전개된 여러 유형의 전통주거양식 또한 동남아의 공통된 역사·문화적 환경과 자연조건을 공유하는 데서 비롯된 일반성과 각 지역의 독특한 조건에서 비롯된 특수성을 함께 드러내 왔다. 말레이시아 반도에서 전개된 전통주거양식은 대부분 목조건축이며, 지역적 환경에서 비롯된 고상식 구조를 일반적인 기본틀로 삼아 발전되었다.

 오늘날의 말레이 문화는 기본적으로 이슬람 문화를 기본으로 삼으면서 여러 외래문화[86]와 자체의 토착문화가 상관적으로 결합된 결과로 남아 있다. 이에 따라, 이슬람의 가르침에 따른 관습과 예법을 신봉하는 경향이 부분적으로 이어지고 있다. 남녀의 구분에 의한 공간계획을 그 단적인 예로 들 수 있는데,[87] 베란다와 현관 및 계단 등으로 구성되는 주거의 전면부는 남성들을 위한 공간이며, 통로와 부엌 등이 있는 후면부는 여성의 전용공간으로 구분되기도 한다.

1) 주거에 대한 전통적 인식과 개념

 말레이시아인들은 전통적으로 주거를 기둥, 벽, 지붕 등의 세 부분으로 구분하여 인식한다. 이는 두 가지 측면에서 설명될 수 있는데, 하나는 피난처로서의 실제적 요구와 구조적 강도를 높이기 위한 재료의 채택 등과 같은 물리적 환경과 연관된 측면이다. 다른 하나는, 동남아의 일부 지역에서 보편

---

86) 넓게는 역사적으로 인도와 중국, 좁게는 태국과 인도네시아를 비롯한 주변 국가들의 영향을 받았다. 16세기 초, 포르투갈의 말라카 정복 이후 시작된 서구의 영향 또한 말레이시아 건축문화에 큰 영향을 미쳤다.
87) Abdul Halim Nasir & Wan Hashim Wan The (1997), p.15.

적으로 받아들여지고 있는 것과 마찬가지로, 말레이시아인들이 믿고 있는 토착신앙의 측면에서 주거를 인간 삶의 중요한 세 단계 — 탄생, 생활, 죽음 — 의 반영으로 의미화시키거나, 또는 인간의 신체 — 다리, 몸, 머리 — 를 묘사하는 것으로 이해하는 측면과 관련되어 있다.[88]

인도네시아와 태국을 비롯한 동남아인들은 전통적으로 자연세계의 질서 혹은 자연관과 연관된 믿음을 공유하고 있다. 말레이시아의 경우, 크고 단단한 나무는 자연적 힘과 생명력이 넘친다고 생각하기 때문에 나무를 베기 전에 의식을 수행하기도 한다. 또 집도 영혼을 갖고 있다고 여기기 때문에 주요 기둥을 세울 때는 반드시 나무의 위·아래가 바뀌지 않아야 하며, 그렇지 않으면 집주인에게 큰 재앙이 닥친다고 믿는다.

이러한 믿음은 집을 인간의 형상과 생활방식으로 이해하도록 이끌었으며, 때로는 인간 신체에 따른 비례원리로 치환되어 적용되기도 한다. 예를 들면, 인간 신체를 기준으로 부재의 크기를 정하는 것, 내부공간의 환기를 집이 숨 쉬는 것으로 설명하는 것, 그리고 집의 안팎에는 항상 어떤 우주세계와 연관된 힘(기운)이 감돌고 있기 때문에 개구부가 많으면 나쁜 기운이 집 안으로 들어온다고 믿었고, 이를 막기 위해 개구부 윗부분이나 부재 틈새에 부적을 설치하는 것 등을 들 수 있다.[89]

2) 공간과 기법

말레이시아에서도, 전통주거는 그 자체로서보다는 마을을 이루는 한 단위로서 이해되어 왔다. 마을 내의 각 영역은 물리적인 경계 없이 비정형적이

---

88) 말레이시아 남부 조호르(Johor) 지역의 부기스 종족 후손의 말레이인들 경우는 주택을 인간에 비유하여 설명했으며, 구성 또한 인간의 신체를 은유화 했다.

89) Chen Voon Fee, op. cit., pp.16–17.

고 개방적인 배치를 취한다. 이는 각 단위 주거를 엇갈려 배치함으로써 마을 내에 속한 단위 주거의 환기와 통풍 효과를 높이기 위한 것이다. 또한 주거의 향은 일반적으로 동―서 방향의 축을 따라 결정되는데, 이는 집이 신성한 메카(mecca)를 향해야 한다는 종교적인 이유와 함께 일사량을 최소화시키기 위함이다.

말레이시아 반도 지역의 전통주거는 크게 세 개의 주요 공간―루마 이부(rumah ibu, 본체 공간), 루마 다뿌르(rumah dapur, 부엌), 세람비(serambi, 베란다)―으로 구성된다. 내부는 전체적으로 넓고 개방된 구성을 취하고 있으며, 소수의 공간들이 최소한의 칸막이와 약간의 단차(段差)로 구분되어 있다.

'루마 이부'는 집의 중심 공간으로 취침, 기도, 거실 등과 같은 다양한 기능들이 복합적으로 이루어진다. 그런 점에서, 가장 사적(私的)이고 종교적인 공간임과 동시에 대부분의 집 안 활동이 이루어지는 공적인 공간이기도 하다. 각 공간들의 사적인 구분은 천이나 패널 같은 간단한 재료로 처리된다. '루마 이부'에는 현관과 출입계단 그리고 좁다란 옥외 베란다가 딸려 있다. '안중(anjung)'이라 불리는 현관부는 손님을 맞이하는 접객과 휴식 기능을 겸하고 있다. 현관부와 직결된 길고 좁다란 베란다 공간은 주로 어린이의 잠자리나 외부 손님을 위한 사랑방 기능을 갖는데, 경우에 따라 물건을 파는 가내(家內)의 행상공간으로 활용되기도 한다.

'루마 다뿌르'라는 명칭의 부엌은 항상 건축물의 후면에 배치된다. 여기에 '페란탈(pelantar)'이라 불리는 옥외 데크(deck)가 붙어 다용도 공간으로 쓰이기도 한다. 또 '세랑(selang)'이라고 불리는 복도는 본체 공간과 부엌을 연결하면서 주로 여성들의 사적(私的)인 공간으로 이용되며, 주거의 전면과 후면 사이에서 방화 공간의 성격을 갖는다. 집 아래 공간은 다목적 공간으로

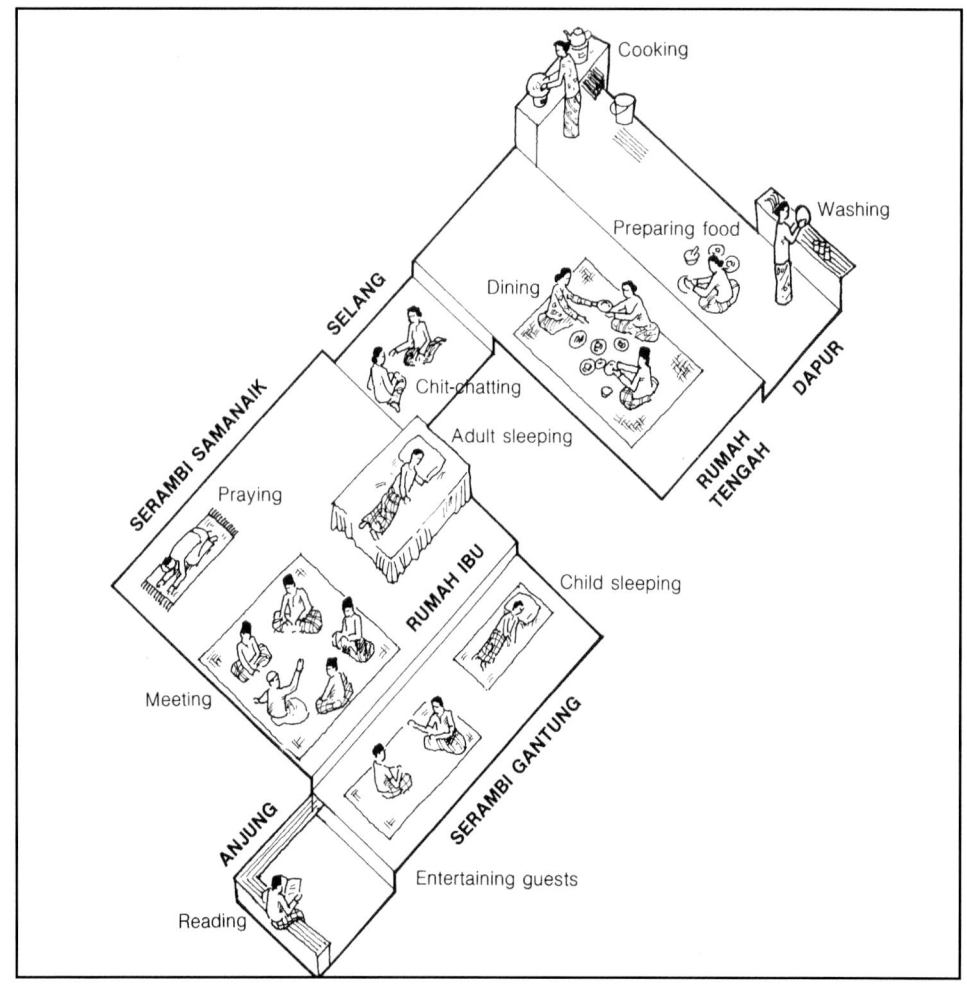

Cooking

Washing

Preparing food

SELANG

Dining

SERAMBI SAMANAIK

Chit-chatting

DAPUR

Adult sleeping

RUMAH
TENGAH

Praying

Child sleeping

RUMAH IBU

Meeting

SERAMBI GANTUNG

ANJUNG

Entertaining guests

Reading

▲ **도면 21** 말레이시아 전통주거의 내부공간 구성도

창고와 작업장 등의 용도로 사용되며, 이외에도 '로텡(loteng)'이라 불리는 다락공간이 지붕공간에서 나타나기도 한다.

일반적으로, 주거의 전면에는 나무나 식물로 둘러싸인 조그마한 마당공간이 있고, 뒤편에는 우물이 있는 경우가 많다. 집 주변의 나무나 식물은 단순한 조경 요소가 아니라 그늘을 제공하고 바람의 방향을 조율하여 내부공간의 환기와 통풍에 영향을 주는 중요한 요소이다. 출입구는 대게 전면과 후면에 계단식으로 처리되어 있다. 전면의 주출입구는 주로 방문객과 남성이, 그리고 후면의 부출입구는 대부분 어린아이들과 여성이 이용하며, 계단의 지면(地面)에 석판이나 목판을 설치하여 신발을 벗어 놓거나 발을 씻는 용도로 사용한다.

지역에 따라 차이는 있지만, 대체로 45도 정도의 급한 경사를 지닌 박공식 지붕은 건축물의 형태성을 지배하는 요소로 대개 두 단으로 단층을 두어 틈새를 두었고, 박공 부분은 개폐(開閉)가 가능한 패널로 맞추어져 있다. 이는 빗물의 유입을 방지하고, 환기와 통풍을 원활하게 하기 위함인데, 경우에 따라 박공 끝부분을 곡선으로 추켜올려 내부 공기의 원활한 배출과 함께 지붕의 형태성을 높이는 효과를 부여하기도 한다.

목구조를 전통으로 하는 말레이시아의 전통주거는 기본적으로 단단한 나무로 기둥과 보를 엮고, 가는 나무와 대나무로 바닥과 벽을 세우고, '아탑(atap)'[90]이라고 불리는 여러 종류 ─니파, 룸비아, 베트람 등─의 각재 널과 판재로 지붕을 덮는 형식이다. 기둥과 지붕 마룻대 같은 주요 구조재는 그 지역에서 자생하는 단단한 나무[91]로 만들고, 바닥과 벽의 연결재나 서까래

---

90) 가볍고 뛰어난 절연(節燃)·단열(斷熱) 효과를 지닌 것으로, 낮에는 열을 방출하고 밤에는 추위를 낮추는 효과를 지닌다. 각 단편은 2×0.5m 정도이며, 수평으로 겹쳐지도록 묶는다.

91) 그 예로, cengal, belian, merbau, resak 등의 수종을 들 수 있다.

및 개구부(창과 문 등)의 프레임은 적당한 강도의 목재로 만들어진다. '티앙(tiang)'이라고 불리는 기둥은 지붕 하중을 지반으로 직접 전달하는 부재로, 최소한 12㎝ 이상 크기의 목재가 사용된다.[92]

3) 주거양식과 특성

말레이시아 반도 지역의 전통주거에서도 지붕의 형식은 주거양식을 구분하는 중요한 기준이 된다. 전통주거양식은 지역에 따라 크게 서부와 동부로 나뉘어 설명되며, 각각은 건축물의 지붕 형식과 공간구성 그리고 기둥의 수(數)에 따라 몇 개의 유형으로 다시 세분된다. 다시 말 해, 전통주거양식은 주로 지붕의 모양과 특성에 따라 크게 서부 지역의 양식과 동부해안 지역의 양식으로 나뉜다. 동부 해안 지역의 양식은 기둥의 개수에 따라 다시 두 가지 유형 —루마 부장(Rumah Bujang) 양식, 루마 세람비(Rumah Serambi) 양식—으로 구분되기도 한다.

서부 지역의 전통주거는 지붕의 형식에 따라 기본적으로 크게 네 가지 유형 — 1) 붐붕 판장(Bumbung Panjang) 양식, 2) 붐붕 리마(Bumbung Lima) 양식, 3) 붐붕 페락(Bumbung Perak) 양식, 4) 붐붕 리마스(Bumbung Limas) 양식—으로 나뉜다. 이들 명칭은 지역과 지붕의 형태에서 함께 유추된 것으로 보이는데, 이들 중 붐붕 판장 양식은 이 지역에서 가장 오래된 대중성을 갖고 있으며, 반도 지역의 토착성도 강하게 남아 있다. 반면, 나머지 양식들은 대체로 이 지역의 역사 흐름 속에서 인접국인 중국, 인도, 유럽 등과의 국제적 영향 관계를 통해 이루어진 결과로 남아 있다.[93] 이들 세 양식은 토착 형식인 붐붕 판장 양식에 비해 천장고가 높은데, 그 이유는 외국 문물

---

92) Chen Voon Fee, op. cit., p. 22.
93) Lim Jee Yuan (1987), p.22.

의 영향에 따른 실내가구의 사용 때문인 것으로 추론된다.

붐붕 판장 양식은 토착적인 형식이 발전한 것으로 반도 지역에서 가장 오래되고 널리 퍼져 있는 양식이며, 형태 또한 여러 양식들 중에서 가장 단순한 구성을 취하고 있다. 기다란 박공지붕이 특징인 이 양식은 경사가 급하며, 단순한 지붕구조로 인해 신축과 증·개축이 용이하기 때문에 경제적으로 가난한 사람들이 많이 선호했다.[94] 주로 서부 해안의 북부지역─펠리스(Perlis), 게다(Kedah), 페낭(Penang), 페락(Perak) 등─을 따라 다양한 형식으로 발전된 이 양식은 다른 양식들에 비해 장식이 적고 기능적인 특성을 보이며, 일반적으로 전면에 베란다를 지닌 직사각형 공간으로 구성되거나 혹은 복도에 의해 분리된 두 구조물로 구성된다. 중심 공간에 비해 약간 낮게 계획된 복도는 생활공간과 작업공간을 분리시키는 역할을 할 뿐만 아니라 여성을 위한 사적인 공간 성격을 갖는데, 이러한 기능이 특히 강조된 주거양식을 별도로 '루마 세랑(rumah selang)'이라 칭한다.[95] 부엌은 대부분의 내부 공간이 같은 높이로 계획되는 것과는 달리 바닥과 지붕을 낮게 함으로써 다른 공간들과의 차이를 부여했다.

---

94) Lim Jee Yuan, op. cit., p.24.
95) Chen Voon Fee, op. cit., p.24.

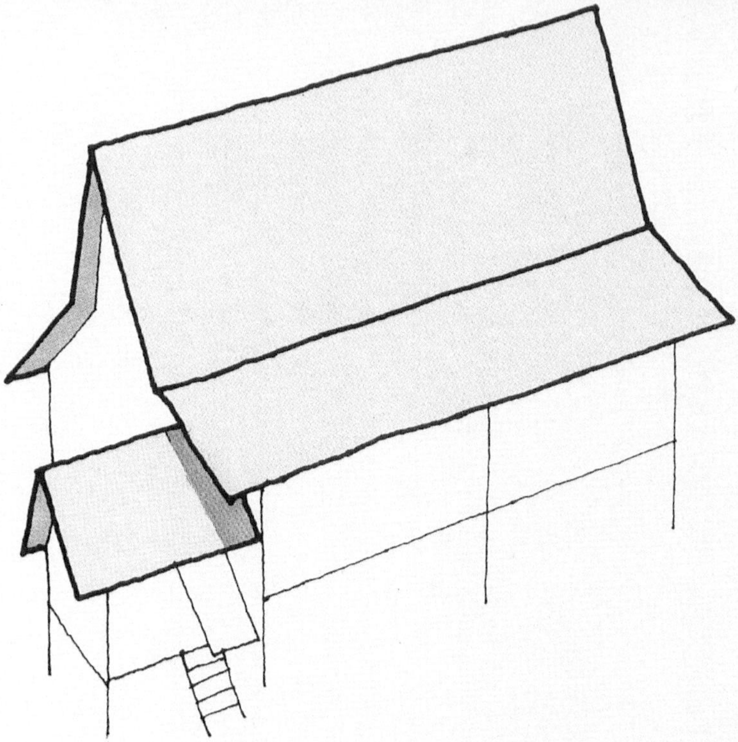

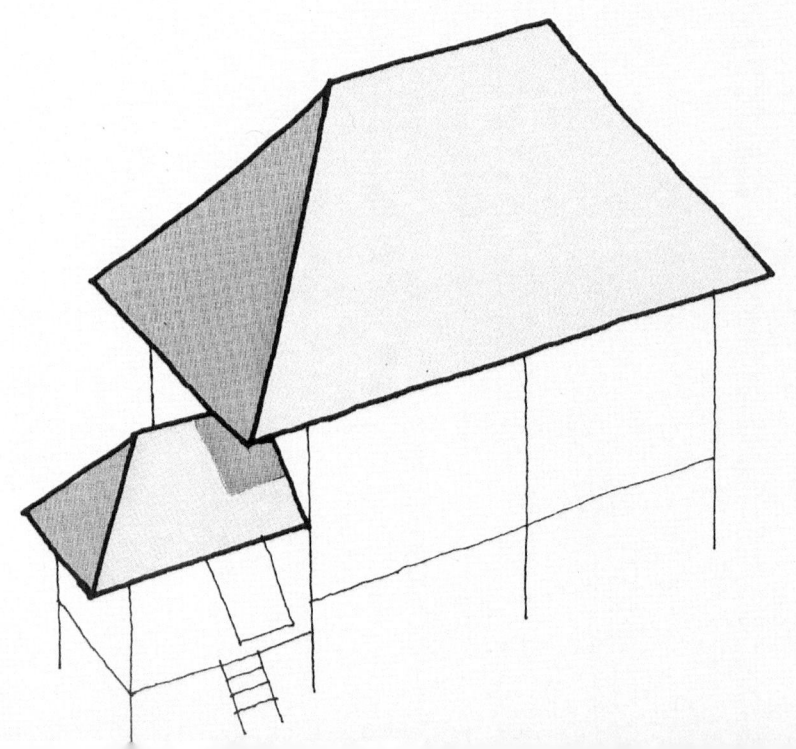

▲ **도면 22** 붐붕 판장 주거양식   ▼ **도면 23** 붐붕 리마 주거양식

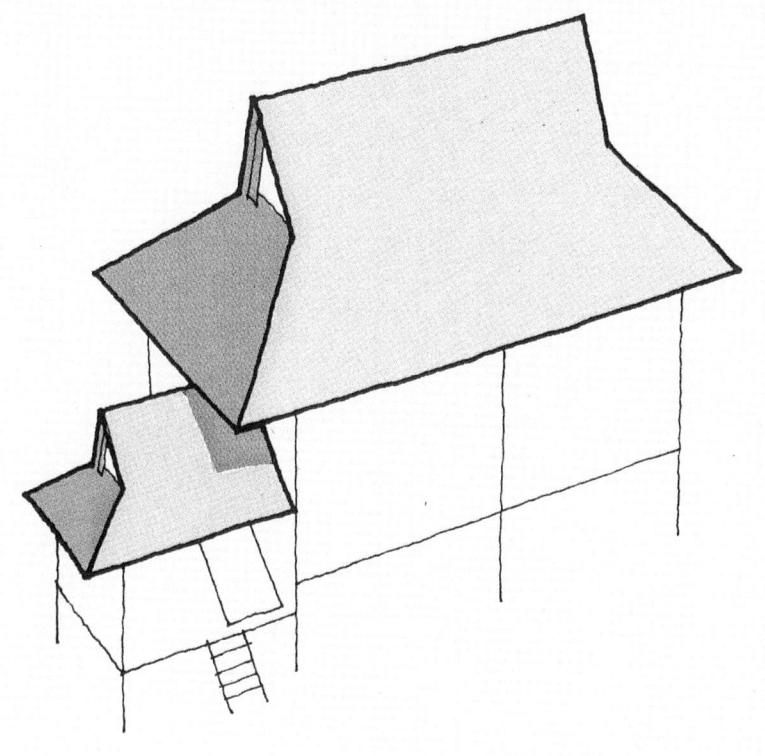

▲ **도면 24** 붐붕 페락 주거양식

▼ **도면 25** 붐붕 리마스 주거양식

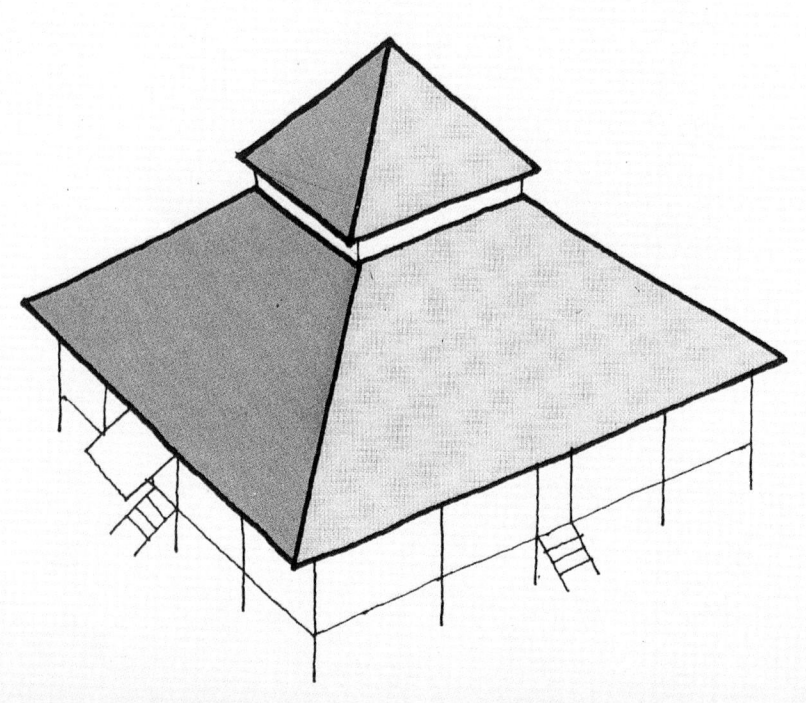

붐붕 리마 양식은 명칭 속에 '다섯 개의 마루'를 지녔다는 의미가 내포된 직사각형 평면의 모임지붕 양식이다. 주로 페낭, 세랑거(Selangor), 조호르(Johor) 등의 지역에 분포하고 있으며, 처마 길이가 베란다 공간 끝까지 덮을 정도로 긴 것이 특징이다. 특히, 이 양식은 식민시기에 영국과 네덜란드로부터 영향을 받은 것으로 추론되는데, 말레이시아에서 활동했던 영국 건축가들이 이 양식을 응용하여 '방갈로(bungalow)'[96]라는 독특한 건축양식으로 변환시켰고, 이것이 후에 동남아 방갈로 양식의 전형이 되었다.[97] 이런 영향 때문에 말레이시아 고유의 전통적인 특성보다는 도시적인 특성이 더 강하게 가미되었다.

붐붕 페락 양식은 다른 양식들과는 달리 합각지붕의 단일한 지붕 물매를 지닌다. 지반에서 높이 올려 지은 것 또한 다른 양식들과 다른 점인데, 이는 전쟁 시(時) 적의 공격을 방어하기 위함이다.[98] 이 양식 역시 식민시기 동안에 네덜란드의 영향을 강하게 받은 것으로, 붐붕 판장 양식과 함께 주로 서부 해안의 북부지역에 많이 분포되어 있으며, 외국의 영향을 받아 형성된 양식들 중에서 가장 널리 퍼져 있는 양식에 속한다. 마지막으로, 붐붕 리마스 양식은 말레이시아 반도의 서부 해안과 말라카 지역에서 일반화된 피라미드 모양의 지붕양식으로, 주거보다는 오히려 이슬람 모스크 사원에서 더 많이 채택되었다.

말라카 지역에는 붐붕 리마스 양식 외에도 다른 지역에서는 찾아볼 수 없는 독특한 지붕양식이 있는데, 이는 루마 이부(본채)와 루마 다푸르(부엌)

---

96) 베란다가 붙은 단순한 형식의 목조식 단층 주택으로, 인도 뱅갈 지방에서 유행했던 건축양식을 영국 건축가들이 동남아 지역에 소개했다.

97) Thew Kim Lean (1979), p.42.

98) P. G. Morley (1995), Thew Kim Lean, op. cit., p.38.

사이에 마당이 있는 것으로 주 출입은 마당을 통해 이루어지며, 15세기경 말라카 지역으로 이주해 온 부기스 종족이 발전시킨 이유 때문에 이 지역에서만 찾아볼 수 있다. 그런 면에서, 별도로 붐붕 말라카 양식이라 부를 수 있으며, 전술한 붐붕 판장 양식을 기본형으로 삼고 있다. 본채 건물의 지붕은 60도 정도의 가파른 경사물매로 처리되어 있으며, 베란다 부분의 지붕 물매는 30도에 가깝다. 이 양식에는 특히 중국의 전통주택에서 차용된 장식적 요소들이 강하게 보이는데, 중국식 채색벽돌의 사용과 타일 장식이 대표적이다.

이 밖에도, 네그리 셈빌란(Negri Sembilan)과 말라카 지역에서 함께 찾아볼 수 있는 주거양식으로 미낭가바우(Minangkabau) 양식을 들 수 있다. 이는 17세기경 네덜란드가 말라카 지역을 통치했던 시기에 이 지역으로 이주해 온 미랑가바우 종족이 발전시킨 양식으로 베란다를 길게 확장하면서 지붕의 곡선미를 강조한 것이다. 전체적으로, 내부의 본체 공간을 덮고 있는 상부지붕과 전면의 기다란 베란다 부분을 덮고 있는 하부지붕이 중앙부에서 서로 겹쳐 있는 형태를 취하고 있으며, 하부지붕의 양 끝부분이 곡선으로 처리되어 있어 다른 양식들과 뚜렷하게 구별된다.

하부지붕의 곡선은 내부공간의 환기와 통풍을 원활히 해주기 위한 기능적인 목적에서 비롯된 것으로,[99] 지붕에 형태적 상승감을 주면서 상부지붕과의 대비를 의도한 미학적 시도로 이해된다. 이 곡선은 중국의 영향을 받은 것으로 추정되며, 전체적으로 힌두문화, 유럽문화, 미랑가바우의 토착문화가 혼합된 장식이 강하게 배어 있다.[100]

---

99) Dean Sherwin (1977), p. 52.
100) Thew Kim Lean, op. cit., p. 33

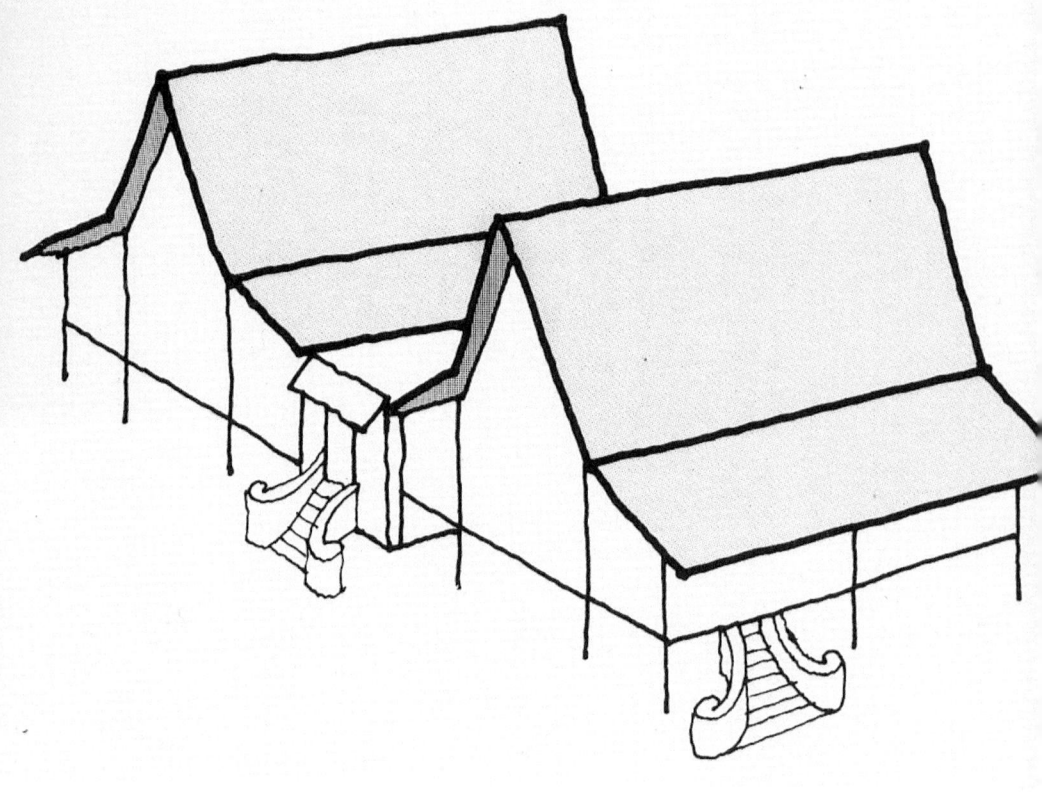

▲ **도면 26** 붐붕 말라카 주거양식　　　　　　　　　　　　▼ **도면 27** 미낭가바우 주거양식

또한 지붕에 규모가 큰 창고 용도의 다락공간을 설치하기 위해 본체 공간을 높여 지었기 때문에 2층 규모의 공간을 형성하게 되었다. 이 양식은 말레이시아의 여러 지붕양식들 중에서도 가장 독특한 곡선미를 지니고 있다는 점에서, 말레이시아에서 전개된 다른 양식들에 비해 상대적으로 강한 건축적 전통으로 인식되고 있다.

또 다른 양식으로, 많이 발견되는 것은 아니지만, 반도 전체 지역에 고루 분포되어 있는 롱 하우스(Long Roofed House)를 들 수 있다. 이는 하나의 기다란 지붕마루와 기둥으로 구성되며, 지붕의 양 측면은 'V 혹은 A' 자 모양의 삼각형 모양을 취하고 있고, 넓은 지역에 걸쳐 분포되어 있는 만큼 각 지역의 종족과 조건에 따라 상당히 다양한 타입으로 전개되었다. 예를 들면, 네게리 셈빌란 지방에 있는 롱 하우스의 경우는 미낭가바우에 있는 것과 연관된 건축요소를 지니고 있으며, 또 테렝가누(Terengganu)와 케란탄(Kelantan) 지방의 롱 하우스는 태국 남부에 있는 전통주거양식과 관련되어 있는 것으로 보인다. 하지만 구조적인 기법 면에서는 다양한 형태적 차이에도 불구하고 대부분의 지역에서 비슷한 양상을 보이고 있다.

이상에서 언급한 서부 지역의 전통주거와는 달리, 말레이시아 반도 동부 지역의 전통주거는 넓은 의미에서 서로 다른 양식적 특성을 드러냈다. 또한 전통주거양식을 분류하는 방식에서도 차이를 갖는다. 여기에는 지리적 위치, 주변국들과의 문화적 인과관계, 상이한 인문적 바탕 등의 다양한 요인들이 작용했다. 케란탄, 떼렝가누, 파항(Pahang) 등의 세 지역으로 구성된 동부 지역의 전통주거는 지붕의 형식[101]과 벽면 구성 등에서 전반적으로 캄보디아와 태국의 전통주거와 유사한 특성을 보인다.이는 지정학적인 면에서 서부 지역에 비해 상대적으로 더 가깝게 인접해 있던 태국, 캄보디아, 라오스의 문화적 색채가 짙게 반영되었기 때문이다.

박공 부분의 지붕선은 태국식의 지붕 곡선으로 처리되었고, 박공마루의 두께도 다른 지역의 것에 비해 두꺼울 뿐만 아니라 기둥의 크기와 천장고도 서부 지역의 주거양식에 비해 크고 높다. 특히, 태국에서 전래된 장사방형(長斜方形) 형태의 테라코타 지붕타일은 서부 지역에서는 발견되지 않는 특성이다. 덧붙여, 이 지역의 경우, 집의 주 현관은 일반적으로 서향을 피하고 북-남 방향의 축을 따르고 있는데, 이는 서향 쪽으로 향하는 것은 어둠을 향해 가는 것이고, 어두운 밤과 검은색은 죽음을 상징한다는 전통적인 믿음 때문이다.[102]

서부 지역의 주거양식을 분류하는 데 있어, 또 하나의 중요한 기준은 본체 공간의 지붕을 지탱하고 있는 기둥의 수(數)다. 이는 크게 두 가지 유형— 소규모 유형과 대규모 유형—으로 정리된다. 기둥의 수가 적은 소규모 유형은 '루마 부장(rumah bujang)' 또는 '루마 티앙 에남(rumah tiang enam)'이라 불리는데, 기둥이 6개로 되어 있다는 뜻이다. 대규모 유형은 크기 면에서 소규모보다 두 배 정도 큰 것으로 '루마 세람비(rumah serambi, 베란다 하우스)' 또는 '루마 티앙 듀아벨라스(rumah tiang duabelas)'라고 불리며, 기둥의 수가 12개로 구성된 경우를 말한다. 또 주(主) 기둥인 티앙(tiang) 이외에도 '통가트(tongkat)'로 알려진 사이기둥이 있는데, 이는 기둥들 사이에서 바닥을 지탱하는 구조적 역할을 한다. 그러나 통가트는 기둥의 수에 포함시키지 않는다. 이들 기둥은 지반에서 약 2.5m 정도 높이까지 올라가며, 대규모 건

---

101) 케란탄과 테렝가누 지역의 지붕은 일반적으로 '싱호라(singhorra, 태국 남부의 송클라 지방, 타일의 기원이 되는 곳)'라고 불리는 타일로 덮여져 있다. 또 '페레스(peles)'로 불리는 완만한 곡선의 박공마루는 '페라후(perahu)'로 알려진 그 지역 어선의 돛대장식과 유사한 모양을 갖는데, 해오라기의 깃털장식 모양이다. 일반적으로 이것이 바다의 어부를 보호해 준다고 믿었기 때문에 수호자로서 지붕 형태구성에 도입되었으며, 지붕에 유려한 형태감을 부여해 준다.

102) Chen Voon Fee, op. cit., p.27.

축물의 경우 전체 높이가 경사지붕 끝까지 약 10m에 달하기도 한다.

이와 같은 맥락에서 볼 때, 말레이시아 반도 전통주거의 지역별 유형화는 크게 지붕형태와 기둥 수(數)의 뚜렷한 차이와 변화를 통해 이루어졌다. 특히, 지붕은 그러한 변화와 차이를 분명하게 드러낸 대표적인 건축요소로, 열대기후 환경에서 요구되는 내부공간의 환기 및 통풍 등과 같은 기능적인 처리와도 깊은 관계를 맺고 있다.

제 3 장

동남아의 종교와
종교건축

동남아의 종교와
종교건축

동남아에는 역사적으로 불교, 힌두교, 이슬람교 등의 여러 종교들이 병존해 왔으며, 이와 관련된 정신적 근본들과 문화적 유산이 각각의 시기와 지역을 달리하며 적층되어 왔다. 이들 세 종교는 동남아의 기존 토착신앙과는 구분되는 다른 차원의 전통적 문화성(文化性)을 이끌어 온 것으로, 상당한 시차(時差)를 두고 가장 나중에 유입된 서양의 기독교와도 그 역사성과 지역성의 측면에서 구별될 수 있는 무게와 깊이를 지닌다.

지역적 분포 면에서, 힌두교와 불교는 주로 대륙부(大陸部) 지역에서, 그리고 이슬람교는 도서부(島嶼部) 지역에서 각각 우세하게 자리 잡았다. 대체로, 불교는 미얀마, 태국, 인도차이나 등의 북부 대륙지역에서, 그리고 이슬람은 태국의 남부, 말레이시아, 인도네시아, 브루나이, 필리핀의 남부 지역 등에서 강하게 전개되었으며, 힌두교는 인도네시아의 발리(Bali) 지역에서 강하게 이어져 왔다. 또한 유교와 도교는 중국인들에 의해 동남아 전역에서 부분적으로 채택되어 왔다.

한편, 이들 주요 종교들의 강한 흐름과는 별개로 지역 고유의 샤머니즘(shamanism)과 애니미즘(animism)도 동남아 전역에 걸쳐 이어지고 있는데, 특히 도서(島嶼) 지역의 내륙부와 고원지대에서 아직까지도 강하게 남아 있다.[1] 참고로, 이 지역에 가장 늦게 도래한 기독교는 필리핀과 인도네시아의 일부 지역 및 남부 베트남 등에 기반을 두고 그 영역을 넓혀 왔다.

이러한 흐름 속에서, 각각의 종교건축 역시 지역적 현실과 조건에 반응하면서 종교 그 자체의 특성과 내용에 맞는 건축적 흐름을 지역별로 다양하게 드러냈으며, 그 결과로 여러 종교와 문화적 유형이 복합적으로 병렬된 독특한 문화적 경관이 조성되었다. 이 지역에서 흔히 '다양성과 복합성'을 화두로 삼아 설명되는 문화적 담론(談論)의 바탕에는 이러한 종교적 다원성과 관련된 근본적 이슈들이 자리 잡고 있다.

동남아에서 전개된 종교는, 타 문화권에서와 마찬가지로, 정치·사회적 내용을 이끄는 이데올로기로 작용했으며, 문화와 예술을 창출하는 근본적 개념으로 차용되어 왔다. 또한 동남아 문화·예술의 큰 방향과 흐름을 지배했던 역사적 동인(動因)이자 속성으로 굳어져 왔으며, 지역문화의 정체성과 관련된 핵심 개념으로 이어져 왔다. 그 과정에서, 건축 역시 각 종교별로 고유의 형식을 통해 독자적인 이미지를 확립함으로써 종교적 계몽성과 정신적 지배력을 강화시키는 수단으로 활용되어 왔다.

종교건축은 인간생활의 보편적 가치와 차원을 넘어선 초월적 의미를 극화시켜 종교적 이상을 현시(現示)하는 데 초점을 둔다. 그것은 종교적 의례

---

1) Howard M. Federspiel (2007), pp.2-3.

와 상징을 표현하는 성스러운 창작 행위로 인식되며, 종교적 이상(理想)과 상징성을 강조하는 독자적인 이미지를 통해 종교적 계몽성과 정신적 합일(合一)을 이끌어낸다. 역사적으로, 각 시대와 지역에서 등장한 모든 종교는 그에 마땅한 건축형식을 필요로 했다. 종교와 건축 사이에 존재하는 일정한 관계는 시대와 지역에 따라 다양한 결과를 드러냈다. 그것은 인간의 일상생활에서 발견되는 것과는 다른 차원의 건축적 실체와 의미를 가지며, 쉽게 변할 수 없는 영속성과 절대성을 보여 준다.

종교건축에서 상징성, 기념비성, 무한성(無限性), 종교적 세계관 등은 공간구성과 형태의 이미지를 결정하는 이정표인 동시에 근본적인 가치를 규정하는 중요한 측면들이다. 각 종교가 드러내 온 여러 유형의 건축양식에는 해당 종교의 세계관이나 교리에 합당한 고유의 공간체계와 시각적 형식이 구축되어 있다. 여기에 지역의 자연·환경적 조건, 민족의 정서, 토속신앙 등과 관련된 다양한 요소들이 함께 결부됨으로써, 타 지역과 구별되는 독특한 지역성과 문화성이 완성된다. 그런 점에서, 각각의 종교건축은 단순히 종교적 상징과 의미 외에도 지역의 자연·환경적 조건과 생활방식 그리고 여러 차원의 사회적 변수와 관련된 특성을 갖추게 된다.

동남아는 인접(隣接) 대륙인 인도와 중국 사이에 위치하는 지리적 이유로 인해 일찍이 인도로부터 전래된 힌두교와 불교를 지역문화 형성과 통치

---

2) 동남아 국가들은, 전통적으로, 인도와 중국 두 나라와의 관계에서 비롯된 종교적 영향과 그에 따른 문화적 흐름에 따랐으며, 세계관의 형성과 사회제도의 정비를 비롯한 생활관념 역시 그러한 맥락에서 현지화 내지는 토착화되는 모습으로 이어져 왔다. 이들 나라들로부터 전래된 힌두교와 불교는 초창기에 일정 기간 동안 서로 공존하면서 지역별로 상이한 양상을 보여 주었다. 즉, 힌두교를 신봉하던 왕조들이 불교계의 왕조들로 대치되는 과정에서 두 종교 모두로부터 문화적 영향을 받았는바, 태국과 라오스 그리고 캄보디아 등은 불교 문화권에 속하는 나라들임에도 불구하고 초창기의 왕궁 건축양식은 힌두적 우주관을 나타내고 있다. 또한, 동남아의 정신세계를 지배하고 있던 기존의 애니미즘과 반응하면서 혼합주의적인 모습으로 각색되기도 하였다(권률 외 (2002), pp.36~37 참조).

논리의 근본으로 채택해 왔으며, 사회 흐름과 생활 영역 전반을 지배하는 강력한 정신적 도그마로 삼아 왔다.[104] 또한 힌두교와 불교로 대변되는 하나의 인도문명권이 형성되면서 아시아의 여러 지역을 관통하는 문화적 근본으로 작용해 왔다. 동남아에서 힌두교의 영향은 나중 시기에 도래한 불교의 영향과 함께 동남아 문화에서 가장 중요한 부분을 차지하고 있으며,[3] 이후 시기에 유입된 이슬람교 역시 기존 종교들과의 상호관계 아래 종교적 · 문화적 충돌과 갈등의 양상을 보여 주면서 독자적인 가치 영역을 확립하였다.

동남아에 유입된 종교들은 그에 따른 새로운 건축적 사고와 개념을 수반했다. 그것은 이후의 동남아 건축을 구성하는 큰 틀로 작용했다. 동남아에서 전개된 종교건축은 종교 그 자체의 발전에 상응하는 도상학적 창작과 상징성의 확대를 통해 점차 복잡한 구성을 취하게 되었고, 그 역할도 단순히 숭배와 예배를 위한 종교적 성격을 넘어 인간생활의 실제적 리얼리티(reality)와 관련된 다양한 사회적 기능을 담아내는 복합시설물로 확대되어 왔다.

이들 종교건축은 독자적인 역사적 과정을 거치면서 각각이 지녔던 원래의 건축성과 구별될 수 있는 변화를 다양하게 드러냈다. '외래건축의 지역화'라는 측면에서, 동남아 전역에 걸쳐 폭넓게 전개되었던 이러한 변화의 양상들은 결과적으로 동남아 건축의 특성과 의미를 대변하는 하나의 문화적 전형이자 현대건축의 역사성과 지역성을 안내하는 기본적인 바탕으로 의미화 되었다.

건축에서 지역화는 지역의 자연환경에 반응한 물리적 처리, 사회체계와 관습제도 및 생활양식과 관련된 공간구성의 변화, 지역의 토착종교(신화)와

---

3) 동남아의 대부분 지역은 인도로부터 예술, 신화, 종교적 성전, 수학, 과학 등 모든 분야에 걸쳐 큰 영향을 받았으며, 단지 북부 베트남(통킹 지방)은 중국과의 지리적 인접성으로 인해 중국의 강한 영향을 받았다 (Robert E. Fisher (1993), p.167).

정신성에 근거한 미적(美的) 절충, 지역 재료에 따른 건축술(구조와 기법)의 적용 등과 같은 여러 측면들과 반응하면서 완성된다. 이러한 범주 내에서 이루어진 지역화의 양상은 크게 두 방향에서 점차적으로 이루어졌다. 그것은 일차적으로 열대기후와 지역재료 등과 같은 지역의 물리적 조건을 수렴하는 차원에서 이루어졌으며, 여기에 지역 고유의 신앙적 믿음과 관념성을 상징적으로 드러내려는 형태적 의지가 작용함으로써 원래의 건축성과는 다른 독특한 건축양식으로 귀결되었다. 다시 말해, 지역적 기후와 연관된 지역화가 동남아 종교건축의 보편성을 이루어낸 건축적 반응이었다면, 신앙적 정신성은 각 종교건축의 개별적 성격, 즉 민족적·종교적 아이덴티티(identity)을 구축하고 그에 따른 상징성을 강화하는 측면에서 지역화를 이끌었다. 동남아 종교건축에 존재하는 보편성과 개별성은 바로 이러한 지역화의 과정에서 형성되었다.

한편, 지역화의 과정과 양상에서 종교별로 약간의 차이를 보였는데, 불교와 이슬람교의 경우는 지역적 조건과 토착 건축양식 등과 관련된 다양한 변화를 드러낸 반면, 동남아에 가장 먼저 유입된 힌두건축은 지역화와 관련된 뚜렷한 건축적 변화를 보였다기보다는 그 자체의 보수적 성향으로 인해 원래의 건축양식을 충실하게 재현하는 양상을 보였다. 동남아에서 전개된 초창기의 종교건축은 인도의 건축양식으로부터 많은 영향을 받았지만,[4] 지역과 시기에 따라 인도의 건축양식과는 구별될 수 있는 다양한 지역적 흐름을 보여 주었다. 초창기에 속하는 7~8세기경에는 양식적인 면에서 주로 인도 사원건축의 기본적인 맥(脈)을 따르면서, 여기에 육감적이면서도 도발적인 이미지의 다양한 조상(彫像)을 결부시킴으로써, 인도의 사원건축과는 다

---

4) 동남아의 문명은 처음에 인도와의 접촉을 통해 시작되었으며 건축 또한 그 과정에서 영향을 받았다 (Jacques Dumarcay (2003), p.21).

른 건축적 결과를 이끌어냈으며, 이후 10~15세기 기간에는 힌두교와 불교를 복합적으로 표현한 새로운 건축적 개념이 발전되기도 했다.[5]

1. 불교와 불교건축

동남아를 비롯해 아시아에서 가장 광범위한 분포를 보이고 있는 불교는 문화·예술적 측면에서도 지역적 범위만큼이나 다양한 흐름과 변화를 드러냈으며, 이후 근대 시기 이전까지 몇 단계의 발전과정을 거치면서 이 지역의 건축문화와 예술 전반에 가장 강력한 영향을 미쳤다. 확실히, 불교는 아시아 문화의 일반적 특성을 구성하는 데 있어 상당히 중요한 성분으로 남아 있다. 서양이 기독교를 통해 서양문화의 일반성을 드러낸 것처럼, 아시아에서 불교 또한 그러한 역할을 했다. 불교는 동남아에 산재해 있는 여러 종교문화권 중에서, 이 지역의 문화성에 지속적으로, 또 가장 광범위하게 영향을 주었다.

기원전 6세기경에 인도에서 발생한 불교는 아시아 전역으로 전파되면서 인류 사회를 계도하는 보편적인 종교로 성장했으며, 그에 따른 사상과 예술과 윤리의식을 낳았다. 기원전 3세기에 인도의 아소카 왕이 불교를 통치 논리로 채택한 이후부터 기원후 10세기 무렵까지, 불교는 오랜 세월에 걸쳐 범(汎) 아시아성이라고 논할 수 있을 정도의 문화적 발흥을 유도해냈으며, 동남아의 문화·예술 또한 그러한 맥락에서 '불교적인 것'과 연관된 가치를 기초 개념으로 삼아 전개되었다.

아시아에서 불교는 크게 두 가지 성격으로 전개되었다. 하나는 인도 내

---

5) Himanshu Prabha Ray (ed.) (2007). pp.6-7 참조.

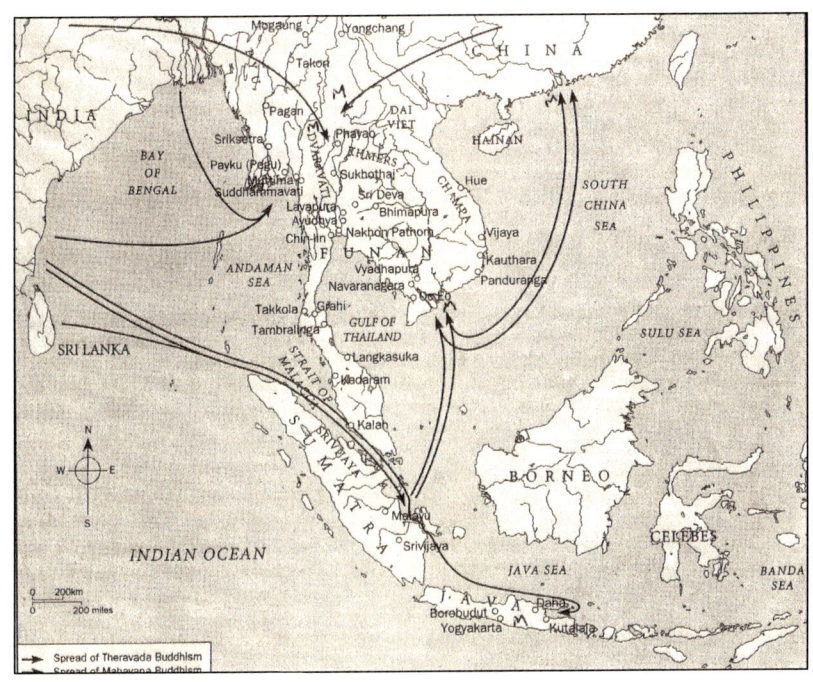

▲ **도면 28** 기원전 1세기경의 불교 전파도

에서 형성된 원래의 '인도적인 것'이며, 다른 하나는 불교의 전파에 따라 아시아의 여러 지역에서 지역화 된 '범 아시아적인 것'이다. 처음에 불교는 인도문명의 형태로 인도의 인접국들에 전파되었다. 인도가 주변국 모두를 정치적으로 지배한 것은 아니었지만, 많은 주변국들을 종교와 문화의 위성국으로 거느리게 되면서 불교와 힌두교로 대변되는 하나의 인도문명권을 형성했다. 이는 동남아 문화예술의 중요한 토대가 되었고, 소위 '인도화 (Indianization) 내지는 인도성(Indian identity)'으로 설명될 수 있는 보편적 특성을 드러냈다. 이와는 달리, 나름의 문화 체계를 지녔던 다른 아시아 지역—특히, 중국—에서도 불교는 하나의 종교 · 문화운동으로 성장했다. 이 때의 불교는 다가치(多價值) 체계의 한 요소로서 '인도문명권 내의 인도성'

과는 다른 차원의 지역적 성격을 갖는다.[6]

초창기에 불교는 그 신념에 따라 인간 세계의 평등과 성불(成佛)을 '참된 불교'라고 주장한 마하야나(Mahayana, 大乘) 불교와 개인의 해탈에 주력한 테라바다(Theravada, 小乘) 불교로 나뉘어졌다. 이는 불교적 신념에 따른 분화였다. 동남아 지역에 불교를 소개한 것은 인도의 이주민과 교역상들이었다. 동남아에 불교가 도입된 것은 기원후 2~3세기경이지만, 실제적인 틀을 갖추기 시작한 것은 7세기경부터다. 이 시기에 중국의 순례자와 이주민들에 의해 마하야나 불교와 바즈라야나(Vajrayana) 불교가 유입되었지만, 지역 전반을 지배했던 것은 테라바다 불교였으며, 그러한 양상은 특히 태국과 미얀마에서 강하게 전개되었다.[7]

인도에서 발흥한 힌두이즘(Hinduism, 힌두교)으로 인해 불교는 상대적으로 압도당했고 지역적 세력도 약했었지만, 당시 스리랑카와 미얀마 남부 지역에서는 테라바다 불교가 상당히 번성했다. 테라바다 불교는 11세기경에 베트남을 제외한 동남아의 주요 지역에서 토착 지배계층의 지배철학과 결합되면서 급속히 전파되었으며, 주로 미얀마 · 태국 · 라오스 · 캄보디아 지역에서 지배적인 신념으로 확립되었다.

초기에 인도의 승려와 무역 상인에 의해 동남아에 유입된 불교문화는 주로 불상(佛像)과 스투파(stupa, 佛塔)를 중심으로 광범위하게 전개되었으며, 비록 양식적 상세에서 차이가 있었지만, 대부분 5세기경에 인도 남동부와 스리랑카에서 유행했던 것에 그 양식적 기원을 두었다.[8] 초기의 불교건축 역시 이와 같은 맥락에서 인도의 힌두건축과 거의 동시대적인 것이었으며,

---

6) 조흥국 (1996) 참조.

7) Mary Somers Heidhue (2000), p.9.

8) Robert E. Fisher (1993), p.167.

주로 인도 남부의 크리슈나(Krishna) 강 동측 해안 지역에서 융성했던 불교 건축의 영향을 많이 받았다. 이는, 인도 북부 지역에서 전개된 것과는 다른 양식적 특성을 지닌 것으로,[9] 강한 장식성과 웅장함을 특징으로 삼고 있었다. 힌두교와 불교로 대변되는 초창기의 두 전통은 예술적 감성과 기술적 처리에서 모두 겹쳐 있었다.[10] 하지만 인종적·문화적 차이에도 불구하고, 이 무렵부터 인도의 건축모델과 명확하게 구별되는 일반적인 지역적 특성이 함께 나타나기 시작했다.[11]

동남아에서 불교문화와 예술의 발전은 기원후 2~15세기까지 약 1,300년간에 걸쳐 세 단계로 나뉘어 진행되었다. 참고로, 10세기경까지 동남아 대륙 지역에는 세 종족이 정착하고 있었다. 남동 해안을 따라 거대한 해상활동을 누볐고 그 일부가 오늘날의 베트남이 된 참(Charm) 종족, 중국식 명칭으로는 후난(Funan)과 첸라(Zhenla)로 알려진 메콩(Mekong) 강 계곡 지역의 캄보디아 종족, 그리고 광활한 메남(Menam) 평원과 현재의 태국·미얀마 영역인 이라와디(Irrawaddy) 계곡 지역을 다스렸던 몬(Mon) 종족 등이 그것이다.

대략 2~7세기 동안에 걸쳐 약 500년 동안 지속된 초기 기간에는 이 지역의 정치적 세력 판도가 결정되고 종교적 성장과 수용이 이루어졌다. 초기에는 수도승과 무역상들에 의해 인도로부터 불교 조각상들이 수입되었으며, 그 대부분은 전술했듯이 인도 남부나 스리랑카에 기원을 둔 것이었다. 두 번째 단계인 7~10세기 동안은 몬 종족이 차지했던 동남아 지역에서 불

---

9) 인도 남부 지역에서 동-서로 길게 이어진 크리슈나 강 지역은 아쇼카 시대 초기부터 많은 수도원을 중심으로 유명한 고승(高僧)들이 불교 교육을 행하던 곳이며, 당시 동족 해안을 따라 융성했던 활발한 무역활동이 불교의 확산을 이끌었다(Robert E. Fisher, op. cit., pp.39-41).

10) George Michell (2000), p.40.

11) Robert E. Fisher, op. cit., p.171.

교가 체계적으로 성립되었던 시기로, 인도차이나 중앙 지역을 근거지로 삼았던 몬 종족이 테라바다 불교를 바탕으로 드바라바티(Dvaravati, 7~12C) 왕국을 이루었고, 미얀마에서는 10세기경에 파간(Pagan) 왕조 창건을 위한 기초역사가 조성되었다. 이 시기에 인도네시아의 샤일렌드라(Shailendra, 750~850) 왕조와 같은 강력한 왕국이 아시아의 위대한 불교 기념비를 몇몇 건조했는데, 그 중에서도 가장 뛰어난 것으로 보로부두르(Borobudur)를 들 수 있다.

동남아의 불교역사에서 마지막 주요 시기는 10~15세기 동안으로, 불교 예술이 절정을 이루었던 기간이다. 또 정치적 세력의 판도가 크게 달라지면서 이전의 캄보디아 세력이 쇠퇴하고 자바인의 영향력이 약해졌으며, 또 드바라바티 왕국도 쇠퇴하던 시기였다. 이 무렵, 12~13세기에 타이(Thai, 현 태국) 종족이 수코타이(Sukhothai) 왕국을 창건한 후, 그 통치기반으로 불교를 강력하게 내세웠다. 이후 동남아 지역에서 수코타이 왕국의 역할이 커지게 되면서 동남아의 불교건축 또한 수코타이 시기와 다음 왕조인 아유타야(Ayutthaya) 왕조를 거치면서 '동남아적인, 그리고 태국적인' 독특한 모습으로 발전되었다.[12]

불교건축은 동남아의 여러 지역 중에서도 불교를 통치 이념으로 삼았던 태국, 미얀마, 라오스, 캄보디아 등에서 융성했다. 수코타이 시기의 불교건축은 이전(以前)의 드바라바티 시기에 형성된 불교건축양식으로부터 이어진 것이다. 이들 나라에서 일반적으로 '왓(wat, temple)'이라 불리는 불교사원은 전통적인 궁전건축과 주거건축의 양식에 종교적인 기능과 시각적 이미지를 덧붙여 나가는 방식으로 발전되었다. 전통적으로, 동남아의 불교건

---

12) Suntud Khaisang (1968), pp.4-15. Robert E. Fisher, op. cit., pp.168-169.

축은 크게 사원(寺院, 혹은 僧院)과 스투파(stupa, 佛塔)의 두 영역으로 전개되었다. 사원은 불당(佛堂), 강당(講堂), 승방(僧房), 경장(經藏), 요사(寮舍), 부속시설 등의 여러 건축물들로 구성되었다.

동남아에서 사원과 스투파의 건축적 근원은 서로 명확하게 다르며, 그 역사적 흐름 또한 상이한 궤적을 보여 준다. 스투파는 형태적 기원과 의미를 고대 인도의 전탑(塼塔)과 석탑(石塔)으로부터 이끌어온 반면, 사원은 인도의 건축양식과는 무관하게 동남아 지역의 전통건축양식을 주된 형태로 삼아 전개되었다.[13] 여기에는 인도의 초창기 불교시대에 건립된 사원의 대부분이 소실되었다는 점과, 인도에서 불교가 약화되면서 더 이상의 건축적 진화를 보여주지 못했다는 점 등이 큰 이유로 작용했다. 이후, 중국과의 지역적 교류가 활발해짐에 따라 중국 이주민의 수와 규모가 증가하면서 오히려 중국의 예술적 특성이 가미되는 양상을 보였다. 이에 비해, 비교적 내구성이 강한 벽돌이나 석재로 건립된 스투파는 인도에서 상당 기간 잔존하면서 불교건축을 대변하는 강한 상징성을 드러냈기 때문에 동남아 스투파 건축의 모델로 강하게 고착되었다.[14] 인도 산치 지역에 남아 있는 산치대탑(Sanchi Stupa)은 그 대표적인 예로, 동남아에서뿐만 아니라 아시아 각 지역에서 전개된 대부분의 스투파는 인도의 스투파 형태로부터 직·간접적으로 파생한 것이다.

---

13) 주로 사원과 스투파의 형식에서 인도의 영향을 쉽게 확인할 수 있는데, 초기의 스투파는 그 특성에서 인도의 산치대탑과 비슷하며 크게 두 형식으로 나뉘어 전개되었다. 하나는 사각형 기단 위에 반구형의 탑신이 있고 상륜부가 뾰족한 것이고, 다른 하나는 사각형 기단 위에 사발을 엎어놓은 듯한 탑신이 있고 상륜부에 원형의 고리를 포갠 듯한 형식이다. 사원의 예로는 람푼 지방에 있는 구구트 사원을 들 수 있다. 또한 동남아 지역에는 롭부리(Lopburi)라 불리는 예술양식이 있는데, 이는 10~13세기에 크메르의 영향을 강하게 받은 힌두양식으로 이 시기에 돌과 벽돌로 지어진 불교사원과 힌두사원이 많이 건립되었다.

14) 인도에서 부처의 유골을 안치하고 예배하기 위해 건립되기 시작한 이후, 신앙과 의례의 한 형태로 중시되어 온 스투파는 원래 인도 힌두문화의 무덤 형태에서 비롯된 것이며, (Robert E. Fisher, op. cit., p.31) 이후 시기를 거치면서 불교적 우주관(이념)과 관련된 조형적 전개과정을 통해 원형(圓形)의 기하학적 형태로 귀결되었다.

▲ **사진 26** 산치대탑, 산치지역, 인도　　　　　　　▼ **사진 27** 왓 프라시산펫, 아유타야, 태국

불교에서 가장 오래된 상징물인 스투파는 배치와 형태적 측면에서 사원의 전체 영역을 이끌어 가는 중심 요소다. 아시아의 다른 지역에서와 마찬가지로, 동남아에서도 스투파는 각 지역의 신앙적 성격과 조형사상 그리고 미적 감각에 따라 배치와 조형성 면에서 지역별로 상이한 양상을 드러냈으며, 때로 여기에 주변 국가들과의 국제관계에 따른 문화적 영향이 반영되기도 했다.[15] 원칙적으로, 스리랑카의 스투파 양식을 따랐던 태국, 미얀마, 라오스 등에서는 사원 영역 내에 수직성을 강조한 1~2개 정도의 크고 웅장한 소수(少數)의 스투파를 세워 사원의 전체 영역을 압도하는 강한 형태성을 취하는 방식으로 발전했다.

전체 형태는 낮은 기단 위에 사발을 엎어놓은 듯한 반원형 돔(dome) 모양의 탑신(塔身)이 세워지고 그 위에 3단으로 구성된 상륜부가 얹히는 형식이며, 위로부터 널찍한 기단부 아래로 이어지는 유연한 곡선미를 특징으로 삼고 있다. 태국의 아유타야 시기에 지어진 왓 프라시산펫(Wat Phra Si Sanpet)은 그 대표적인 사례로, 수코타이 시기의 스투파와 함께 이후 태국 스투파 건축의 전형으로 이어졌다.

이외에도, 지역과 민족의 문화적 근원에 따라 다양한 형식의 스투파가 나타나기도 했는데, 한 예로 라오스의 비엔티안(Vientiane)에 있는 탓 루앙(That Luang)은 반원형 돔의 유연한 곡선미를 각진 입방체로 변형시킨 것이다. 이는 동남아 스투파의 일반적인 경향을 따르면서도, 한편으로는 종족별로 고유한 스투파 형식을 창안하여 주변국들과 구별될 수 있는 독자적인 정체성을 부여하고자 했던 의도에서 비롯된 것으로 이해된다. 또한 12세기 무렵에 유행했던 또 다른 형식으로 입방체의 돌을 하나씩 쌓아올려 위로 올라

---

15) 스투파 건립을 위해 재정적으로 기부하는 것은 남아시아와 동남아에서 불교 왕정의 가장 주된 행위였다 (Donald K. Swearer (1995), p.68).

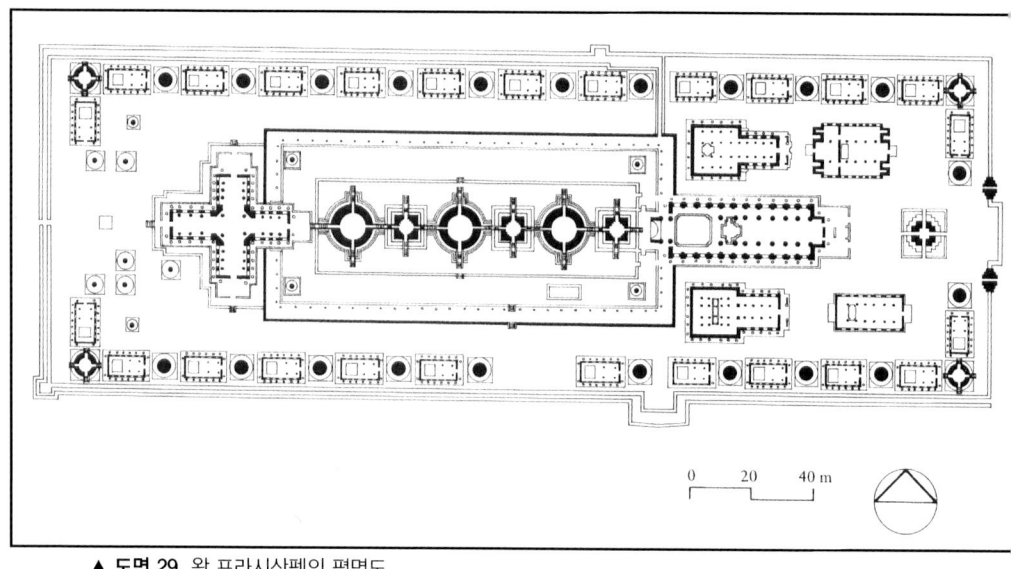

▲ 도면 29 왓 프라시산펫의 평면도

▼ 도면 30 왓 프라시산펫의 입면도

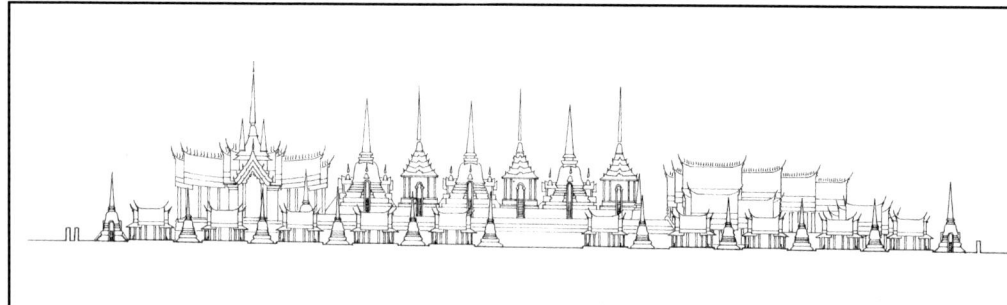

갈수록 차차 줄어드는 피라미드 모양의 충계탑식 쩨디(Chedi, 스투파의 일종)를 들 수 있다. 13세기 초의 드바라바티 시기 말에 지어진 람푼(Lampun) 지방의 구구트 사원(Wat Kukut)은 그 대표적인 예이다.

동남아의 고대 시기에 해당하는 드바라바티 시기의 스투파는 일반적으로 인도의 형태를 반복하는 차원에서 전개되었다. 스투파는 주로 홍토와 벽돌을 주재료로 삼아 모르타르를 사용해 쌓았으며, 여기에 스터코(stucco)와 돌로 만든 장식을 더했다. 주로 태국 중앙 지역에서 불교와 힌두교가 혼합되는 양상으로 전개되었던 드바라바티 예술은 13세기 말 타이 종족에게 정복당할 때까지 태국의 중앙부와 랏부리(Ratburi) 지역에서 융성했으며, 점차 다른 지역으로 전파되었다.

몬 종족인 드바라바티의 수도였고 태국에서 최초로 불교가 전래된 곳이기도 했던, 나콘 파톰(Nakhon Pathom)에 있는 출라 파톰(Chula Patom) 스투파와 프라 파톰(Pra Pathom) 스투파는 벽돌로 축조된 거대한 기념비로써 태국에서 가장 오래된 역사적인 사례에 속한다. 특히, 프라 파톰 스투파는 높이가 약 114m에 달하는 세계 최대의 불탑으로, 현재의 것은 태국의 라마 4세가 재건한 것이다.

이와는 달리, 캄보디아와 베트남 등에서는 사원 내에 하나의 거대한 스투파가 독립적으로 서 있는 것이 아니라 여러 개의 작은 스투파들을 사원 내의 건축물 주변에 일렬로 배치하여 외부공간을 장식하는 수단으로 활용하는 형식을 취했다. 이는 후에 힌두적인 것과 결합되는 혼합적인 경향을 보여주었다.[16]

---

16) Robert E. Fisher, op. cit., p.171.

▲ 사진 28 탓 루앙, 비인티안, 라오스

◀ 사진 29 왓 프라람의
스투파, 아유타야, 태국

▼ 사진 32 왓 하리푼자야의 스투파, 태국

▶ 사진 34
뜨란 퀵 사원의 파고다, 하노이, 베트남

◀ 사진 35 One Pillar
파고다, 하노이, 베트남

▲ **사진 36** 프라 파톰 스투파, 나껀 파톰, 태국

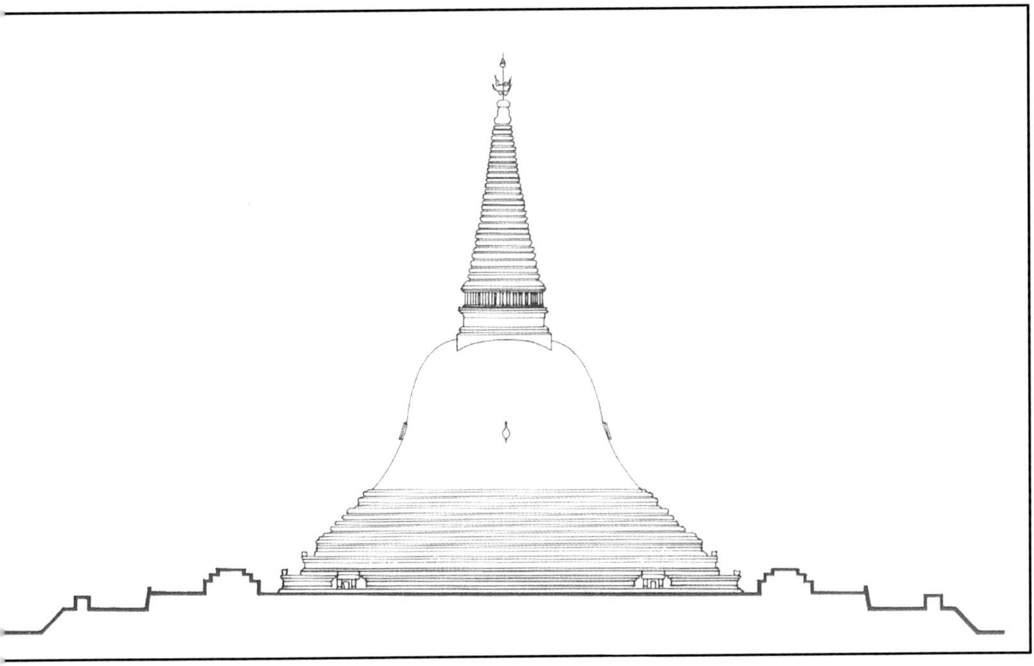

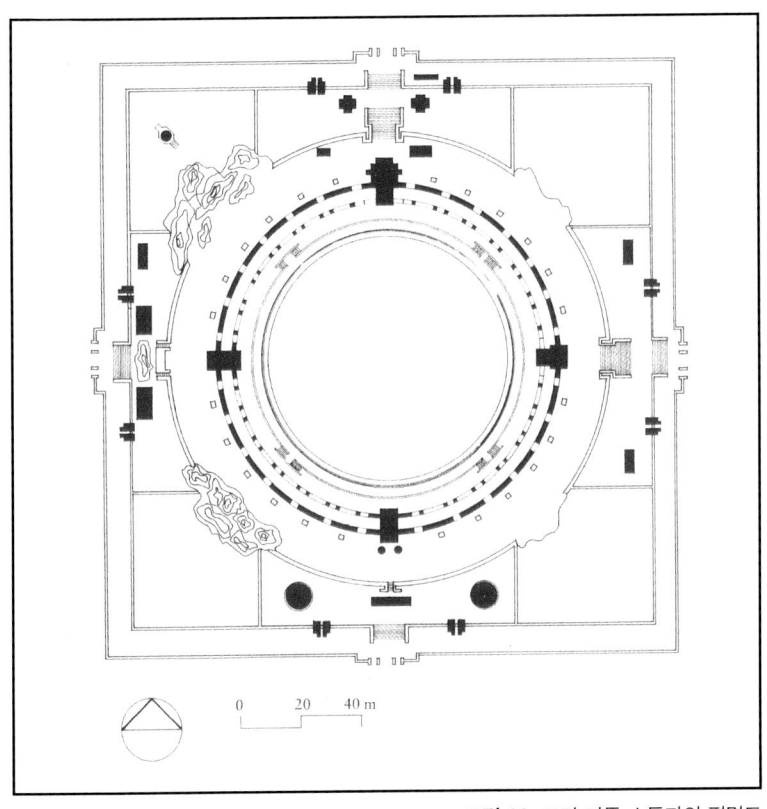

▲ 도면 31 프라 파톰 스투파 입면도

▲ 도면 32 프라 파톰 스투파의 평면도

0   20   40 m

▲ **사진 37** 앙코르 왓, 캄보디아. 사진 제공: 김상언(제주 담건축)

　　앙코르 와트(Angkor Wat, 캄보디아), 파간(Pagan, 옛 버마)과 함께 세계
최대의 3대 불교유적으로 꼽히는 인도네시아의 보로부두르는 그 대표적인
예로, 셀 수 없을 정도로 많은 작은 스투파를 사원의 테라스에 장식하는 방
식으로 구성되어 있다.

　　8~9세기 중엽에 현재의 인도네시아 욕자카르타(Jogjakarta) 지역에서 번
성했던 샤일렌드라 왕조가 건설한 보로부두르는 동남아의 고대 불교유적을
대표하는 광대한 석조 테라스식 불교건축물로, 건설기간이 약 80년 이상 소
요되었다. 샤일렌드라 왕조가 쇠퇴하면서 역사 속으로 사라졌지만, 1814년
에 싱가포르의 초대 총경을 지낸 영국의 토머스 스탬퍼드 래플스(Thomas
Stamford Raffles, 1781~1826)가 발견한 이후 약 20년간의 발굴 작업을 통
해 세상에 드러났으며, 1973년 인도네시아 정부가 유네스코의 원조로 10년

간의 수복공사를 거친 후 오늘의 모습으로 정리되었다.

보로부두르는 전체적으로 정방형의 평면 구성을 취하고 있으며, 기단부 토대의 한 변이 123m이고 높이는 30m에 이른다. 토대 위에 주변의 화산석을 재단한 4각형의 안산암을 9층 규모까지 쌓았으며, 총 100만 개의 돌이 사용되었다. 토대에서 최상부의 스투파까지는 폭 2m의 회랑으로 연결되었고, 그 회랑의 총 길이는 4km 정도가 된다. 2층부터 4층까지의 테라스 좌우의 벽에는 2,000면 이상의 부조가 끼워져 있다. 이것이 지어질 당시의 아시아 대륙은 이슬람의 동진(東進)을 겪기 시작했고, 중국은 당(唐) 왕조의 문명기를 누리고 있었으며, 유럽은 로마네스크 시기였다.

보로부두르는 '인간과 자연' 혹은 마하야나 불교의 영원한 우주적 개념을 표현한 것이며, 불교적 신념에 따른 건축개념이 세 단계의 위계질서에 따라 형상화되었다. '카마다투(Kamadhatu, 욕망의 세계)'인 첫 단계는 지반층에 해당하는 부분으로 '사랑, 에로티시즘, 즐거움' 등과 같은 속세의 물질적 활동을 묘사했다. '루파다투(Rupadhatu, 유형의 세계)'인 두 번째 단계는 불법(佛法)으로 인간의 욕망을 극복하는 수행 과정을 묘사했다. 이 부분은 언덕을 따라 네 개의 테라스로 구성되어 있는데, 여기에는 얕은 돋을새김의 부조기법으로 여러 모습의 부처가 묘사되어 있다. 세 번째 단계는 '아루파다투(Arupadhatu, 무형의 세계)'를 표현한 것으로, 중앙에 높고 큰 스투파가 서 있으며 그 안에는 명상하는 모습의 불상이 안치되어 있다. 최상부 영역에 해당하는 이 부분은 초월적이고 선험적인 의미를 지닌 곳이며, 중앙의 스투파는 무한한 하늘을 향해 끝이 뾰족하게 처리되었다. 중앙 스투파 주변에는 단(段) 처리된 세 개의 원형 테라스가 있고, 각 단에는 범종형(梵鍾型) 모양의 총 72개—제1단 32개, 제2단 24개, 제3단 16개—의 작은 스투파들이 배치되어 있다. 건축적 형태는 철저하게 정방형(제1, 2단계)에서 원형(제3단계)으로 변해 가는 체계를 지닌다. 이는 사각형의 기단 위에 원형의 몸체를 올려 놓은 기법에서뿐만이 아니라 도상학적인 면에서도 만다라(曼茶羅) 형식을 채택한 것이다.

이러한 도상학적 구성은 그 시기와 내용은 다르지만 앙코르 왓을 비롯한 다른 예들에서도 잘 나타나 있다. 이처럼, 동남아의 여러 지역에서 전개된 스투파 건축은 인도의 고대 스투파 형식이나 중국의 파고다 그리고 한국과 일본 등의 지역에서 전개된 탑(塔) 건축과는 양식적인 면에서 근본적으로 다른 특징을 보여줄 뿐만 아니라, 다른 지역에 비해 불교건축에서 스투파가 차지하는 비중이 상대적으로 훨씬 크다.[17]

스투파 건축의 양식적 전개가 인도와의 관계사(關係史) 속에서 지역적 변화를 이룬 것과는 달리, 사원 내에 건립된 건축물은 초창기에 인도 불교 사원의 영향을 받았음에도 불구하고, 전체적으로는 동남아 토착건축양식의 연장선상에서 전개되는 양상을 더 강하게 드러냈다. 즉, 종교적 상징성의 재현이 일차적으로 더 중시되었던 스투파와는 달리, 사원의 건축물은 의례와 인간생활을 위한 실질적인 기능과 형태를 마련하는 데 중점을 두었기 때문에 자연스럽게 지역의 토착건축양식을 차용하게 되었다. 대략 6세기경부터 일반적인 특성으로 구체화되기 시작한 사원의 건축양식은 지역별로 다양한 차이를 보였지만, 대체로 벽돌과 플라스터와 목재를 주된 재료로 활용하면서 기존의 토착건축양식이 지녔던 열대지방의 건축적 특성을 계승했다는 점에서 공통적인 흐름을 보여 주었다. 이는 재료와 양식 면에서 인도의 사원과는 확실히 다른 차원의 건축적 흐름이었다.

전체 영역은, 사원의 규모에 따라 배치의 양상이 다르게 이루어졌지만,

---

17) 참고로, 한국과 일본 등에서는 후에 탑이 사원건축을 꾸미는 한 요소에 지나지 않게 되어 사리를 안치하는 스투파 본래의 의의가 약화되었다.

일반적으로 중앙에 불상이 안치된 불당(bot 또는 ubosot)을 중심으로 주변에 여러 종류의 탑들(stupa, chedi, prang), 강당(viharn), 요사채(kuti, 승려의 숙소), 교육 관련 시설(학교, 도서관 등), 화장터 그리고 사원을 관리하기 위해 고용된 일반인들의 숙소와 편익시설 등이 배열된다. 이들 중 불당과 강당은 사원에서 가장 중요한 역할을 하는 중심 건축물로 불교건축의 전개과정과 발전을 대변해 왔다.

사원의 전체 영역은 '푸타왓(phutthwat)'과 '상가왓(sangkhawat)'이라 불리는 두 개의 영역으로 분할되어 이루어진다. 푸타왓은 숭배와 수행을 주된

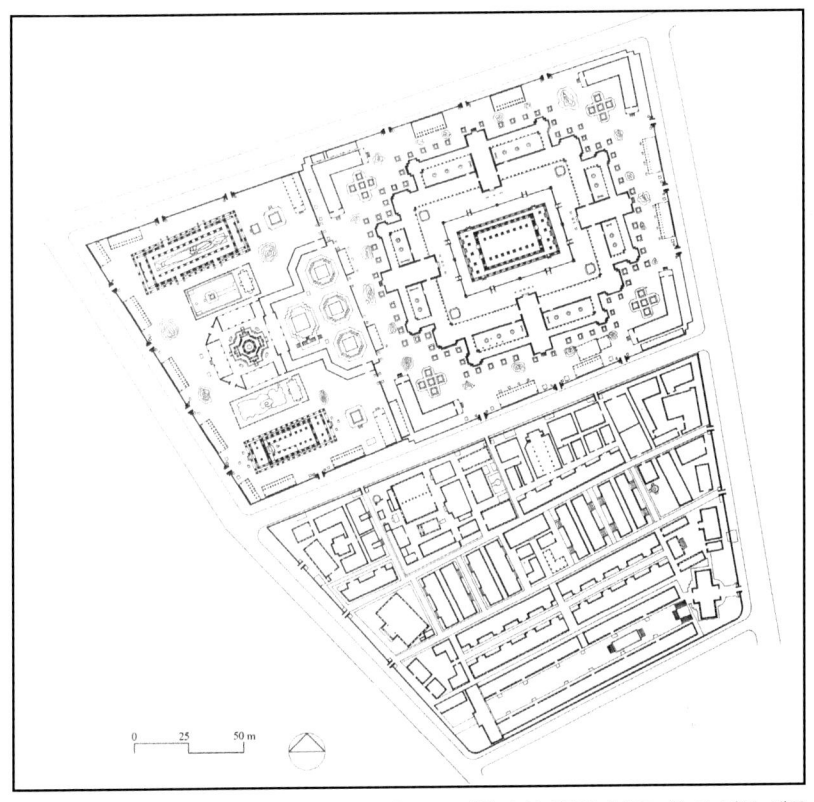

▲ **도면 33** 푸타왓과 상가왓의 배치도, 왓 포, 방콕, 태국

기능으로 삼는 신성한 영역이며, 상가왓은 속세의 생활이 이루어지는 영역으로, 각 건축물의 배치는 영역별로 다르게 구성된다. 푸타왓 영역에는 사원에서 가장 중요한 건축물인 불당과 강당 및 스투파 등이 배치된다. 배치의 구성은 일반적으로 남-북 방향의 축과 동-서 방향의 두 축을 기준으로 삼아 이루어진다. 즉, 불당과 강당을 비롯한 주요 건축물들은 동측에, 스투파를 비롯한 기타 건축물들은 서측을 향해 세워진다.

건축형식 면에서는, 푸타왓 영역의 건축물들은 주로 궁전건축양식에 가까운 규모와 화려함을 드러내는 반면, 상가왓 영역에 들어서는 기타 건축물들은 일반주거건축에 준하여 이루어지는 경향이 강하다. 한편, 사원의 전체 배치를 불당과 강당을 중심점으로 삼아 만다라의 형상에 따른 기하학적 패턴으로 구성하는 사례도 있다.

우선, 평면은 원칙적으로 고대 인도의 불교사원과 석굴사원에서 이루어졌던 기본 형식을 모델로 삼아 이루어졌다. 초창기에는 작은 규모의 직사각형 틀 속에 불단(佛壇)과 예배공간(본당)을 설치한 단순한 구성을 보였으

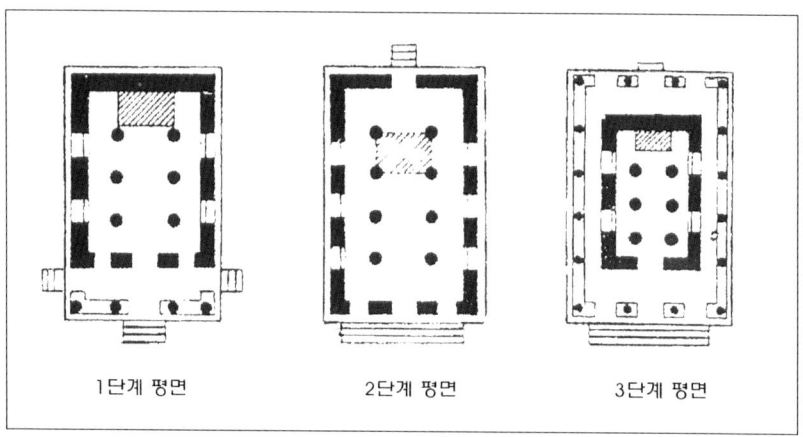

| 1단계 평면 | 2단계 평면 | 3단계 평면 |

▲ **도면 34** 불교사원의 평면 전개 양상

나,[18] 점차 규모가 커지면서 회랑과 측랑 및 내부의 이중 회랑 등이 덧붙여졌다. 형태적인 측면에서는 주로 지붕과 기단(基壇) 그리고 장식 등에서 뚜렷한 특성을 나타냈다. 특히, 지붕은 동남아 사원건축의 시각적 이미지를 지배하는 형태성을 지니고 있는데, 불교의 세 가지 개념인 불(佛), 법(法), 승(僧)을 은유적으로 반영하여 3단으로 지붕을 분절하고 그 틈새를 통해 환기를 가능케 한 방식은 종교적인 의미와 지역적 기후 조건을 결합시킨 건축적 처리이다. 기단부는 배(선박)를 연상시키는 완만한 곡선으로 처리되어 동남아 해양문화에서 유추된 지역적 형태성을 띠기도 한다.

인도의 불교사원이 드러냈던 건축적 근본과 동남아의 지역적 바탕을 통해 구체화되었던 동남아의 불교건축은 대략 12~13세기부터 강화되기 시작한 중국과의 국제 관계를 거치면서 새로운 변화와 특성을 나타내게 되었다. 중국의 문화적 영향은 이 지역에 중국 이주민들의 규모가 늘어나면서 점차 커지게 되었다. 이 무렵에, 태국뿐 아니라 말레이시아와 싱가포르를 비롯한 동남아 지역의 여러 나라들에서 중국의 예술적 특성이 가미된 불교건축 양식이 하나의 흐름으로 등장했는데, 이는 인도(印度)에 바탕을 두고 전개되었던 이전의 양상과는 다른 성격을 띠었다.

동남아로 건너온 중국인 이주자와 예술가들은 주로 중국 남부지방 출신들로서, 도교와 불교 및 민간신앙을 복합적으로 응용한 건축양식을 드러냈다. 이들은 중국식의 기하학적 도형과 풍수사상에 따른 디자인 원리를 적용하면서 중국의 문화적 전통을 강화시켰다. 또한 혈연(血緣)이나 친척관계 그리고 출신 지역의 인맥과 끈을 바탕으로 형성된 공동체 사회를 이루었고, 이들을 위한 공동체 사원은 당연히 모국(母國)인 중국의 사원건축에 근본을

---

18) Himanshu Prabha Ray (ed.), op. cit., p.75.

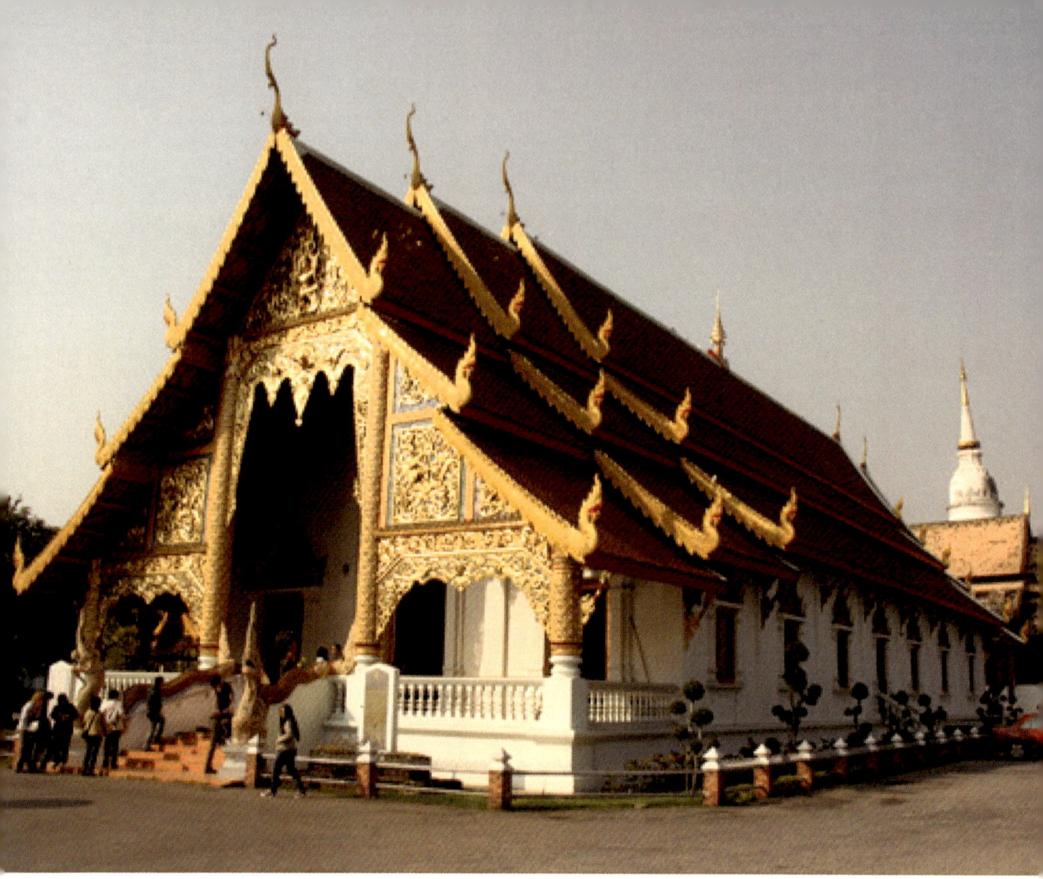

▲ **사진 38** 왓 프라 싱, 치앙마이, 태국

▼ **사진 39** 왓 찬타부리, 비인티안, 라오스

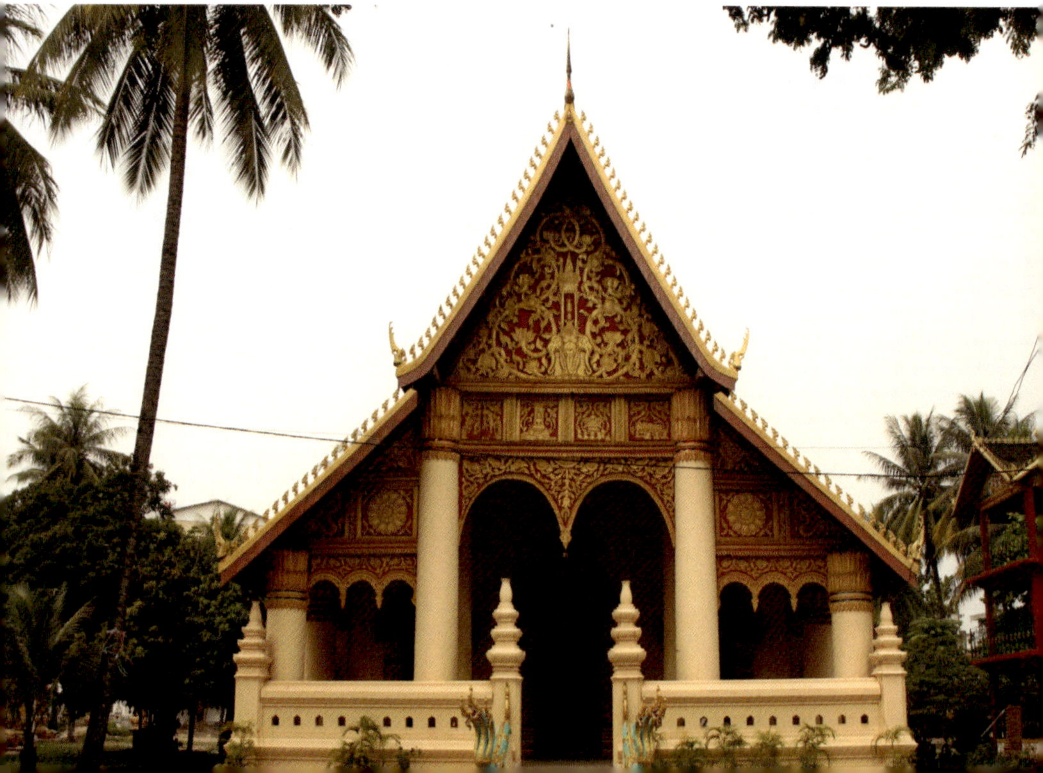

▲ **사진 40** 왓 시사켓, 비인티안, 라오스

◀ **사진 41** 왓 라차나다람
사원, 방콕, 태국

▲ **사진 42** 콩시 사원의 한 예, 말레이시아

두고 건립되었다. 하지만 이들 사원은 엄격한 의미에서 불교건축의 전형으로서보다는 유교와 도교를 내용으로 한 중국풍 사원의 성격을 더 강하게 드러냈다.

　동남아에서 흔히 '콩시(Kongsi)'와 '클랜(Clan)'으로 유형화된 이러한 사원들은 동남아 종교건축의 새로운 유형으로 고착되었으며, 공동체의 특성에 따라 각각의 건축적 형식도 서로 달랐다.[19] 콩시는 친척관계나 지리적인 끈을 바탕으로 결성된 공동체이고, 클랜은 혈연을 바탕으로 형성된 자발적인 공동체다. 이러한 유형의 중국풍 사원은 대체로 중국의 마당형 전통주거나 궁전건축양식을 직설적으로 차용한 형식으로 전개되었다.

---

19) Himanshu Prabha Ray (ed.), op. cit., p.132.

▲ **사진 43** 쳉 훈 텡 사원, 말라카, 말레이시아

▼ **사진 44** 티안혹켕 사원, 싱가포르

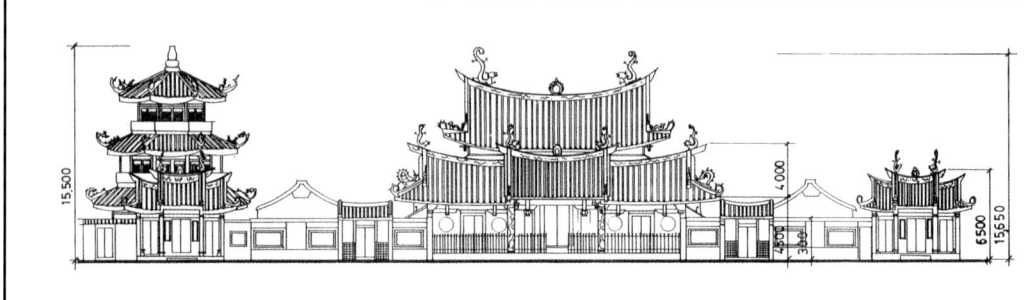

▲ **도면 35** 티안혹켕 사원의 입면도

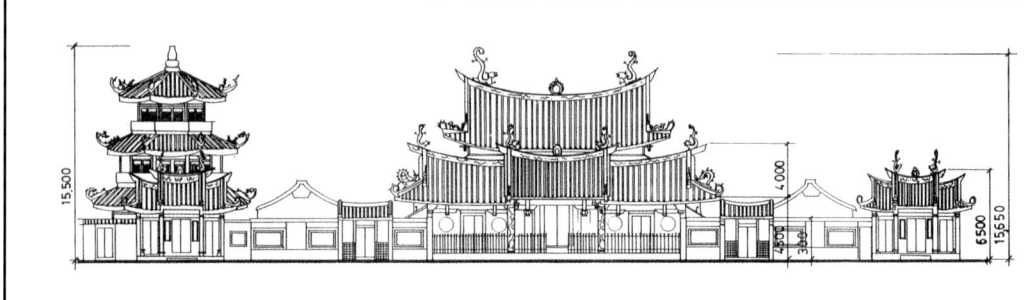

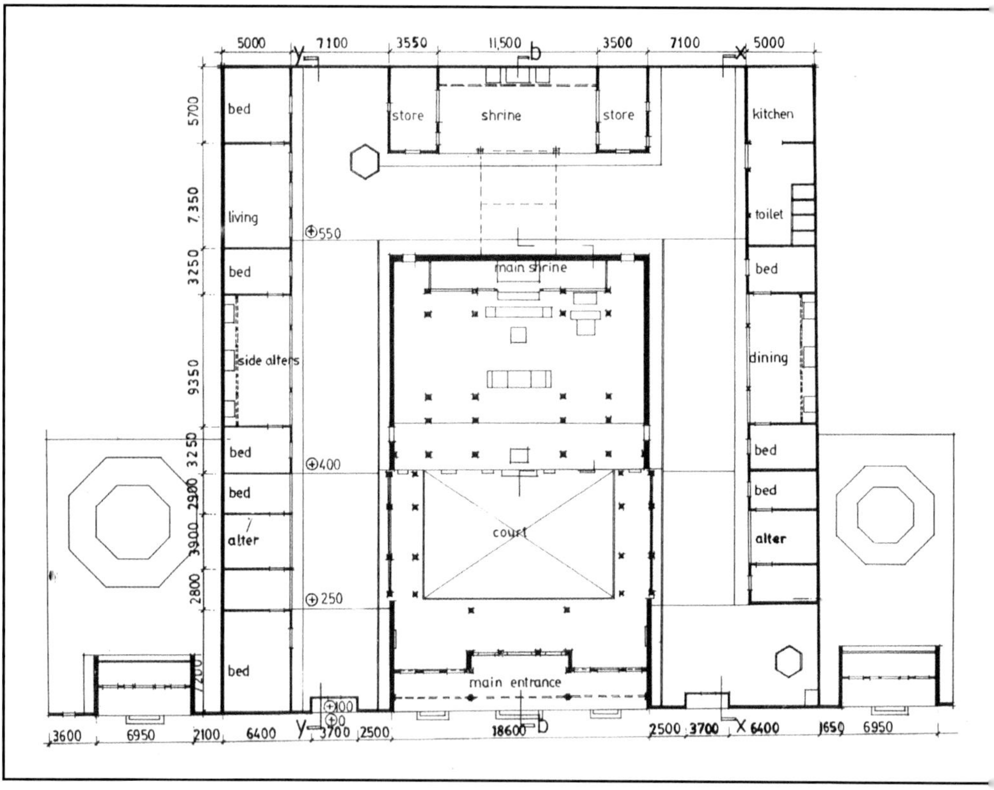

▲ **도면 36** 티안혹켕 사원의 평면도

▲ **사진 45** 왓 망꼰 까말라왓, 차로엔 크룽 거리, 방콕, 태국

▼ **사진 46** 푸탁치 사원, 싱가포르

▲ 사진 47 푸탁치 사원의 내부 중정

특히, 정교한 장식과 화려하고 복잡한 구성을 취하고 있는 지붕장식이 큰 특징으로 강조되었는데,[20] 지붕의 모서리는 제비꼬리, 용, 봉황의 형태 등과 같은 종교적 상징을 지닌 장식물들이 설치되었고, 기둥에는 일반적으로 새, 동물, 식물무늬 등이 정교하게 조각되었다.

1645년에 말레이시아의 말라카에 세워진 쳉 훈 텡(Cheng Hoon Teng) 사원, 1880년대에 싱가포르에 세워진 티안혹켕(Thian Hock Keng) 사원, 1880년대에 쿠알라룸푸르에서 처음으로 벽돌과 타일로 세워진 쿤 얌(Khoon Yam) 사원과 체 야(Sze Ya) 사원, 1890년에 말레이시아의 페낭에 세워진 켁록시(Kek Lok Si) 사원 등은 중국풍 사원의 대표적인 예들이다. 특히, 말레이시아에서 가장 큰 불교 사원인 켁록시 사원은 전형적인 중국풍의 팔각형 기단 구조물 위에 중앙부를 태국식으로, 상류부의 나선형 돔을 미얀마의 지역양식으로 조성함으로써, 중국과 동남아의 양식적 경향을 절충적으로 조합했다는 특징을 갖고 있다.[21]

동남아에서 중국 이주민들의 사회적 역할과 문화·예술적 활동이 증대되면서 동남아의 불교건축도 그에 따른 영향을 받았다. 그것은 일차적으로 동남아의 기존 문화와 중국문화가 절충적으로 혼합되는 경향으로 나타났고, 불교사원도 그러한 흐름과 연관된 변화를 드러냈다. 초기에는 중국의 전통건축과 동남아의 토착건축이 혼합된 '어색한 절충'으로 나타났고, 후에는 유럽의 건축양식과 혼합되는 전이를 보여 주었다. 중국풍의 절충은 단지 사원건축에서뿐만이 아니라 당시의 '숍 하우스(shop-house, 상가주택)'에서도 널리 응용되었으며, 20세기 초까지 동남아 각국의 도시적 특성을 이끄는 전형으로 자리 잡았다.

---

20) Jane Beamish (1989), pp.53-56.
21) Jane Beamish, op. cit., p.129.

▲ **사진 48** 켁록시 중국사원, 페낭, 말레이시아

장식 또한 불교사원의 시각적 이미지를 강화시켜 주는 중요한 특징을 지닌다. 동남아의 불교건축에서 장식의 발전은 중국의 영향을 통해 새로운 양상으로 전개되었는데, 특히 12~13세기 이후부터 활발하게 이루어진 중국과의 국제 관계에 따라 중국의 예술과 문화가 이 지역에 도입되면서 중국적인 특성이 가미된 독특한 모습으로 나타나기 시작했다. 중국문화의 영향은 동남아 불교건축의 형태적 양식과 관련된 측면에서보다는 주로 사원을 꾸미는 장식적 측면에 초점을 두고 가시화되는 양상을 드러냈으며, 이는 불교사원으로서의 시각적 이미지를 강화시켜 주는 중요한 특징으로 간주되었다.

지붕에 치중되어 있는 외부장식은 다채로운 채색, 금박, 타일 모자이크 처리 등을 주된 표현기법으로 삼고 있는데, 이는 대체로 중국의 영향을 받아 형성되었으며, 당시에 지붕 타일을 포함한 대부분의 건축재료 또한 중국으로부터 수입된 것이었다.

▲ **사진 49** 기단부 채색 자기타일 장식, 왓 아룬, 방콕, 태국

◀ **사진 50** 채색 금박장식,
　　　왓 포, 방콕, 태국

▲ **사진 51** 지붕장식, 왓 차이몽콘 사원, 치앙　　▲ **사진 52** 지붕장식, 왓 찬타부리, 비인티안,
　　　　마이, 태국　　　　　　　　　　　　　　　라오스

▲ **사진 53** 지붕장식, 왓 옹 떼마하위한, 비인　　▲ **사진 54** 지붕의 초파 장식, 왓 차이몽콘, 치앙
　　　　티안, 라오스　　　　　　　　　　　　　마이, 태국

이외에도 지붕의 처마 부분과 용마루 및 박공널 그리고 벽체 기둥에 가미된 특유의 조각적 형상들은 가루다(Garuda)[22]와 나가(Naga)[23] 등과 같은 신화적 개념에서 비롯된 것으로, 지붕 꼭대기의 초파(Cho Fah) 장식은 그 대표적인 예이다.[24] 이들 장식 요소들은 단순히 외부를 장식하거나 지붕을 보호하는 일차적 기능을 넘어 불교건축의 상징성과 토착신앙의 주술적 의미를 강화시켜 주는 데 기여한다.

2. 힌두교와 힌두건축

동남아의 문화적 형성에 큰 영향을 미친 또 하나의 흥미로운 종교 중의 하나로 힌두교를 들 수 있다. 비록 힌두문화가 동남아 전 지역에 영향을 미친 것은 아니지만, 인도와 역사적 관계를 맺기 시작한 이래로 이 지역의 문화적 성격을 이해하기 위한 중요한 바탕으로 설명되고 있다.

고대 인도에서 베다(Veda) 문학을 본체로 삼아 시작된 힌두교는, 다른 종교와 달리, 단일한 종교적 체계를 지닌 것이라기보다는 인도인의 생활방식과 삶을 지배하는 거대한 정신적 원리이자 관념적 골격에 가까운 것으로 이해된다. 즉, 역사적 창시자나 경전도 없을 뿐만 아니라, 명확하게 정의될 수 있는 체계적인 교리와 중앙집권화 된 조직도 지니지 않고 있다.[25] 그것은

---

22) 인도 신화에 등장하는 신조(神鳥)로, 인간의 몸체에 독수리의 형상을 가미한 상상의 동물이다. 불교와 힌두교에서 성스러운 새로 여겨진다.

23) 인도 신화에서 반(半)신격화된 강력한 힘을 소유한 뱀으로, 불교에서 경전을 수호하는 상상의 동물로 여겨진다.

24) 지붕을 장식하는 신화적 동물의 한 예로, 역사적으로 태국의 불교사원에서 가장 널리 활용되어 온 대표적인 지붕장식 요소이다.

25) P. N. Chopra (ed.) (1998), p. 13.

일종의 사회체제임과 동시에 종교이며, 환생과 업(karma) 그리고 구원의 윤회(輪廻, Samsara)를 믿으면서 삶의 속박으로부터 해탈하려는 근본적 전제에 따른다.[25] 인도와 주변 문화권의 역사적 관계에서, 초창기에 가장 근본적인 영향을 끼쳤던 힌두교는 시기를 거치면서 불교나 자이나교 등과 같은 다른 종교들과 결합되고,[25] 또 지역적으로 그 세력권이 넓혀지면서 점차 보편적인 양상으로 전개되었다.

동남아 지역에 인도의 힌두교가 전래된 시기는, 힌두교가 세 신앙—시바 신앙(Saivism), 비슈누 신앙(Vaishnavism), 삭티 신앙(Saktism)—으로 구체화되기 시작했던, 2~3세기경부터로 추론된다.[28] 이 시기에, 현재의 베트남 중부 지역에서 활발한 해상무역을 벌였던 참 종족은 당시에 무역항로를 통해 이 지역을 왕래했던 인도인들로부터 힌두교의 영향을 받아 동남아 최초의 힌두 왕국인 참파(Champa) 왕국을 건설했다.

불교가 그랬듯이, 힌두교도 타 신앙에 대해 비교적 관용적인 태도와 민족성에 집착하지 않는 범(汎) 지역적 성격이 강했기 때문에 동남아의 정치 · 사회적 상황에 쉽게 흡수되었다. 그 전파과정에서 핵심적 역할을 한 사람들은 브라만(Brahman) 계급이었는데, 특히 동남아의 궁정에 고용되어 존경받는 위치를 획득한 브라만 계급은 힌두교적 세계관을 전달하면서 토착 왕권과 왕조를 위해 이념적 이론의 바탕을 제공했고, 이를 통해 토착 지배 엘리트들의 세속적 권력을 정당화하고 강화하는 데 결정적인 기여를 했다. 동남아의 여러 왕국은 '신왕(神王)' 개념을 강조했던 힌두교적 논리에 힘입어 왕권의 신성(神性)을 확립할 수 있었다.[29]

---

26) Gavin Folld (2004), p. 6.

27) Caroline Humphrey & Piers Vitebsky (1997), p. 101.

28) 조셉 M 키타가와 (1994), p. 111.

29) 권률 외, op. cit., pp.183-184 참조.

동남아에서 힌두교는 초창기에 토착 지배세력의 이데올로기로 채택되는 경향이 강했지만, 이후 인도의 무역 상인들과 이주민 공동체의 규모가 증가하면서 점차 일반대중사회로 확산되었다. 동남아로 이주해 온 인도인들은 여러 지역에서 정착 거류지를 형성했고, 사회적 커뮤니티를 활성화시키기 위해 많은 힌두사원을 건립하여 공동체 운영에 필요한 종교적 구심점으로 삼았다.

동남아에서 발견되는 초기의 힌두사원은 지금의 말레이시아 케다(Kedah) 지역에 있었던 인도화(印度化)된 촌락지에서 확인되듯이 4~5세기 무렵까지 거슬러 올라가지만, 본격적인 시작은 힌두 무역상인들이 동남아—특히, 말라카 지역—에 정착하기 시작했던 15세기에 접어들면서부터이다. 이후 힌두 사회의 점차적인 확산과 함께 힌두사원의 건립도 늘어났고, 이러한 추세는 영국이 이 지역을 식민지로 지배했던 기간(1786~1957) 중에도 계속되었다.

1900년대 들어 서양과의 국제 관계가 높아짐에 따라 동남아의 여러 나라들이 문호를 개방하기 시작하면서 광범위한 고무농장 재배를 위해 인도로부터 많은 노동자들이 이 지역에 유입되기 시작했고, 이 시기에 도시와 농장 곳곳에 상당수의 힌두사원과 사당이 건립되었다. 주로 농장과 도로 및 철도 개설 작업에 동원되었던 이들 이주 노동자들의 대부분이 인도 남부 지역에서 왔기 때문에 동남아에서 대중화되었던 대부분의 힌두문화 역시 인도 남부 지방에 뿌리를 두고 있었다.

힌두사원의 건설도 이러한 흐름과 함께 이루어졌으며, 인도 남부 출신의 건축가와 장인들이 주체가 되었기 때문에 주로 인도 남부의 타밀나두(Tamil Nadu) 지방에서 유행하던 힌두사원을 주된 양식적 모델로 삼아 전개되었다.[30] 하지만 이외에도 인도-힌두사회와 기존 토착문화와의 결합 과정에서 발생한 지역적 차이와 사회적 배경에 따라 사원의 규모와 양식적 처리 면에서 여러 유형의 양식들이 등장하기도 했는데, 북부 인도의 힌두양식과 실론 (스리랑카) 지역에서 전래된 스리랑카-타밀 힌두양식 등이 그에 해당하며, 말라카의 체티아(Chettiar) 사원과 말레이시아 페낭과 쿠알라룸푸르의 파타르(Patthar) 사원 등은 그 예에 속한다.

이와 관련해, 동남아에서 힌두사원의 건설은 각 지역에 정착하고 있는 인도인들의 출신 성분과 소요 자본의 성격 등에 따라 다양하게 분류되기도 한다. 한 예로, 말레이시아의 경우, 힌두사원은 힌두 이주민 사회의 종교적 아이덴티티를 이끄는 중요한 상징으로 기여하고 있으며,[31] 말레이시아에 정착한 초창기 인도인의 정착 국면은 카스트(Caste) 계급의 영향을 받고 있었기 때문에 각각의 카스트 계급별로 사원을 건립하는 것이 일반적인 흐름이었다. 이외에도 사원을 건립하는 사회적 배경과 목적 그리고 종파(宗派) 등에 따른 차이도 드러냈다.

참고로, 남인도와 말레이시아에 있는 힌두사원들은 카스트에 따라 상위(Agamic)와 하위(non-Agamic) 계열의 힌두사원으로 구분된다. 전자는 높은 계열의 힌두교와 관련된 것으로, 주로 시바(Siva), 비슈누(Vishnu), 삭티(Shakti), 가네샤(Ganesha) 그리고 무루간(Murugan, 타밀 지방의 힌두신) 등

---

30) 인도에서 힌두사원의 고전적 형태는 중세 시기(A.D. 500~1500)를 거치면서 구체화되었으며(Caroline Humphrey & Piers Vitebsky, op. cit., p. 101). 지역별로 고푸람(탑)과 입면의 구성 방식에 따라 크게 세 가지 유형 — 북인도 양식(Nagara type), 남인도 양식(Dravida type), 그리고 이 둘의 혼합형인 오릿싸 양식(the Orissan, Mixed type) 등 — 으로 나뉜다(S. P. Gupat & Shashi Prabha Asthana (2002), pp.33-34 참조).

31) 현재 말레이시아에는 약 17,000개 정도의 힌두교 관련 사원과 성지(聖地)가 있다. 말레이시아 전체 인구의 8% 정도(약 153만 명)를 차지하는 인도인의 대부분은 인도 남부의 타밀어를 사용하고 있으며, 인도 남부의 타밀 지역에 근본을 둔 시바 신앙을 힌두교적 전통에 따른 숭배 대상으로 삼고 있다.

32) T. S. Rukmani (2001), pp.83-84 참조.

▲ **사진 55** 차문데스와리 힌두사원, 마이솔(Mysore), 인도 남부지역

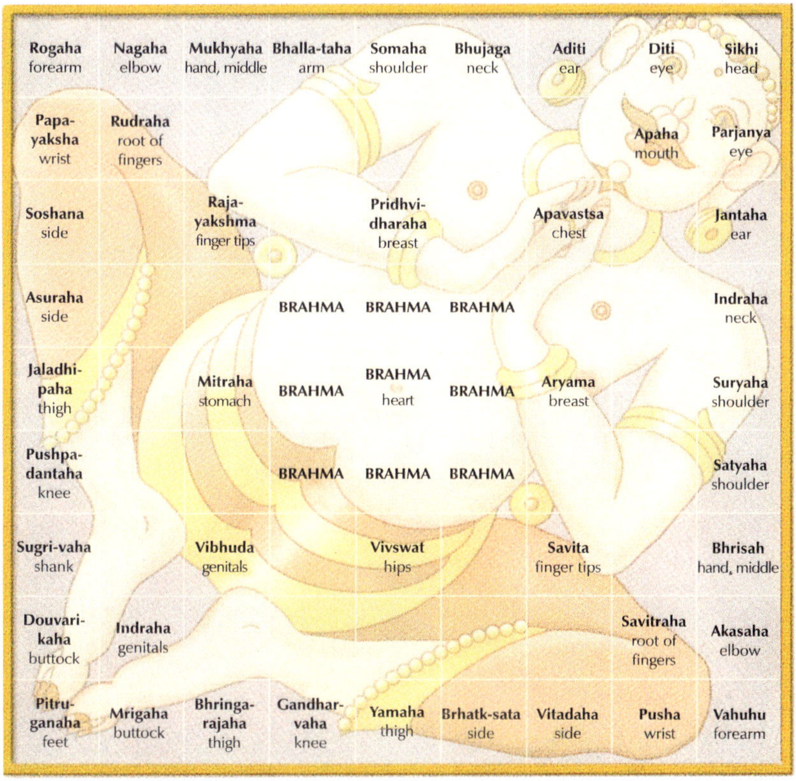

Rogaha forearm	Nagaha elbow	Mukhyaha hand, middle	Bhalla-taha arm	Somaha shoulder	Bhujaga neck		Aditi ear	Diti eye	Sikhi head
Papa-yaksha wrist	Rudraha root of fingers							Apaha mouth	Parjanya eye
Soshana side		Raja-yakshma finger tips		Pridhvi-dharaha breast		Apavastsa chest			Jantaha ear
Asuraha side			BRAHMA	BRAHMA	BRAHMA				Indraha neck
Jaladhi-paha thigh		Mitraha stomach	BRAHMA	BRAHMA heart	BRAHMA	Aryama breast			Suryaha shoulder
Pushpa-dantaha knee			BRAHMA	BRAHMA	BRAHMA				Satyaha shoulder
Sugri-vaha shank		Vibhuda genitals		Vivswat hips		Savita finger tips			Bhrisah hand, middle
Douvari-kaha buttock	Indraha genitals						Savitraha root of fingers		Akasaha elbow
Pitru-ganaha feet	Mrigaha buttock	Bhringa-rajaha thigh	Gandhar-vaha knee	Yamaha thigh	Brhatk-sata side	Vitadaha side		Pusha wrist	Vahuhu forearm

▲ **도면 37** 인도 바스투 푸르샤 만다라

과 같은 신성들을 모시는 사원들이다. 주로 산스크리트 성전에 명시된 브라만의 종교적 신념과 수행법을 따르는 경향이 강하며, 일반 서민들이 신봉하는 사원들보다 상위의 것으로 간주된다. 남인도에서와 마찬가지로, 말레이시아에 있는 힌두사원은 대부분 하위 계열의 힌두교 신(神)을 모시면서 지역적 관념(정령숭배)과 결합되었기 때문에, 순수한 상위 계열의 힌두사원에 비해 덜 화려하며 건축적 정교함도 떨어진다.[33]

인도에서 힌두사원은 우주의 원리와 인간의 신체를 재현하는 신성한 장소로 인식되었기 때문에[34] 무엇보다도 힌두의 세계관(우주관)에 따른 공간배치의 기본틀을 건축적으로 도식화시킨 다이어그램을 충실하게 따르는 데 중점을 두고 있다. '바스투 푸루샤 만다라(vastu-purusha mandala)'로 불리는 다이어그램은 역사적으로 힌두 세계의 우주관과 건축관을 재현하는 중심 개념으로, 인도 각 지역의 상이한 건축재료와 건설방식에도 불구하고, 인도 전역에서 강하게 이어지고 있는 힌두의 건축과학이자 건축원리로 활용되어 왔다.[34]

힌두사원의 평면에는 그러한 관념적·종교적 원리가 직설적으로 반영되어 있으며, 사원 고유의 의례공간과 신화적 위계에 따른 각각의 공간들은 그러한 틀 안에서 재구성된 인간의 신체구조에 맞춰 배열된다. 건축형태 면에서는, 전술했듯이, 남부 인도의 힌두사원의 전형적인 형태적 특징인 고푸람(Gopuram, 탑)을 강조하면서 종교적 상징성을 지닌 꽃무늬와 동물 형상의 조각을 화려한 채색으로 부조(浮彫)하여 표면의 입체감을 높임으로써, 결과적으로 열대기후의 강한 햇빛과 연관된 입체적인 미적(美的) 반응을 드러냈다.

---

33) S. P. Gupat & Shashi Prabha Asthana (2002), p. 31.
34) Christopher Tadgell (1998), p. 106.

원칙적으로, 힌두사원의 계획은 그 형태와 배치에 있어 섬겨야 할 숭배의 대상과 그 의례 방식에 따라 이루어진다. 인도에서 힌두사원의 건설은 예술가들의 조직인 길드(guild)의 형태로 활동했던 '스타파티스(sthapatis)와 실핀스(silpins)'가 담당했다. 이들은 인도에서 형상을 만드는 작업에 종사했던 사람들로, 실핀스는 주로 예술장인을 이르는 말이며, 스타파티스는 일종의 장인 조직에 속해 있는 예술가로서 건축가인 동시에 조각가였다. 특히, 스타파티스는 사원의 계획과 건설을 진행·감독하는 중책을 도맡았는데, 사원을 주관하는 수도승과의 공동 작업을 통해 의례와 숭배대상 및 숭배형식 등을 숙지한 후 그에 맞는 사원의 형태, 주신(主神)의 형상, 장식의 내용과 요소 등을 결정했다.[35]

　이들은 기질적으로 상당히 정통적이고 보수적이어서 구조적 혁신이나 새로운 형태를 탐구하기보다는 항상 기존 양식을 재현하는 데 치중했다.[36] 이러한 이유로, 힌두건축은 여러 시기를 거치면서도 다른 종교건축과는 달리 건축형태와 공간구성 등에서 큰 변화를 보여 주지 않았으며,[37] 타 지역으로의 전파 과정에서도 해당 지역의 자연환경이나 인문적 조건에 관계없이 비슷한 양상으로 전개되는 결과를 보여 주었다.[38] 다만, 고대(古代) 인도의 우주관에서 제시되었던 메루산(須彌山, Meru)의 개념을 계단식의 형태로 치환시켜 동남아의 힌두사원에 적용했던 점은 인도에서는 거의 찾아볼 수 없는 새로운 관점이다.[40]

35) K. R. Srinivasan (1972), pp.1-2.
36) Christopher Tadgell, op. cit., p.106.
37) Swati Chattopadhyay (1997) 참조.
38) S. P. Gupat & Shashi Prabha Asthana, op. cit., p.44.

한편, 지역에 따라 부분적으로 다른 종교—특히, 불교—와 혼합되면서 절충적인 양상을 보이거나, 또는 지역의 전통건축양식에 힌두사원으로서의 기능만 부여하는 단순한 전개를 드러내기도 했다. 하지만 이는, 힌두사원 고유의 양식적 특성이 상당히 약화되거나 양식적 의미 자체를 상실한 경우로써, 지역의 물리적·인문적 환경과 관련된 인과성이나 창의적 변화가 미약하다는 점에서 지역화의 결과로 논의되기는 어렵다.

힌두사원의 구성은 기본적으로 서측에 머리를, 동측에 발을 두고 누워 있는 인간의 신체와 유사한 형식을 취하고 있다. 이는 사원의 상징적인 기능에 그 근원을 두고 있다. 사원의 전체 공간은 인간의 신체 부분에 따라 크게 몇 개의 부분으로 나뉘어 구성된다. 머리 부분에 해당하는 '가바가함(garbagraham)'은 사원 전체 공간 중에서 가장 중요하고 상징적인 곳으로 '카루바라이(karuvarai)'라고도 불린다. 이곳은 각 사원에서 모시는 주신(主神)을 앉히는 신성한 공간이며, 이를 상징하기 위해 지붕 위에 정교하고 화려하게 장식된 '비마남(vimanam)'이라 불리는 탑을 세우는 경우가 많다. '가바가함'은 보통 세 단(段)으로 처리된 기단 위에 벽과 지붕을 갖는 독립적인 구조물로 세워지며, 입구에는 한 쌍의 수호신을 둔다. 그 옆에는 목부분에 해당하는 '알타 만다밤(artha mandabam)'이라 불리는 통로가 있으며, 그 앞으로는 가슴에 해당하는 '마하 만다밤(maha mandabam)'이라 불리는 큰 예배공간이 배치되고, 그 주변에는 신을 보호하는 의미의 여러 수호자들을 조각한 조상(彫像)들이 나열되어 있다. 이들 조상들은 각 사원이 모시는 신에 따라 여러 명칭을 갖는다. 또 사람의 복부에 해당하는 '스탐파 만

---

39) 조지 미셸 (2010), p.260. 참고로, 힌두교적 전통이 현재까지도 강하게 이어지고 있는 인도네시아의 발리에서는 전통적인 초가지붕을 계단식 탑처럼 층층이 쌓아올린 형태의 힌두사원이 등장했는데, 이 역시 인도에서는 물론 동남아의 여타 지역에서 전개된 힌두사원과는 전혀 다른 독특한 특성을 지닌 것으로 지극히 예외적인 사례에 속한다.

다밤(sthampa mandabam)'이라 불리는 공간은 신이 사용하는 탈것(vehicle) 이나 깃대 그리고 작은 제단을 두는 곳으로 사용되는데, 이 깃대는 무지(無 知)와 악마로부터 자유롭게 된다는 의미를 상징한다. '사바 만다밤(sabha mandabam)'은 허벅지에 해당하는 부분으로 강의를 개최하고, 종교적 이미 지와 연관된 음악과 춤을 수행하는 곳이다. 발에 해당하는 주출입구 부분에 는 '고푸람(gopuram)'이라 불리는 탑이 세워지는데, 이는 힌두교도들에게 특별히 중시되는 것으로, 신의 발밑에서 기도한다는 의미가 부여되어 있으 며 순례자들에게 사원의 존재를 인식시키는 중요한 수단으로 활용된다. 고 푸람은 남부 인도의 힌두사원의 양식적 특징을 대변하는 중요한 형태 요소 들 중의 하나로써, 대개 5~6개 정도의 단(段)으로 구성되며, 각각에는 힌두 교를 상징하는 여러 입상(立像)들과 우주를 표현하는 여러 요소들이 화려 하게 나열되어 있을 뿐 아니라 사원을 지을 당시의 전설과 연관된 조각상들 이 다양한 모습으로 장식되어 있다. 마지막으로, 마당 등과 같은 외부공간은 '프라카람(prakaram)'이라 불리는데, '티루마틸(thirumathil)'이라 불리는 외 벽과 함께 사원을 감싸는 피부를 암시한다.

힌두사원에서도 장식은 힌두교가 내세우는 물질세계와 이상세계에 대 한 깨우침을 알리고 사원이 지녀야 될 종교적 신비감을 돋우는 중요한 수단 으로 인식되며, 물질세계에 대한 관심과 욕망을 멀리 하도록 하기 위한 메시 지를 연출하는 데 주력한다. 중국인들과 마찬가지로, 인도인들 역시 풍부하 고 화려한 조각 장식을 선호하는 경향이 강한데, 대체로 극단적인 사실주의 와 고도의 채색기법을 활용한 경향이 주를 이룬다. 힌두사원의 곳곳에는 힌 두교를 대변하는 여러 신들과 신성한 의미를 지닌 인물과 동물, 그리고 추상 적으로 도식화된 꽃무늬 장식이 화려한 빛깔의 채색과 깊은 양감으로 처리 되어 있다.

▲ **사진 56** 스리 마하마리암만 힌두사원(일명, Wat Khaek Silom), 방콕 실롬 로드, 태국

◀ **사진 57** 스리 마하마리
암만 힌두사원
의 고푸람, 방콕
실롬 로드, 태국

▲ **사진 58** 스리 마리암만 힌두사원, 싱가포르

▼ **사진 59** 스리 페루말 힌두사원, 세랑군 로드,
싱가포르

▲ **사진 60** 스리 깔리암만 힌두사원, 세랑군 로드, 싱가포르

    힌두교의 신상(神像)들은 주로 고푸람과 비마남 주변에 설치되는데, 남부 인도의 활기차고 정렬적인 예술적 특성을 지니면서 열대기후의 강렬한 햇빛 아래서 돋보일 수 있도록 입체감 있게 디자인되었다. 전통적으로 조각 장식에는 주로 돌이 사용되었지만, 현재는 금속 프레임을 이용해 시멘트 모르타르로 마무리 되는 것이 일반적이다.

    싱가포르에 있는 스리 마리암만(Sri Mariamman) 힌두사원은 동남아 힌두사원의 전형을 보여 주는 대표적인 예에 속한다. 싱가포르에서 가장 오래된 이 사원은 힌두교의 삼위일체신(三位一體神)인 브라만, 비슈누, 시바 등으로 장식되었지만, 최근에 마리암만 신[40]을 헌정했다. 싱가포르의 힌두사원들 또한 대부분 남부 인도와 실론(스리랑카)의 영향을 받았다. 이 사원 역

---

40) 천연두나 콜레라 같은 유행성 전염병을 치료하는 힘을 가진 신으로 표상된다.

시 디자인 면에서 인도 남부의 타밀 지역에서 발흥했던 힌두사원을 모델로 삼아 인도 출신의 건축 장인이 1827년에 건립한 것으로, 처음에는 목조로 지어졌던 것이 1843년에 벽돌구조로 재건축되었다.

3. 이슬람교와 이슬람건축

힌두교와 불교에 비해 상대적으로 늦게 동남아 지역에 영향을 미친 이슬람교 역시 동남아의 문화적 성분을 이루는 중요한 측면으로 작용했다. 이슬람이 도입되기 이전의 동남아는 힌두ㆍ불교문화가 이미 만개해 있었다. 오랜 기간 동안 힌두교와 불교의 신비주의적인 교리에 식상했던 동남아의 고대 왕족과 지배계급에게 있어, 초자연적인 힘을 주장하며 새로운 종교적 비전을 가져온 이슬람교는 큰 거부감이나 저항 없이 쉽게 수용되었다.[41] 이러한 이유로, 동남아에서 이슬람은 짧은 기간에 말레이시아 반도와 인도네시아 군도를 거쳐 필리핀 군도 북단의 루손(Luzon) 지역까지 빠르게 번져 나갔다.

동남아에서 이슬람이 하나의 문화적 전통으로 자리 잡게 된 배경은, 넓게는 아라비아 지역과의 관계 속에서 그리고 좁게는 인도와의 역사적 관계 속에서 설명된다. 9세기 말경에 동남아 지역에서 무슬림 상인들의 무역 활동이 두드러졌었고, 그 이후 11세기에 말레이시아 반도와 인도네시아 군도의 중요 무역도시에 무슬림들이 정착하면서 동남아의 이슬람화가 진행되기 시작했으며, 이후 15~16세기에 이르러 동남아의 한 부분을 지배하는 종교로 성장했다.

---

41) 권률 외, op. cit., pp.187-188 참조.

무엇보다, 이 지역의 이슬람화에 결정적인 역할을 한 것은 13세기 말에 확고한 이슬람 왕국이 된 인도 구자랏(Gujarat)의 무슬림들이었다. 이들은 동남아의 독특한 문화적 아이덴티티를 이끌어낸 주역으로, 후에 이슬람화의 선구자적인 역할을 했다.[42] 동남아에서 이슬람교는 13세기 이후부터 당시 해양로(海洋路)를 따라 활동하던 페르시아인, 아랍인, 인도인, 중국인 등의 이주와 함께 몇 단계의 시기를 거쳐 동남아에 유입된 것으로 추측된다. 동남아에서 이슬람은 크게 4개의 기간으로 나뉘어 진행되었는데, 1300년까지의 도래기, 1300~1800년까지의 제1차 융성기, 1800~1950년까지의 제국주의 시대, 1950~2000년까지의 독립국가 이후 시기 등이 그것이다. 동남아에 이슬람교가 도입된 시기와 종교적 실천에 관한 논의는 학자들 간에 큰 이견을 보이고 있다. 유럽의 역사가들은 인도와의 무역을 통해 도래되었다고 주장하는 반면, 동남아의 이슬람 학자들은 아라비아에서 직접 유입된 것이라고 주장한다. 이외에도, 중국계 무슬림을 통해 이루어졌다는 주장도 있다.

당시 새로운 종교적 소양과 새로운 지식을 갖춘 무슬림들은 국제무역과 상업활동을 장악하고 해상운송을 통제하였으며, 막강한 정치적 영향력을 가지고 원주민들을 이슬람으로 개종시켰다. 14~15세기를 거치면서 이슬람은 도서(島嶼) 동남아에서 대중적 종교운동으로 확산되었는데, 그 중심적인 추진 세력은 말레이인들이었다. 특히, 15세기 초에 강력한 해상무역 왕국으로 발전한 말라카에 의해 말레이시아 반도 남부, 수마트라 섬, 자바의 북부 해안지역 등이 이슬람화되었다.

---

42) Howard M. Federspiel, op. cit., p.15.

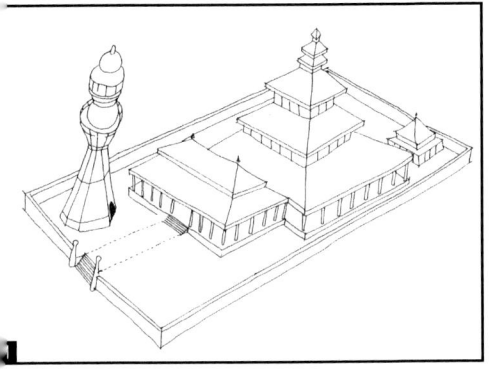

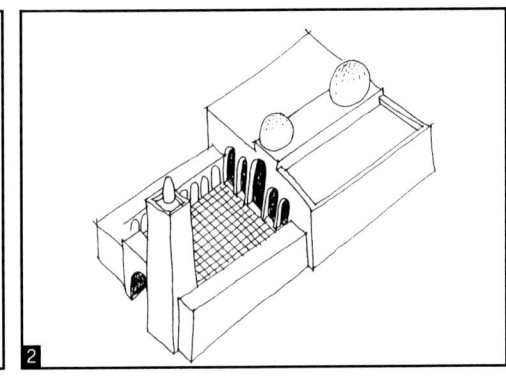

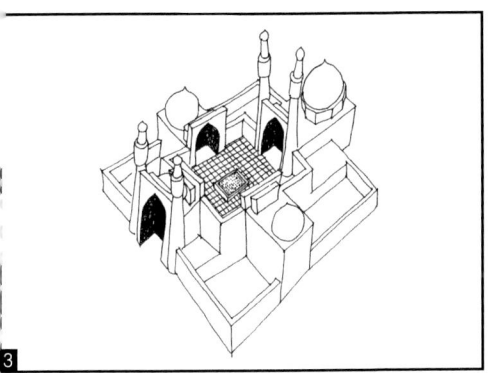

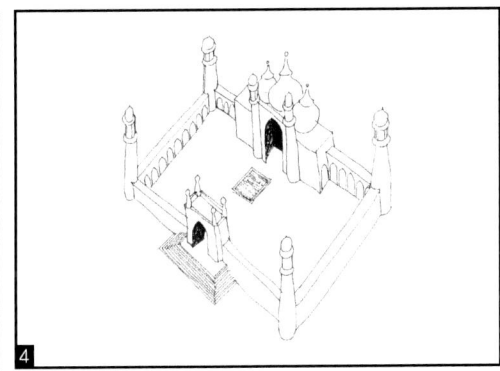

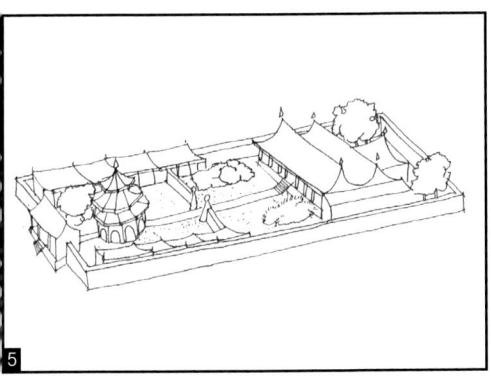

▶ **도면 38** 모스크 양식들

1. 동남아시아의 모스크 양식
2. 아랍과 스페인 및 북아프리카의 모스크 양식
3. 이란과 중앙아시아의 모스크 양식
4. 인도의 모스크 양식
5. 중국의 모스크 양식

지역에 따라 다소간의 차이는 있으나 동남아의 거의 모든 지역은 19세기에 이르러 정치적으로 서구 열강의 식민지 확장의 제물이 되었고, 무슬림들의 경제적 패권 또한 붕괴되었다. 무슬림들의 주도권이 상실됨에 따라 이슬람을 기반으로 형성되었던 이 지역의 크고 작은 왕국들도 차례로 무너지게 되었으며, 기존 문화 위에 정착되었던 이슬람의 문화적 전통과 가치는 서구 열강과 함께 도래한 기독교의 강세로 인해 점차 약해지게 되었다.

동남아에 무슬림 사회가 형성되면서 이슬람 건축도 함께 등장하기 시작했다. 이와 함께 '모스크(Mosque)'라 불리는 이슬람 사원이 동남아에서 나타나기 시작했다. 모스크는 무슬림 세계에서 종교 생활의 중심을 이루는 곳이며, 무슬림 사회의 커뮤니티 형성과 문화적 정체성을 이끌어 가는 주요한 수단이었다. 이슬람교를 통치 원리로 삼았던 지역의 통치자들 또한 이슬람 사원을 장려함으로써 자신들의 통치기반을 확고히 할 수 있었다.

모스크는 크게 미흐랍(mihrab), 민바르(minbar), 미나렛(minaret), 돔(Dome) 등의 건축요소들을 특징으로 삼아 전개되었다. 이슬람 초기의 모스크는 돔, 미나렛, 아치 등이 없었던 단순한 구조였지만, 이슬람 제국의 성장에 따라 종교적·사회적 중심 역할을 담당할 거대한 양식이 요구되면서 몇 가지 새로운 요소가 덧붙여졌고, 그 과정에서 모스크로서의 특징과 건축적 방향성을 갖게 되었다. 미흐랍은 일종의 벽감(壁龕)으로 소위 '끼블라(Qiblah, 메카를 향해 있는 벽)'라고 불리는 벽면에 파 놓은 작은 공간이다. 이것은 신도들이 기도를 올릴 때 메카 쪽의 벽이 어느 방향인지를 알려 주기 위해 만들어진 것인데, 대부분의 신자들에게 잘 보이지 않을 정도로 작은 규모여서 실질적인 의미보다는 상징적인 의미를 갖는다. 때문에 가장 풍부한 장식이 꾸며지는 곳이다.

설교단 기능을 갖는 민바르는 미흐랍 바로 오른편에 위치한 작은 교단으로, 지도자가 설교를 행하고 지도자에게 충성을 맹세하는 곳이다. 모스크에서 가장 먼저 눈에 들어오는 미나렛은 하루에 다섯 차례 실시되는 아단(Adhan)[43]을 부르는 곳으로 모스크를 상징하는 높은 첨탑이다. 시기와 지역에 따라 모양과 수(數)가 다르지만, 대체로 하나의 모스크에 3~6개 정도 세워진다. 서양의 돔과는 아주 다른 모양과 구조적 특성을 지닌 독특한 모양의 돔은 신성함과 지도자적 권위를 상징하며, 기술적인 측면에서 비잔틴 건축의 직접적인 영향을 받은 것으로 전해진다.

중동 지역의 열악한 환경과 기후는 이슬람 예술에 또 다른 분야를 탄생시켰는데, 그것이 바로 정원(庭園)이다. 정원은 우두(Wudhu)[44]를 행하는 곳으로, 실제적이면서도 종교적인 심미성을 지닌다. 이슬람 문화권에서 정원은 단순히 자연공간이 아니라 종교적인 상상력에 의해 천국이 땅 위에 반영된 것으로 여겨지는 공간이다.

이슬람 예술은 이슬람교가 지향하는 종교성 그 자체로부터 많은 영향을 받았다. 여기에는 꾸란(聖書)에 담긴 계시, 무슬림으로서 지켜야 할 기본적 의무, 우주 전체에 대한 공통된 인식 등이 포함되어 있으며, 이것이 종교적인 건축물과 여러 분야의 예술에 반영되었다. 이슬람의 문화예술에서 가장 특이한 태도는 '형태 제작의 예술성'에 대한 개념화가 약하다는 점이다. 다시 말해, 단순한 효용성을 넘어서 예술적인 형태로 승화시키려는 것에 대해 무관심하다. 이러한 예술관은 '알라(Allah) 신(神)만이 참된 의미의 제작자'라는 종교적인 믿음에서 비롯된 것이다.

이런 이유로, 형상을 구상적(具象的)으로 표현하는 것은 모스크의 예배공간이나 벽면장식 그리고 벽화나 모자이크 등에서도 배제되었으며, 때문

---

43) 예배의 시작을 알리기 위해 낭송하는 구절을 의미한다.
44) 예배를 올리기 전에 손, 발, 얼굴 등을 씻는 세정 의식을 의미한다.

▲ **도면 39** 와디 알 후세인 모스크, 나라티왓, 태국

에 사물(事物)의 묘사를 실루엣(silhouette) 방식으로 처리하거나 추상적으로 은유화 시켜 나타낼 수밖에 없었다. 예술적인 내용에서도, 이슬람교의 경전인 꾸란과 그 속에 담긴 계시가 일차적으로 가장 중요한 표현 대상이었고, 경전의 내용을 전달하는 방식 또한 사실적인 그림보다는 문자로 표현하는 서예가 일반적으로 활용되었다. 때문에, 다른 종교사원에서와는 달리, 모스크를 장식하는 수단으로 성화(聖畵)보다는 서예가 보편적으로 채택되었다.

　이슬람의 도래는 전적으로 새로운 건축적 전통을 이끈 것이 아니라 오히려 기존의 건축양식으로 충당하는 경향을 보여 주었으며, 기존의 동남아 건축을 무슬림의 요구에 맞도록 재창조하고 재해석한 것으로 이해될 수 있다. 다시 말해, 동남아의 모스크 건축이 원칙적으로는 중동 지역과 인도 대륙에서 유행하던 모스크 건축양식을 모델로 삼아 전개되었지만, 그보다는 동남아의 물리적 조건과 사회·문화적 양상에 따른 다양한 변화를 드러냈다. 이는, 원칙적으로 목조 건축을 근간으로 한 동남아 지역에서, 석조를 중심으로 이루어진 중동의 모스크 건축은 구조방식 면에서 적합하지 않았기 때문이며, 또한 형태와 시각적 표현보다는 공간에 초점을 두었던 이슬람의 예술과

건축적 속성도 하나의 이유로 작용했다.[45]

이러한 이유에서, 초기의 양상은 크게 두 가지 흐름으로 전개되었다. 하나는 이슬람의 영향을 받기 이전 시기에 이 지역에서 자생적으로 확립되어 온 전통적인 목구조 형식을 그대로 차용하면서 부분적인 장식을 통해 모스크 건축의 분위기를 연출하는 방식이다. 다른 하나는 외부에서 유입된 모스크 양식을 기본 모델로 삼으면서 부분적인 변형을 시도하는 방식이다. 건축계획 면에서 서로 상반되는 디자인 방향을 보여준 이들 두 흐름은 시기를 거치면서 절충적으로 결합되었고, 그 과정에서 불가피하게 지역의 기후조건과 건축재료에 따른 공통적 특성을 공유하거나, 또는 힌두교와 불교의 영향에 따른 건축적 처리와 영감을 드러내기도 했다.[46]

장식에서도 지역적인 특성을 나타냈는데, 이 당시 중동의 모스크 건축에서는 일반적으로 식물(꽃무늬) 모양의 장식과 아라베스크풍의 기하학적인 장식 패턴이 채택되었음에도 불구하고, 동남아에서는 사람이나 동물——주로, 원숭이, 뱀, 새 등——을 묘사한 장식이 활용되었을 뿐만 아니라 이슬람 시기 이전에 존재했던 토착적 꽃무늬와 조각이 함께 나타나기도 했다.

18세기까지 지역화의 양상으로 전개되어 오던 동남아 모스크 건축의 일반적 흐름은 19세기에 들면서 큰 변화를 겪었는데, 이때부터 중동과 인도 무굴(Mogul) 제국의 모스크 양식이 선호됨에 따라 지방색을 지녔던 모스크

---

45) 참고로, 이슬람의 문화와 예술에서 형태를 만드는 조형예술이나 입체장식을 덧붙이는 행위는 종교적으로 금기시되고 있다. 하지만 이것이 곧 형태 창작에 대한 예술적 의지나 목표 의식이 약하다는 것을 의미하는 것은 아니며, 단지 물신(物神)을 숭배하거나 무의미한 장식을 경계하는 차원에서 거부되고 있을 뿐이다. 이와 관련해, 이슬람교의 종교적 상징과 문화적 이미지를 대변하는 것 중의 하나인 모스크는 외부 형태구성에서 상당히 인상적이고 독창적인 기하학적 예술성을 지니고 있지만, 내부공간과 벽면구성에서는 종교적 메시지를 전달하기 위한 서체장식(書體裝飾)과 빛을 이용한 채색효과만을 강조하였을 뿐 전체적으로 단순하고 절제된 공간적 이미지를 지닌다.

46) Howard M. Federspiel, op. cit., pp.75-76 참조.

는 쇠퇴하기 시작했다. 당시 강력한 식민열강들 중의 하나였던 영국은 인도와 말레이시아 반도를 식민지로 경영하고 있었기 때문에 두 지역 간의 인구 유입과 문화적 교류가 영국에 의해 활발하게 추진되었다. 이후, 이 지역에 대한 영국의 통치력이 커지면서 인도인의 동남아 이주가 늘어났고, 인도에서 활동하던 영국 출신의 건축가들도 많이 유입되면서 모스크의 양식적 경향도 당시 인도의 무굴 제국 시기에 확립된 모스크 양식을 따르는 추세로 바뀌기 시작했고, 이와 동시에 영국을 비롯한 유럽건축의 영향도 가미되었다.

동남아 모스크 건축의 주도적인 흐름을 이끌었던 곳은 이슬람화가 가장 강하게 전개되었던 말레이시아였다. 대략 14~15세기부터 활발하게 전개되기 시작한 모스크 건축은 초기에는 육중한 기단 위에 정사각형 평면의 목구조 형식을 취했으며, 2~5개 층 규모의 사각뿔 모양의 지붕을 얹거나 혹은 이전 시기부터 유행되었던 '마스티카(Mastika)'라 불리던 복층형 지붕을 설치하고 전면과 측면에 옥외 베란다를 설치하는 방식으로 세워졌다. 일반적으로, 이 당시에는 모스크를 상징하는 주된 건축요소인 미나렛은 세워지지 않았는데, 그것은 베란다가 그 역할을 대신했기 때문이다.

15세기 말경에 말레이시아의 데막(Demak) 지방에 세워진 모스크는 그 대표적인 예로, 동남아 모스크 건축의 고전적인 모델로 널리 간주되고 있다. 이 시기에 널리 유명했던 모스크들로는 수루바야(Surubaya) 지방의 수난 남펠 모스크(Sunan Ngampel Mosque), 말라카 지방의 깜퐁 후루 모스크(Kampong Hulu Mosque), 참파 모스크(Champa Mosque) 등을 들 수 있다. 특히, 이 중 말레이시아에서 가장 오래된 깜퐁 후루 모스크(1728년)는 전통 말레이시아 건축과 중국식의 건축적 영향이 혼합된 대표적인 사례로, 말레이시아 최초의 석조 이슬람 사원으로 유명하다. 지붕의 형태 또한 중국의 파고다식 다층(多層) 지붕으로 처리되어 있으며, 전체적으로 중국의 영향을

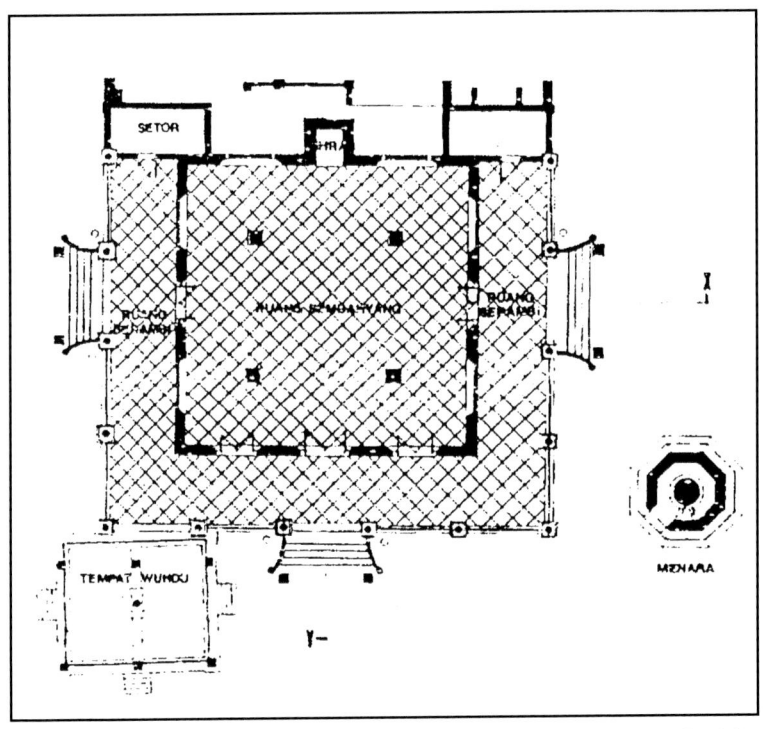

▲ 도면 40 깜퐁 후루 모스크의 북측입면도, 1728, 말라카, 말레이시아

▲ 도면 41 깜퐁 후루 모스크의 1층 평면도

강하게 받아 중국적인 모티브와 장식성을 강하게 드러난 예에 속한다. 전체 평면은 12×12m의 정방형으로 중앙에 4개의 기둥을 설치하여 지붕을 받치고 있으며, 기둥에는 물결 모양의 식물 장식이 가미되어 있다. 주 건물은 반-고상식으로 콘크리트 슬라브 기초이며, 세라믹 타일의 불꽃 장식이 가미되어 있다.[47]

이처럼 중국의 영향을 강하게 받은 또 다른 예로, 태국 나랏띠왓 (Narathiwat) 지방의 마스지드 텔록 마눅(Masjid Telok Manok, 1624) 사원을 들 수 있다.[48] 태국의 지역적 특성이 강하게 가미된 이 사원은 형태와 장식 모두에서 모스크 건축의 원형이 아닌 태국적인 양식을 보여 주고 있다. 즉, 이슬람 모스크 건축의 전형적인 특징인 돔보다는 모임지붕과 다층 형식의 지붕구성을 취하고 있으며, 또한 유럽의 건축어휘도 가미되어 있다.[49]

말레이시아 반도에서 전개된 모스크는 독특한 파고다 모양의 미나렛과 양파 모양의 돔 그리고 단층형 자바(Java) 양식 등을 큰 특징으로 삼아 지어졌다. 초기 모스크 중 말라카식 모스크로 불리는 몇몇 사례가 말라카 항구에 지어졌는데, 이전의 중국 문화의 전통으로부터 영향을 받은 탓에 불교적인 특성이 가미된 동양적인 모티브와 장식이 강하게 배어 있다. 1728년 말레이시아가 네덜란드의 지배를 받던 시기에 건립된 테렝게라 모스크(Terengkera Mosque)는 말라카 양식을 띤 가장 오래된 것으로, 당시 말라카 지역의 전통적인 건축양식을 따르면서 중국의 영향을 받아 파고다식의 미나렛 형식을 취하고 있다. 또 다른 사례인 싱가포르의 나고르 두르가 (Nagore Durgha) 사원은 1828~1830년경에 세워진 것으로, 인도 남부의 타

---

47) Mohd Tajuddin Mohd Rasdi (ed.) (2003), pp.11~14 참조.
48) Nithi Sthapitanonda & Brian Mertens (2005), p.112.
49) 태국에서, 이와 같이 여러 양식이 혼합된 것을 특별히 '라따나꼬신 양식(Rattanakosin style)'으로 별칭한다.

밀 지방에서 이주해온 무슬림들이 세운 것 중 가장 오래된 것에 속한다. 유럽적인 것과 인도적인 것이 혼합된 파사드는 19세기 당시 영국의 주도 아래 이 지역에 유입된 인도 모스크의 한 전형으로 얘기될 수 있는데, 플루팅(fluting)된 코린티안식 기둥과 계단식 미나렛 그리고 구멍 뚫린 이슬람식 난간 등에서 그 특징을 읽을 수 있다.

이상의 두 사례와는 달리 중동과 아랍적인 주제가 강하게 반영된 또 다른 형식의 모스크로서, 싱가포르의 술탄 모스크(Sultan Mosque)를 들 수 있다. 이는 싱가포르에서 가장 규모가 큰 것으로, 1824년에 처음 세워진 것을 영국의 스완 멕라렌 건축회사(Swan & MacLaren)가 1924~28년에 재건축한 것이다.

▼ **사진 61** 나고르 두르가 모스크. 텔록 아이어 거리. 싱가포르

▲ **사진 62** 나고르 두르가 모스크의 내부

◀ **사진 63**
마스지드 미라수딘 회교 사원,
방콕, 태국

▲ **사진 64** 캄보디아 이슬람 센터, 깜퐁 참, 캄보디아

▶ **사진 65**
술탄 모스크, 싱가포르

▲ 사진 66 자메 모스크, 싱가포르

▲ **사진 67** 말레이시아 국립 회교사원, 쿠알라룸푸르, 말레이시아

　참고로, 모스크는 동남아 지역에 속한 각 국가들이 서양의 굴레를 벗어나 독립국가로 새롭게 출발하면서, 그리고 서양 근대건축의 기법이 모스크 건축에 응용되기 시작하면서 이전과는 다른 양상으로 전개되었다. 특히, 이슬람을 국교로 삼았던 말레이시아에서, 모스크 건축의 근대화를 위한 실험적 시도가 강하게 추진되었다. 여기에는 대규모 건축프로젝트를 통해 독립국가로서의 위상을 확립하려 했던 정치적 의지와 이슬람적 문화 가치를 통해 국가의 아이덴티티를 확립하고자 했던 문화적 의도가 작용했다.

　1965년에 건립된 말레이시아 국립 회교사원은 그 대표적인 사례에 속하는 대규모 이슬람 건축프로젝트이다. 동남아에서 가장 규모가 큰 이 모스크는 말레이시아의 민족적 아이덴티티와 이슬람 민족주의 건축의 전형으로 평가받고 있다. 전체는 3,000명을 수용할 수 있는 예배 홀과 500석 규모의 회의동 그리고 245피트 높이의 미나렛 등을 비롯해 도서관, 성묘(聖墓), 정원 등으로 구성되었다. 예배홀은 별 모양으로 겹친 지붕으로 덮여 있고, 그

▲ **사진 68** 말레이시아 국립 회교사원의 내부

▲ **사진 69** 말라카 현대 모스크, 말라카, 말레이시아

▲ **사진 70** 말라카 현대 모스크 내부

▲ **사진 71** 엔레깡 현대 이슬람 사원, 술라웨시 군도, 인도네시아

▲ **사진 72** 페낭 현대 모스크, 페낭, 말레이시아

▲ **사진 73** 자카르타 이스티쿨 현대 모스크, 자카르타, 인도네시아

주변에는 수많은 작은 돔들과 기둥들이 설치된 회랑공간이 펼쳐져 있다. 전체는 전통적인 무슬림 장식예술로 마감되었는데, 추상적인 기하학 장식의 그릴(grill)과 문양들이 주된 특성을 이루고 있다.

또 다른 예로, 말레이시아의 페낭 모스크(Penang Mosque, 1972)는 콘크리트를 이용한 지붕곡선의 조형성이 돋보이는 작품으로, 브라질의 건축가인 오스카 니마이어(Oscar Niemeyer)의 조각적인 조형기법을 모델로 삼아 설계되었다. 또한 세계에서 가장 큰 돔을 지닌 세랑거 모스크(State Mosque of Selangor, 1988)는 모스크 건축의 현대성을 돔과 미나렛 그 자체의 웅장함과 세련된 구성으로 이루어낸 사례에 속하며, 말라카 모스크(Malacca Mosque, 1990)는 가장 최근에 건립된 것으로 전통적인 말라카 건축양식을 현대적으로 각색한 대표적인 예이다.

제 4 장

동남아 식민건축의 흐름과 성격:
건축양식상의 의미를 중심으로

동남아 식민건축의 흐름과 성격: 건축양식상의 의미를 중심으로

16세기 초부터 가시화된 서양 열강들과의 국제 관계는 동남아의 역사적 흐름과 문화적 내용을 뒤흔든 계기로 작용했다. 향신료의 무역중계권을 선점(先占)하기 위한 유럽 상인들의 경쟁과 탐험가들의 모험심에서 시작된 유럽의 동남아 진출은 점차 이 지역을 실질적으로 이끌어 가는 종교·정치·군사적 의미의 지배로 확대되었다. 그 과정에서 전개된 문화적 현상 또한 기존과는 다른 성격과 의미를 드러냈다. 서양의 식민지배를 경험한 나라들은 공통적으로 식민지적 현실에서 야기될 수밖에 없는 문제적 인식을 지니게 된다. 그것은 소위 '식민성'이라는 부정적 의미에서 비판적으로 논의되어 왔고, 그 중심에는 서세동점의 흐름에서 손실된 정체성의 규명과 그것의 문화적 재생산에 관련된 심각한 화두(話頭)가 자리 잡고 있다.

이는 식민지적 현실에서 비롯된 부정적 결과들이 독립 이후의 동남아 현실에서도 그 방법과 양상만 다를 뿐 여전히 심각한 역사적 요인으로 작용하면서 상당히 긴밀하게 결합되어 있는 것으로 보이고, 건축 역시 그러한 구조 속에서 비슷한 양상으로 이어지고 있기 때문이다. 이런 점에서, 유럽의 영향 아래 전개된 식민건축(colonial architecture)은 동남아 건축의 역사성과 현대성의 한 부분을 구성하고 있는 단층임과 동시에 현재까지도 영향을 미치는 문화적 성분으로 남아 있다. 여기에서는 일차적으로 유럽의 직접적인 식민지배를 경험한 말레이시아와 필리핀에서 전개된 식민건축의 흐름과 양상을 건축양식의 측면에 비중을 두고 살폈다.

1. 식민건축의 개념과 의미

피지배 국가의 사회 · 문화적 현상을 설명하는 중요한 용어들 중의 하나로서, 이미 오래전부터 보편적으로 활용되고 있음에도 불구하고, '식민주의, 식민성, 식민건축'의 개념과 함의(含意)에 대한 명확한 이해와 그에 따른 건축적 정의는 미비해 보인다. 이는 '식민, 식민지, 식민국' 등과 같은 단어들의 사전적 의미를 통해 일차적으로 단순하게 정의될 수 있지만, 오늘날 그것이 함축하는 의미는 인문적으로, 문화적으로, 사회적으로 상당히 넓게 작용하고 있다는 점에서, 사전적 의미 이상의 복합적인 이해와 인식이 필요하다.

사전적인 의미에서, 식민주의는 한 나라의 정치적 주권을 다른 지역의 영토(민족)로 확장시키는 의미를 갖기 때문에 역사적으로 의미상 제국주의와 동일시되고 있으며, 식민성은 식민지에서 나타나는 일반적인 특성을, 그리고 식민화는 그러한 특성을 가지게 된 과정을 의미하는 것으로 정의할 수 있다.[1] 이러한 용어들은 피지배 국가가 처해 있는 상황과 시기에 따라 그 성격을 달리한다. 즉, 독립 전(前)에는 주로 정치·군사적 측면의 종속 관계를 강조하는 차원에서, 그리고 독립 후(後)에는 경제·문화적 측면의 영향 관계와 그에 따른 현상을 설명하는 차원에서 활용되어 왔다. 이와 관련해, 전자를 '식민주의(Colonialism)'로, 후자를 '신식민주의(Neo-colonialism)'라는 용어로 구분하여 논하기도 한다.

넓은 의미에서, '식민지적 현실'이란 자국(自國)의 문화를 주체적 사고(思考)와 언어로 풀어 가지 못하거나, 또는 사회 현상을 판단하는 논리를 자생적으로 만들어 가지 못하는 상황을 뜻한다. 이러한 맥락에서 볼 때, 일반적으로 식민건축은 피식민지에 지배국가의 건축양식이 이식된 것으로 정의되지만,[2] 이는 원론적인 정의에 불과하며, 이에 대한 각론적인 정의는 아직까지 분명하지 않은 것 같다. 또한 용어 사용에서도 '식민건축, 식민양식, 식민지 건축' 등이 특별한 구분 없이 사용되고 있다. 이는 한 시대(연대)를 지배했던 일련의 양식, 예를 들면, 고딕 양식, 르네상스 양식, 신고전주의 양식 등과는 달리 시대나 지역 개념이 없이 지배국가나 피지배국가 간의 국제 질서에 따라 산발적으로 나타난 것이고, 이로 인해 시대나 지역 개념과 연관된 전형을 추려내기가 어렵기 때문일 것이다.

하지만 이들 용어들이 갖는 의미를 종합해 볼 때, 지배국가 또는 외세의 강압적인 힘과 논리에 따라 타율적으로 이식된 형태적 귀결을 보이거나, 또

---

1) 참고로, '식민주의'와 관련하여 '제국주의'라는 용어는 라틴어의 'Imperator(황제)'에서 유래한 것으로 시대적 상황과 이를 연구하는 학자들의 견해에 따라 때로는 전제정치의 형태로, 때로는 식민정책으로, 또한 어떤 경우에는 저개발국에 대한 경제적 침투와 지배로 인식되어 왔다. 최근에 이르러서야 제국주의란 말은 그 용어가 내포하고 있는 객관적인 의미를 갖게 되었다. 즉, 제국통치자의 탁월성에 기초한 체제를 함축하는 의미를 잃게 되고, 일반적으로 해외 식민지를 획득하려는 목적에서 자국의 국경을 넘어서는 한 민족국가의 확장을 나타내는 것으로 이해되고 있다. 그러나 제국주의는 시대적 배경과 특정한 요인이나 성격에 따라 그 형태를 달리하며, 일반적으로는 신·구제국주의로 구분되는데, 1차 세계대전이 종결될 무렵 대부분의 전통적인 제국이 소멸되면서 현대적 제국주의가 대두되었다(최영수 (1990), pp.2-3).

2) Cyril M. Harris (1997), p.125.

는 해당 지역의 역사 · 문화적 가치나 사회적 기반과의 타당한 연계성 없이 직수입된 외래양식(外來樣式)으로 정의해도 무방할 것이다. 이럴 경우, 대부분 자국의 전통건축이 드러내온 역사적 의미와는 동떨어진 건축적 형식에 집착하는 전형을 보이며,[ ] 또한 동시대의 사회 · 문화적 맥락이나 진정성과 어긋나는 일정한 거리감을 드러내게 된다.

식민건축은 피식민지 국가와 사회 발전을 위한 것이 아니라 지배국가의 필요를 충족시키고 그들의 권위와 문화적 향수를 상징적으로 드러내기 위한 수단으로 이루어졌으며, 그 주체도 지배국가의 건축가들이었기 때문에 피식민지의 역사 · 문화적 측면에 충실하기보다는 대부분 지배국가의 건축형식을 근본으로 삼거나 차용하는 양상을 보인다. 초창기 식민건축의 전개는 단지 지배국가의 의도에서뿐만 아니라 피식민지의 귀족과 지배계층을 통해 널리 유행되기도 했는데, 이는 지배국가의 건축양식이 피식민지에서 부(富)와 권위를 드러내는 문화적 상징으로 인식되었기 때문이다.

즉, 유럽 건축가들이 지배국가의 권위와 문화적 향수를 상징적으로 드러내기 위한 수단으로서 모국(母國)의 건축양식을 강조했다면, 동남아 현지의 지배계급은 귀족적 문화 취미와 지배 이데올로기를 강화하기 위한 수단의 일환으로 지배국가의 건축양식을 채택했다. 이처럼 식민건축은 그것이 유입된 배경과 동기 그리고 전개양상 등의 모든 측면에서 피식민지 민족의 자발적 요구나 역량과는 거리가 먼 결과물로 남는다. 덧붙여, 민족의 내재적 요구가 없는 문화의 수용과 이색적(異色的) 취미에 의해 일시적으로 수입된 것은 쉽게 소멸되거나 문화적 진정성이 결여될 수밖에 없다는 점에서, 건축사적 의미 또한 희미할 수밖에 없다.[ ]

---

3) 박순관 (1997), p.103.
4) 김홍식 (1987), p.62.

2. 식민건축의 역사적 배경

16세기 초에 포르투갈이 동남아의 주요 항구 도시였던 말레이시아 반도의 말라카를 점령하면서부터 시작된 유럽의 동남아 진출은 이 지역의 문화 흐름에 큰 영향을 미쳤으며, 이후의 문화 변화를 초래한 역사적 계기가 되었다. 가톨릭 전파와 식민지 무역 경쟁의 심화로 인해 동남아는 유럽 열강들의 식민지 각축장으로 얼룩졌고, 그 결과로 유입된 서양건축이 동남아 건축역사의 한 흐름으로 자리 잡게 되었다.

유럽의 식민지 개척에는 영국, 프랑스, 독일, 스페인, 포르투갈, 벨기에, 이탈리아, 네덜란드 등이 참여했지만, 이 중 가장 큰 영향을 미친 나라는 영국이었다. 영국은 17세기부터 인도의 마드라스(Madras, 현 첸나이의 옛 지명)와 콜카타(Calcutta)를 식민 상업도시로 지배하였고, 18세기에 인도양 북동부의 벵골(Bengal) 만(灣)과 말라카 해협을 경유하여 동남아에 대한 식민주의 경쟁에 참여하였으며, 그에 따른 실질적 영향은 19세기 중엽부터 강하게 작용했다.

산업혁명을 거친 영국은 18세기 이후부터 본격적으로 이 지역에 진출하기 시작했다. 17세기 중반부터 종교 및 상업 활동을 목적으로 인도차이나 지역에 몰려들었던 프랑스도 1859년부터 식민지 확보에 착수하여 1893년에 인도차이나 연방을 설립하였다.[5] 마지막으로 동남아에 진출한 미국은 19세기 말에 스페인과의 전쟁(1898년, 美西戰爭)에서 승리한 결과로 필리핀을 얻어 식민지 경쟁에 참여하였다.[6] 태국은 1855년에 영국과 맺은 바우링 조약(Bowring Treaty)에 따라 관세 주권을 잃었다. 태국은 이 지역에서 정치

---

5) D. R. SarDesai (1994), pp.59-68 참조.

적인 독립을 유지했던 유일한 나라였지만, 실질적으로는 유럽의 정치적 간섭을 받고 있었다. 수에즈 운하의 개통(1869년)은 유럽과 동남아의 거리를 단축시킴으로써 서구의 동남아 진출에 획기적인 발판을 가져왔다.

18세기 당시의 유럽은 자연과학적 지식 기반을 바탕으로 한 기술문명을 앞서 이루기 시작했었고, 이를 근대적 합리주의와 결합시킴으로써 자본주의 사회로 진입했다. 유럽 열강들은 우세한 경제력과 군사력을 앞세워 동남아를 비롯한 대부분의 아시아 국가들을 압박했다. 한편, 영국은 프랑스가 인도차이나에 진출할 것을 대비해 인도의 북동부 경계선을 공고히 한다는 차원에서 1824년에 말라카와 싱가포르를 차지했고, 1886년에는 미얀마를 병합함과 동시에 말레이시아 반도를 실질적으로 지배하는 권력을 행사했다.

유럽의 식민지배는 동남아에 기독교적 신념과 서양 문화를 유입시킨 큰 배경이었다. 유럽의 문화와 건축은 동남아의 기존 문화와는 그 역사적 근본과 내용이 판이하게 다른 것이었을 뿐 아니라 그것의 전개과정과 양상 또한 기존 문화와의 연계보다는 타율(他律)과 강압의 산물(産物)로 이어졌기 때문에, 아시아적 정서와 가치로 축적되었던 기존의 문화적 구조와 성격을 근본적으로 흔들고 더 복잡하게 만드는 결과를 초래했다.

---

6) 남북전쟁 이후 국가적 결속을 바탕으로 급속한 산업발전을 이룬 미국은 자체 내에 시장과 투자 영역을 갖고 있었기 때문에 아시아 침략에 있어 유럽의 다른 강대국들처럼 식민지화에 큰 힘을 쏟지 않았다. 그러나 20세기 초에는 영토 확장에 의욕을 갖고 태평양 연안과 필리핀을 병합하는 제국주의적 정책을 폈다. 이때를 기회로 대외 확장에 직접적인 태세를 취하기 시작한 미국은 세계적인 관점에서 국제정치를 이끌게 되었다(차하순, pp.512~518. 참조).

7) 다끼까와 쯔도무 外 (1982), p.19.

8) O. W. Wolters (1999), pp.1~25 참조.

3. 식민 시기의 건축계와 건축전문직

유럽의 식민지배는 건축양식적인 측면 외에 동남아 각국의 건축계와 건축전문직의 형성에도 큰 영향을 미쳤으며, 그 양상은 국가별로 약간의 차이를 보였다. 정치적으로 독립국가의 모습을 유지했던 태국의 경우는 사원에서 전통적인 건축기술교육을 받은 기술자가 중앙의 왕정(王政)으로부터 인정을 받아 건축가로서의 직능을 수행했지만, 서양 건축가들의 영향을 받으면서 점차 식민적인 양상으로 바뀌기 시작했다.

문호를 개방했던 19세기 중반의 라마 4세 시기(1851~1868)를 기점으로 시작된 이러한 양상은 유럽의 건축가와 기술자들이 태국 왕정의 적극적인 후원 아래 고위 건축 담당 관료로 임명되면서부터 더 강화되었고, 이는 태국이 입헌군주국으로 전환했던 1932년 무렵까지 이어졌다. 이 같은 상황은 유럽 건축가들이 점차 정부 산하의 모든 기관에서 사라지고 유학 출신의 태국 건축가들이 건축교육과 건축실무의 주체로 등장하면서부터 달라지기 시작했으며, 1934년에 태국건축가협회가 창설되면서 건축설계와 건축법 제정 등이 마련되었다. 태국의 건축전문직은 비록 유럽의 영향 아래 그 기본 체계가 이루어졌지만, 그것의 제도적·행정적 과정을 주체적으로 이끌었다는 점에서 다른 국가들과는 다른 차원의 의미를 갖는다.

말레이시아에서도 건축전문직의 형성은 초창기에 영국 군대에서 근무하던 기술자들에 의해 수동적으로 이루어지기 시작했다. 그것의 큰 흐름은 크게 세 기간으로 나뉘어 정리될 수 있다. 1867년부터 1904년까지의 첫 번째 기간은 단순한 건축·토목기술자의 역할에서 영국왕립건축가협회(R.I.B.A.)에 등록된 공식 건축가로의 전이를 보여 주었던 기간으로, 이때부터 그룹 형식의 건축설계사무소가 등장하여 건축실무의 주축을 이끌었다.

두 번째 기간은 1904년부터 1926년까지의 기간으로, 영국왕립건축가협회 소속의 건축가들이 공식적인 정부 관료로 임명되어 활동하기 시작했다. 세 번째는 1926년부터 1942년까지의 기간으로, 1926년에 '건축가 법령'이 제 정됨에 따라 지역 출신 건축가들의 면허 등록이 시작되었던 기간이다.[9]

이 과정에서 활동했던 유럽 건축가들은 경력 면에서 크게 두 부류로 나 뉘었는데, 하나는 주로 감독관, 측량기사, 제도기사 등과 같은 기술공학적 훈련을 받았던 부류이며, 다른 하나는 영국의 건축전문학교에서 체계적인 훈련을 받았던 부류이다.[10] 동남아의 초창기 식민건축 건설에 참여했던 콜맨 (G. D. Coleman, 1796-1844, 영국령 아일랜드의 건축가)은 전자의 부류를 대표했던 사람으로, 식민건축의 전형을 드러내면서 동남아의 독특한 지역 환경과 신고전주의 건축양식의 결합을 시도했다.

4. 유럽건축과 영국령 인도건축의 유입

동남아를 지배했던 유럽 열강들은 식민지배 기간 동안 모국(母國)의 건 축양식을 이식시켰다. 이는 주로 유럽 출신의 건축가들에 의해 진행되었고, 후에는 유럽건축의 영향을 받은 현지의 지역 건축가들이 가세했다. 동남아 의 식민건축은 유럽건축의 형태를 무비판적으로 추종하면서 동남아의 고유 한 건축과 대립되는 문제적 한계를 노출했다. 하지만 한편으로는 그것이 전 개되는 과정에서 동남아의 지역적 조건이나 사회적 배경 등과 관련된 건축 적 반응을 보여 주었으며, 그것은 결과적으로 유럽과는 다른 차이점을 드러

---

9) John Sun Hock Lim (1990), p.lxii.
10) Jojn Sun Hock Lim, op. cit., p.163.

내기도 했다. 그러한 차이는 일차적으로 열대기후를 비롯한 상이한 자연환경, 지역의 전통문화와 유산에 대한 새로운 태도, 상이한 건축기술과 재료 등에 대한 건축적 접근이 유럽과는 다를 수밖에 없었던 데서 비롯된 것이다.

동남아 식민건축을 이끌었던 주된 건축양식은 영국을 중심으로 한 유럽의 신고전주의(Neo-classicism)와 영국령 인도의 초기 식민건축을 근본으로 삼아 전개되었다. 유럽의 동남아 진출이 시작되었던 16세기부터 19세기까지 영국에서 유행하던 건축양식은 조지안 양식(Georgian Style)과 팔라디안 양식(Palladian Style)[11] 그리고 넓은 의미의 신고전주의 양식이었다.[12] 팔라디안 양식은 영국 건축가들에 의해 넓게 퍼져 광범위하게 응용되었으며, 후에는 영국령 말레이시아 반도에까지 이르렀다.[13]

영국에 팔라디오의 글과 도면을 비롯한 건축양식을 처음 소개한 사람은 영국의 이니고 존스(Inigo Jones, 1573~1652)였다.[14] 그는 고전적 디자인에 대한 높은 식견을 갖추었던 건축가로, 1615년에 이탈리아를 방문하여 팔라디오의 논문과 작품에 대한 연구를 수행하기도 했다. 이때는 영국이 주변의 유럽 국가들로부터 르네상스 건축의 영향을 받기 시작한 시점으로, 영국에서 팔라디안 양식은 실제적인 해결 방법을 제공함으로써, 공공건축물의 설계에서 보편적으로 채택되었다. 이들 건축양식은 당시 영국의 지배를 받고

---

11) 안드레아 팔라디오(Andrea Palladio, 1508~1580)는 유럽 건축에 지대한 영향을 준 이탈리아 건축가 중의 한 사람으로, 고전주의 건축형식을 완성하였다. 엄격한 대칭을 통한 균제의 미를 강조하면서 형태와 공간을 수학적 체계에 따라 명료하게 구성하였다. 그가 저술한 『건축사서(Four Books on Architecture)』는 1570년 이후 전 유럽에서 출판되어 고전적 비례와 형태에 관한 관심을 널리 전하는 계기가 되었다.

12) 영국 건축은 1603~1702년 기간 동안에는 이니고 존스(Inigo Jones)의 작품들과 크리스토퍼 웬(Christopher Wren)과 제임스 깁스(James Gibbs)의 바로크 건축양식 건물을 포함하는 르네상스 건축, 1702~1830년 기간 동안은 신고전주의와 고딕 복고주의 등을 주된 건축양식으로 삼아 전개되었다(Jon Sun Hock Lim, op. cit., pp.4-24. 참고).

13) 18세기경부터, 팔라디안의 건축원리는 급속하게 해외로 퍼졌는데, 해외 식민지로도 광범위하게 전파되었다(Spiro Kostof(1977), p.188).

14) W. G. Lesnokofski, 『합리주의와 낭만주의 건축』, 박순관·이기민 공역, 국제출판사, 1993, p.57.

▲ **사진 74** 식민풍 건축의 한 예, 프놈펜, 캄보디아　　　▼ **사진 75** 식민풍 건축의 한 예, 프놈펜, 캄보디아

▲ **사진 76** 캄보디아 법원, 프놈펜, 캄보디아

있었던 인도에서도 그대로 투영되었다. 인도에서 영국에 의해 이식된 유럽
의 건축양식은 인도의 문화적 정체성과 관련된 갈등 양상을 불러일으켰지만,
그와 동시에 식민 사회의 정치적 힘을 표상하는 상징으로 인식되기도 했다.

이와 비슷한 맥락에서, 동남아에 대한 영국의 정치적 지배가 현실화되
면서부터 영국령 인도에서 나타났던 건축양식이 동남아에 유입되기 시작했
다. 동남아에서 거주하던 영국 상인과 관료들은 전문적으로 훈련된 건축가
가 부족했기 때문에 건축적 모델로서 모국에서 유행하던 건축양식을 재생
산했다.

한편, 영국 외에도, 초창기에는 포르투갈과 스페인, 그리고 후에는 네덜

란드가 그들의 건축양식을 이 지역에 유입시켰고, 이로 인해 동남아는 유럽 각국의 건축전시장으로 활용되는 양상을 드러냈다. 이들은 기본적으로 모국의 건축양식을 강조했지만, 부분적으로는 동남아의 건축적 전통과 특성을 참고하면서 독특한 절충양식을 이끌어내기도 했다. 특히, 네덜란드는 영국을 통해 유입된 인도풍(Indies style)의 식민건축과 동남아 고유의 건축 요소를 채택함으로써 독특한 모습의 식민건축을 창출했다.

5. 말레이시아의 식민건축

역사적으로, 말레이시아에 최초로 문명적인 영향을 미친 나라는 인도와 중국이었고, 이어서 아라비아와 유럽의 영향을 받았다. 주로 말라카 항구를 거점으로 삼아 유입되었던 이들 외래문화의 영향은 말레이시아의 건축환경에 중요한 변화를 초래했다. 인도인은 석재를 비롯한 여러 종류의 재료를 처음으로 소개했고, 중국인과 포르투갈은 건축기술을, 그리고 네덜란드는 도시계획에 관한 기본적인 개념을 소개했다.[15] 14세기경, 아라비아와 인도 무슬림 상인들에 의해 이슬람 종교와 문화가 말레이시아 반도에 유입되었고, 15세기 중엽에 이르러 말라카 해협을 중심으로 크게 확산됨으로써, 말라카는 동남아 이슬람 문화의 중심지로 성장하게 되었다. 말라카는 동으로는 중국, 서로는 인도와 아라비아를 면하고 있는 지정학적 위치로 인해 동남아에서 가장 중요한 국제무역항으로 발전하였다. 이 기간을 거치면서 말레이시아는 문화와 건축의 고전적 가치를 확립했다.

---

15) Ken Yeang (1992), p.15.

▲ **사진 77** 세인트 폴 성당 내부, 말라카, 말레이시아

▲ **사진 78** 성 피터 교회, 말라카, 말레이시아

▲ **사진 79** 성 피터 교회 내부

이후 16세기에 포르투갈과 네덜란드로 이어진 유럽의 동남아 진출이 시작되었다. 이는 동남아에 로마 가톨릭을 확산시키는 계기가 되었으며, 이로 인해 많은 가톨릭 관련 건축물들이 세워졌다. 1521년에 포르투갈의 두아르테 코에유(Duarte Coelho, 1485~1554)가 말라카 언덕 위에 세운 세인트 폴 성당(St. Pall Church)은 동남아에서 가장 오래된 건축물이다.[16]

또 네덜란드 지배 아래서 포르투갈 출신의 건축장인에 의해 1710년에 건립된 세인트 피터 성당(St. Peter Church)은 유럽식과 동양식이 혼합된 것으로, 내부의 기둥을 코린트 양식으로 처리했다.[17] 이처럼, 초창기에는 유럽풍과 동양풍이 절충적으로 혼합되는 경향이 강세를 보이기도 했는데, 알로르 세타르(Alor Setar) 지방에 있는 바라이 베자르(Barai Besar)는 그러한 경향을 대표하는 건축물로 말레이시아의 건축역사에서 가장 세련된 사례로

---

16) Ken Yeang, op. cit., p.31.
17) Ken Yeang, op. cit., p.37.

▲ **사진 80** 바라이 베자르, 알로르 세타르, 말레이시아

▲ **사진 81** 바라이 베자르 내부

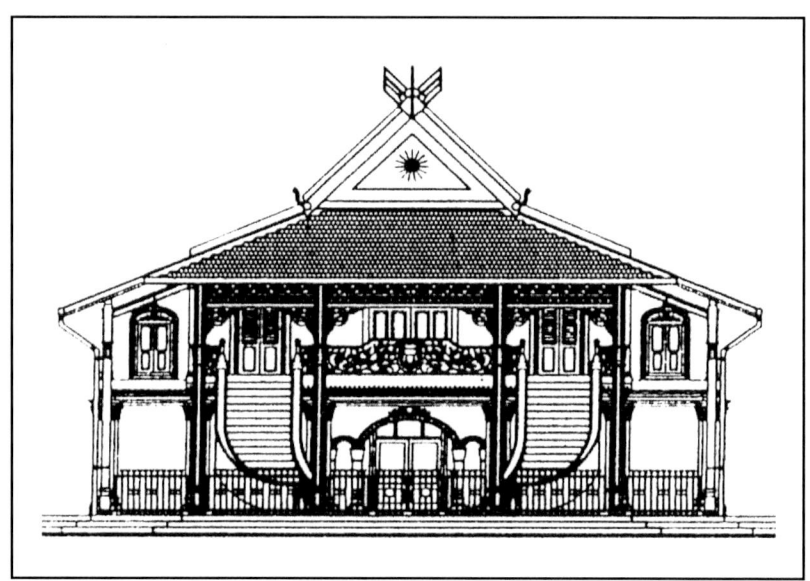

▲ **도면 42** 바라이 베자르 정면도

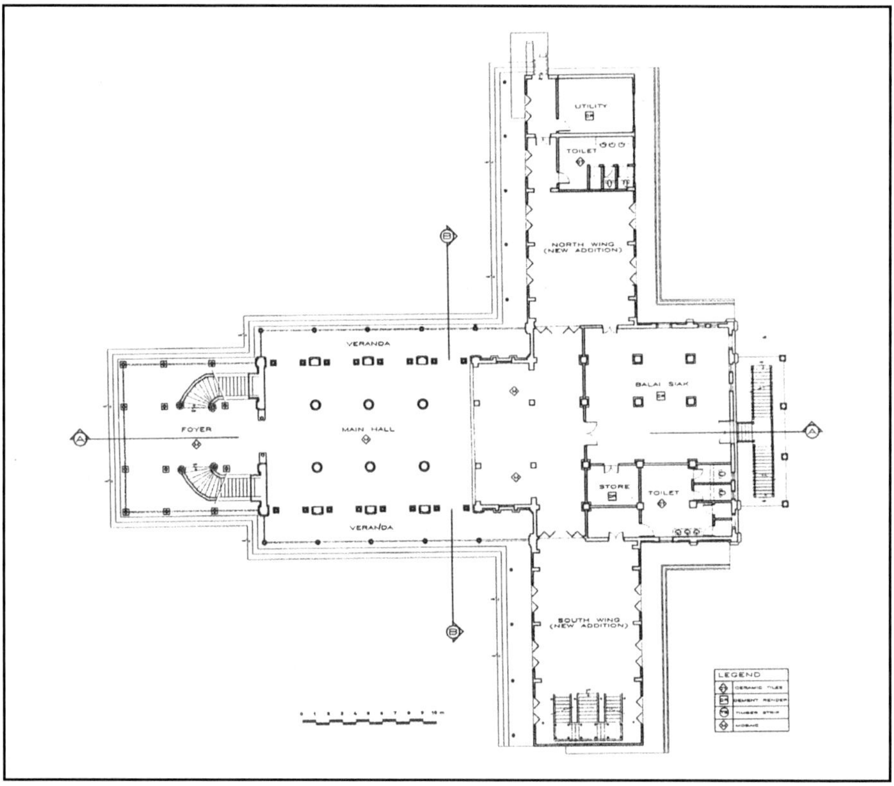

▲ **도면 43** 바라이 베자르 평면도

▲ **사진 82** 치 맨션, 말라카, 말레이시아

꼽힌다.

포르투갈과 네덜란드의 식민지배는 이 지역의 도시와 건축을 다양하게 변화시켰다. 포르투갈이 처음에 종교 관련 건축물들과 성곽을 주로 건립했던 데 반해, 네덜란드는 시민의 편익을 위한 공회당과 같은 도심지 공공건축물을 건립하는 데 중점을 두었다. 네덜란드 건축양식은 건축물의 파사드나 숍하우스(shop-house)의 창문에 많이 응용되었는데, 말라카에 있는 치 맨션(Chee Mansion, 1919)이 그 대표적인 예이다. 이 대저택에는 네덜란드, 포르투갈, 중국, 영국 등의 건축양식이 복합적으로 차용되어 있다.

말레이시아 반도 지역에서 네덜란드인에 의해 세워진 것 중 가장 두드러진 건축물은 '스테이더스(The Stadhuys, 1641년)'로 불리는 말라카의 공회당이다. 이 건축물은 네덜란드 총독의 주택 겸 행정 본부로 쓰였는데, 두꺼운 석재벽과 네덜란드풍의 조각 장식이 인상적이다. 그 바로 옆에 세워진 크라이스트 교회(Christ Church, 1741~1753) 또한 대표적인 식민지 건축양

▲ **사진 83** 스테이더스 광장, 말라카, 말레이시아

식으로, 반원형 아치 지붕 위에 작은 종탑 아치가 설치되어 있으며, 천장 빔 역시 아치로 처리되었고, 제단 위에는 최후의 만찬을 묘사한 타일 모자이크가 있다. 이 교회는 동남아에서 가장 오래된 프로테스탄트 교회이며, 아마도 17세기에 지어진 것 중 가장 세련된 것이었을 것으로 추정된다.

말레이시아에서 대규모의 식민건축이 건설되기 시작한 것은 18세기 후반에 영국이 이 지역에 본격적으로 개입하면서부터이다. 포르투갈과 네덜란드로 이어졌던 식민 지배세력은 영국의 등장으로 그 판도가 바뀌기 시작했다. 19세기에 영국을 중심으로 한 유럽 세력이 동남아에서 새로운 식민지 확보 경쟁을 치열하게 벌이던 시기에, 영국은 네덜란드와 체결한 1824년의 조약으로 말레이시아 내에서 더 강력한 힘을 발휘하게 되었다. 또한 당시에 개통된 수에즈 운하로 인해 유럽인의 동남아 방문이 쉬워지면서 이 지역에 대한 유럽인들의 관심이 증폭되었을 뿐만 아니라, 유럽의 사상과 문화의 유입이 빨라지면서 그에 따른 영향력도 한층 커졌다.

▲ **사진 84** 스테이더스 공회당, 말라카, 말레이시아

▲ **사진 85** 크라이스트 교회, 말라카, 말레이시아

이후, 20C 초까지 이어진 영국의 식민지 경영은 말레이시아 도시·건축의 기본 골격을 이전과는 다른 맥락으로 변화시켰다.[18] 말레이시아 반도에서 전개된 식민건축의 근원은, 전술했듯이, 영국령 인도에서 초창기에 전개된 식민건축으로 영국과 서유럽에 기반을 둔 것이었으며,[19] 그 양상은 시기별로 다르게 나타났다. 전반적인 흐름을 요약해 볼 때, 1786년부터 1880년대 초에 걸친 약 100년 동안에는 주로 영국식과 인도식이 결합된 '앵글로 인디언(Anglo-Indian)' 풍의 방갈로 형태를 띤 건축양식이 유행되었고, 그 이후부터 20세기 초까지는 영국의 후기 빅토리안(Victorian)과 에드워디안(Edwardian) 양식을 포함한 넓은 의미의 신고전주의 양식이 주를 이루었다.

영국은 동인도 회사(East India Company)의 한 영역으로 말레이시아를 인도 대륙의 연장선상에서 전략적으로 기획했고, 그에 따라 영국령 인도의 마드라스와 콜카타에서 나타났던 '방갈로(bungalow)'[20] 라는 건축양식이 초창기 식민건축의 한 유형으로 유입되었다.[21] 또한 도시계획도 이 같은 맥락에서 이루어졌는데, 당시 조지타운(George Town, 현 말레이시아 페낭)의 도시 패턴은 마드라스의 도시 구성을 따른 것이며, 싱가포르의 도시계획 역시 콜카타를 모델로 삼아 이루어졌다.

인도의 방갈로 건축은 주로 피라미드 모양의 형태적 구성을 취하거나,

---

18) Ken Yeang, op. cit., p.19.
19) Jon Sun Hock Lim, op. cit., p.64.
20) '방갈로(bungalow)'라는 단어는 '뱅갈 인도에 속한 혹은 뱅갈 인도의'라는 뜻의 힌두어와 마라티 단어인 'bangla'에서 이끌어진 것이다. 뱅갈어에서 이는 뱅갈의 고유한 단층주택을 묘사하는 데 사용되었다. 이는 진흙 초석 위에 기둥을 세우고 전체 주위로 베란다를 돌리는 것으로, 두 타입이 있다. 하나는 정방형 평면에 피라미드형 지붕이고, 다른 하나는 곡선 지붕을 지니는 것이다. 이 외에도, 지역에 따라 여러 가지 이름으로 불리는 방갈로들이 있다(John Sun Hock Lim, op. cit., p.48).
21) John Sun Hock Lim, op. cit., p.64.

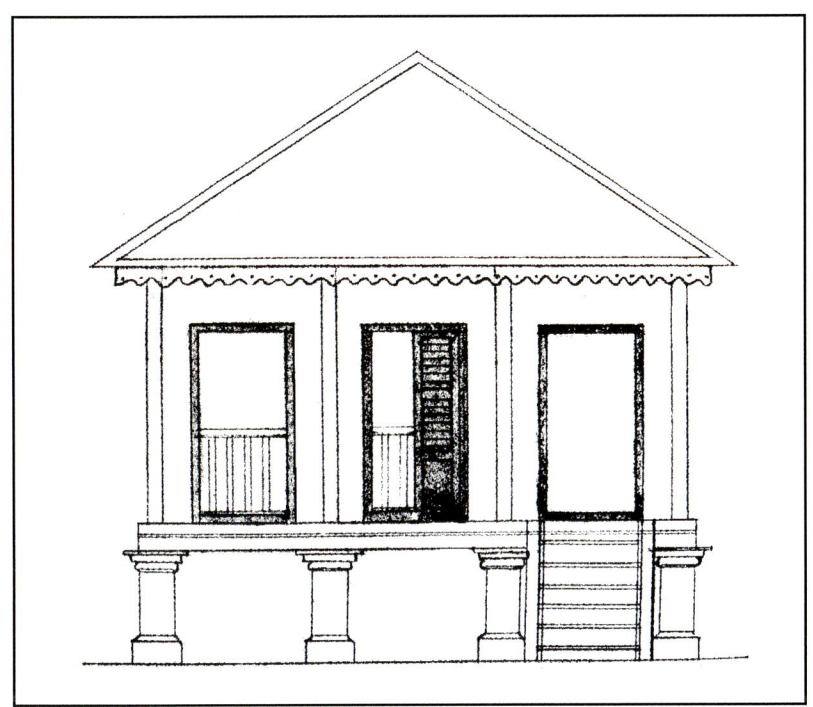

▲ **도면 44** 초기 방갈로 건축 입면

▲ **사진 86** 식민풍 주택, 페낭, 말레이시아

▲ **사진 87** 술탄 압둘 사마드 빌딩, 쿠알라룸푸르, 말레이시아

또는 단순한 고전식 기둥으로 처리된 베란다를 지닌 모임지붕 형태로 전개
되었다. 하지만 각 지역의 고유성과 연관된 건축적 처리가 덧붙여지기 시작
하고, 또 벽돌과 타일 등과 같은 다양한 건축재료가 활용되면서 방갈로 건축
의 경향도 점차 지역별로 다변화되었고, 후에는 2층 규모로 확대되기도 했
다. 한편, 유럽의 동남아 진출 이후 지속적으로 전개되어 왔던 유럽풍의 신
고전주의 양식은 영국령 말레이시아에서도 반복되었다. 그것은 종교건축
물, 궁전, 주거, 관공서 등에서 폭넓게 전개되었고, 그 양식적 흐름은 당시 유
럽에서 유행하던 신고전주의 양식이 주를 이루었다. 1884년에 지어진 홍콩
& 상하이 은행의 페낭 지점과 시청은 그 대표적인 예들이다.

　　1895년에 쿠알라룸푸르가 영국령 말레이시아 연방의 수도가 되면서부
터 쿠알라룸푸르에 전형적인 영국풍의 식민건축이 세워지기 시작했다. 여
기에 무어풍(Moorish style)과 동양풍이 가미되었고, 그것은 쿠알라룸푸
르의 전형적인 외래양식으로 정착되었다. 술탄 압둘 사마드(Sultan Abdul

Samad, 1894~97) 빌딩은 그 대표적인 사례에 속하는 것으로, 쿠알라룸푸르의 도시 경관을 주도하는 강력한 이미지를 자아내면서 식민 통치를 대변하는 상징적 랜드마크(landmark)로 일컬어졌다. 초기의 설계안은 영국 건축가였던 노만(A. C. Norman)과 비드웰(R. A. J. Bidwell)이 르네상스 양식으로 설계했으나, 당시 공공사업성 장관이었던 스푸너(C. E. Spooner)가 동남아의 열대기후와 문화적 환경을 고려하여 동양풍의 외부 입면을 주장함에 따라 최종적으로 무어풍의 건축양식이 선택되었고, 결국 유럽적 기능과 이슬람풍의 형태가 혼합된 형식을 취하게 되었다.[22] 이 건축물은 2층 규모로 2m 넓이의 베란다가 둘러쳐 있고, 재료는 타일 지붕과 붉은 벽돌을 사용했는데, 실제로는 벽돌 위에 플라스터로 돌 효과를 낸 것이다. 외벽에는 흰색의 플라스터 아치가 그려져 있고, 평면은 'F-형태'를 취한 비대칭이다. 건축물 주위로 돌아가는 베란다는 아케이드 형식으로 되었고, 다양한 아치—첨두아치, 반(反)곡선 아치, 말굽형 아치, 다엽식(多葉式) 아치 등—들이 사용되었다.[23] 또한 이 건축물에는 3개의 타워가 설치되어 있는데, 중앙에는 사각형의 시계탑이 있고, 나머지 두 개의 작은 탑들은 나선형 계단을 지닌 외부계단 타워로 모두 양파 모양이며 동(銅)이 입혀져 있다.

이 시기에 쿠알라룸푸르에서 건설된 대부분의 공공건물은 이러한 양식을 따랐다. 노만이 설계한 또 다른 건축물로 우체국(1894~1896)을 들 수 있는데, 무어풍 양식으로 전면 파사드는 대칭이며 연속된 첨두아치를 지닌 돌출 코니스와 필라스터 그리고 흰색의 가로줄로 장식되어 있다. 파사드의 양 끝에는 나선형 계단실이 있으며, 전체적으로 동양적인 특성을 지니면서도 필라스터와 코니스 및 가로줄 모양 등에서 르네상스의 영향을 받은 것으로

---

22) John Sun Hock Lim, op. cit., p.76.
23) John Sun Hock Lim, op. cit., p.77.

보인다. 이 건축물 역시 술탄 압둘 사마드 빌딩처럼 2m 넓이의 베란다가 건축물 주위를 따라 설치되어 있으며, 지붕을 양파 모양의 파라페트로 장식했다.

영국령 말레이시아에서 이루어진 초창기의 건축 행위는 주로 영국군 소속의 건축·토목기술자들이 주도했지만, 시간이 지남에 따라 전문적인 건축교육을 받은 건축가들이 그 역할을 이어받았다. 그들 중에서 가장 큰 영향을 미친 건축가는 콜맨(G. D. Coleman)이었다. 그는 전문적인 훈련을 받은 사람으로 1815년부터 1820년 동안에는 인도의 콜카타에서 활동했고, 1833년에는 싱가포르의 초대 총경을 맡기도 했다. 또한 1826년부터 1844년 기간 동안에 식민지 건설 프로그램의 대부분을 책임졌던 건축가였다. 그의 디자인은, 비록 신고전적 특성을 폭넓게 드러냈지만, 해당 지역의 전통건축과 열대기후에 적합한 지역건축을 실현하는 데 노력했으며, 여기에 영국의 건축양식을 첨가했다. 그 결과는 동남아의 기후에 적당한 식민건축양식이었으며, 이는 그 당시 태국을 비롯한 주변국들에도 영향을 미쳤다.

콜맨의 건축에서 가장 큰 특징은 열대기후에 적합한 공간구성과 형태적 처리에 있었다. 즉, 최적의 통풍과 환기를 위해, 가능한 한 두꺼운 벽으로 만든 단일 공간체계를 선택했고, 더 복잡한 구성이 요구되는 경우에는 각 공간(室)을 서로 통하도록 배치했다. 또한 원활한 공기 순환을 위해 천장과 각 층에 개구부를 뚫고 내부공간의 높이는 15피트 이상으로 했으며, 문을 널찍한 베란다와 직접 연결시켜 외부공간과의 융통성을 높였으며, 충분한 그늘을 확보하기 위해 처마를 길게 내밀고 모든 개구부에는 다양한 패턴의 캐노피와 차양을 설치했다.[24]

24) John Sun Hock Lim, op. cit., p.149.

콜맨이 구사한 이러한 설계 원리는 교회를 비롯한 공공건축에서도 부분적으로 적용되었다. 하지만 건축양식 면에서는 팔라디오의 건축적 특성을 따랐다. 팔라디오의의 주택을 모델로 삼아 설계한 아르메니아 교회(The Armenia Church, 1835)가 그 대표적인 예로, 그리이스의 십자형 평면을 취하고 있으며 지붕의 일반적인 구조적 취약함을 보완하기 위해 목재지붕구조를 지닌 랜턴(lantern)과 돔으로 대체하고 그 위에 타워와 첨탑을 올렸다.

동남아에서 신고전주의 양식은 20세기에 접어들면서 득세한 모더니즘(modernism) 건축의 흐름 속에서 점차 그 양식적 의미를 잃게 되었다. 말레이시아는 20세기 초에 발생한 두 차례의 세계대전을 거치면서 주석과 고무의 가격이 급격히 상승함에 따른 경제적 호황과 불황을 거듭했고, 그 과정에서 확보된 경제력과 영국의 재원(財源)으로 도시 기반시설과 공공시설에 대한 투자를 확대했다. 이 무렵에, 공공사업성의 주도로 상당한 규모의 공공건물들과 도로, 다리, 철도 등이 건설되기 시작했고, 이에 따른 인력난을 해소하기 위해 지방의 장인들과 기술자들이 대거 고용되었다. 일종의 근대적 의미의 사회 변화와 맞물렸던 당시의 상황은 기존의 신고전주의 양식에 대한 인식과 활용도를 약하게 만들었던 원인으로 작용했다.

이 기간에 영국 건축가들은 재건설의 호황 속에서 기회를 얻기 위해 말레이시아에 설계사무소를 개설하는 경우가 많았는데, 그것은 본국인 영국에서보다 식민국가에서의 기회가 더 많았기 때문이다. 그들은 당시 유럽에서 우세했던 모더니즘의 합리주의와 기능주의에 근거한 건축개념과 감각을 구사했다. 이러한 경향에 대한 비판적 논의가 일기도 했지만, 서구건축의 재료와 기술적 혁신은 이후의 말레이시아 건축에서도 그대로 적용되었으며, 1930년대에 철근콘크리트가 말레이시아 반도 전체로 확산되면서 그러한 양상은 더 가속화되었다.

한편, 모더니즘이 소개되기 바로 전인 1920년대 후반에 미국과 유럽에서 나타났던 아르데코(art deco) 양식이 말레이시아에서도 등장했다. 영화관 같은 위락 용도의 건축물에서 특히 유행했던 아르데코 양식은 발코니의 자유로운 배치, 돌출된 차양, 나선형 계단 등의 자유로운 입면 구성을 강조한 것으로, 기존의 건축경향과는 구별되는 시각적 흥미를 끌었다. 쿠알라룸푸르의 오데온 영화관(Odeon Cinema)과 앵글로 오리엔탈(Anglo-Oriental) 빌딩은 아르데코와 근대적인 디테일을 지닌 철근콘크리트 건축물로, 그러한 경향을 대표하는 사례에 속한다.[25] 또 말레이시아의 건축가인 리(Y. T. Lee)가 설계한 4층 규모의 구(舊) UMNO 빌딩은 말레이시아의 초기 근대주의 양식을 대표하는 건축물이다. 이 건축물의 측면에는 차양 기능을 가진 얇은 콘크리트 판이 창문을 따라 길게 설치되어 있으며, 1층에는 캔틸레버로 된 베란다식 통로가 설치되어 있다. 또한 모서리의 원형 유리 계단실은 전체 조형에 중심성을 부여하는 역할을 한다.

---

25) John Sun Hock Lim, op. cit., p.179.

▲ **사진 88** 오데온 영화관, 쿠알라룸푸르, 말레이시아

▲ **사진 89** 앵글로 오리엔탈 빌딩, 쿠알라룸푸르, 말레이시아

▲ **사진 90** 구 UMNO 빌딩, 쿠알라룸푸르, 말레이시아

▲ **사진 91** 페낭 조지 성당, 페낭, 말레이시아

6. 필리핀의 식민건축

스페인과 미국으로부터 약 400년간에 걸쳐 식민통치를 받은 필리핀은 동남아에 속한 나라들 중에서 식민지배의 상처를 가장 넓고 깊게 받았다. 필리핀의 고대 문화는 부분적으로 인도네시아로부터 불교문화의 영향을 받아 형성되었고, 그것은 10세기까지 계속된 것으로 추측되고 있다. 이와 함께, 간접적이긴 하지만, 인도의 힌두사상도 인도네시아를 통해 유입되었다. 9세기부터 13세기까지는 중국의 무역상들이 출입하였으므로, 그 영향 또한 컸을 것으로 추정된다. 자기류의 사용, 도기 제작, 야금술 등은 중국인에 의해 도입된 것이다. 현재까지 종교·사회적으로 문제시되고 있는 무슬림은 인도와 말레이시아를 거쳐 11~14세기경에 유입되었다. 또 17세기에는 일본의 농업기술이 소개되기도 했다.[26] 서양과 접촉하기 전까지, 필리핀의 문화는 이러한 몇 가지 줄기들과의 관계 속에서 형성되었다.

1521년에 이루어진 마젤란(Ferdinand Magellan, 1480~1521)의 필리핀 발견은 식민지배의 역사적 계기가 되었다. 식민화의 첫 단계는 스페인의 성직자들에 의해 이루어졌고, 그로 인해 가톨릭을 중심으로 한 사회·문화적 변화가 발생하기 시작했다. 스페인의 2대 왕인 필립 2세(Philip 2, 1527~1598)가 통치할 당시의 스페인은 아메리카에서 극동에 이르는 광대한 영토를 관할하던 제국이었다. 필립 2세는 원정대를 파견하여 필리핀의 식민지화와 기독교화를 시도했고, 이후 필리핀은 300년 이상 스페인의 중상주의적 식민지로 남게 되었다. 스페인은 필리핀의 사회, 정치, 문화에 걸친 전 분야를 강점하고 토착문화를 완전히 말살한 후 자국의 문화를 이식시켰다.

---

26) 이충원, pp.19-21.

스페인의 문화적 전통은 필리핀의 도시와 건축에 확고히 나타나 있는데, 현재의 도시계획과 건축문화는 1571년부터 시작되었다.[27] 스페인은 이전에 아메리카와 멕시코에서 시도했던 경험을 바탕으로 필리핀의 수도인 마닐라 (Manila)를 광장 중심의 유럽식 도시로 계획하고자 했다.[28] 이러한 맥락에서 조성된 인트라무로스(Intramuros, 1606년)는 스페인 시대의 초기 마닐라가 보존되어 있는 성곽도시로, 도시 주변에 약 10m 넓이의 해자를 두르고 그것을 파시그(Pasig) 강까지 연결시켰다.

필리핀의 기독교화를 통해 식민통치의 이데올로기를 확립하려 했던 스페인의 기본 정책에 따라 초창기에 많은 성당이 건립되었다. 마닐라 성당은 그 최초의 사례로, 1591년에 스페인의 건축가인 안토니오 세데노(Antonio Sedeno)에 의해 세워졌으나 1600년 지진으로 파괴되었고, 이어 1614년과 1653년에 재건축과 여러 차례의 개축이 있었으나, 이 역시 지진으로 모두 파괴되었다. 이들은 고대 로마건축과 초기 로마네스크 양식의 특성을 지녔을 것으로 추정되고 있다.[29] 초창기 가톨릭 건축의 양식적 기반으로 적용되었던 이들 건축양식은, 말레이시아에서와 마찬가지로, 수에즈 운하의 개통을 경계로 그 양상을 달리하게 되었다. 즉, 수에즈 운하의 개통으로 유럽의 계몽주의 사상과 함께 고딕과 바로크풍의 신고전주의 건축양식이 빠르게 유입되면서, 초창기에 유입되었던 건축양식과는 다른 새로운 양식이 전개되었다.

이러한 양상이 1872년에 재개된 마닐라 성당[30] 재건축에서도 나타났는데, 평면 구성을 비롯한 모든 면에서 고딕과 바로크적인 특징이 강하게 반

---

27) Winand Klassen (1986), p. 68.
28) 실질적인 계획은 100년 후인 1671년 프라이 이그나시오 무노즈(Fray Ignacio Munoz)에 의해 이루어졌다.
29) Winand Klassen, op. cit., pp.82-83.
30) 제2차 세계대전 중 폭격으로 파괴되었다.

영되어 있다. 마닐라 성당의 재건축은 이후 필리핀의 건축양식을 이끄는 중요한 사례로 기능했다.[31] 필리핀의 건축가인 펠릭스 로하스(Felix Roxas)가 1889년에 설계한 성 이그나시오(San Ignacio) 성당 역시 당시의 신고전주의적 경향을 보여주는 대표적인 예로, 각층의 기둥이 이오니아와 코린트 형식으로 처리되었다.

로하스는 필리핀 출신의 첫 건축가라는 점에서 역사적으로 상당히 중요한 의미를 갖는 인물이다. 필리핀의 쉰켈(K. F. Schinkel, 1781~1841)로 알려진 그는 영국과 프랑스에서 19세기 중반을 보냈고, 당시 유럽에서 유행하던 신고전주의 양식을 직접 경험했다. 이는 그의 작품을 지배하는 기본 개념으로 확립되었고, 당시의 유럽건축을 가장 잘 이해했던 건축가로 꼽혔다. 1883년에 건립된 마닐라의 산토 도밍고(Santo Domingo) 교회는 로하스의 건축경향을 잘 대변하는 사례로, 르네상스풍의 매스(mass) 구성 위에 첨두아치와 같은 네오-고딕적 특성이 가미된 형식을 취하고 있다.

1898년에 스페인이 미국과의 전쟁에서 패함에 따라 필리핀은 미국에게 양도되었고, 이후의 새로운 식민지 환경에서 스페인의 식민문화와는 다른 양상으로 전개된 '제2의' 식민문화를 드러냈다. 다시 말해, 스페인은 가톨릭을 통한 종교적 지배와 정신적 개조를 주축으로 삼았지만, 미국은 공립학교 제도와 영어 교육에 의한 문화적 지배를 더 중시했다.[32] 이러한 차이에 따른 미국의 식민지배는 필리핀의 도시와 건축을 비롯한 전 분야에 걸쳐 기존과는 다른 새로운 변화를 유발시켰다.

참고로, 15~17세기 동남아의 도시 구조는 당시 유럽의 기준에 의해 극단적으로 확대되었는데, 인구는 약 5~10만 정도로 당시의 파리나 나폴리 등과

---

31) Winand Klassen, op. cit., p.88.
32) 다끼까와 쯔도무 外, op. cit., p.77.

같은 유럽의 도시들보다도 더 큰 규모였다. 하지만 이들 도시의 배치나 양식적 모습은 유럽인들에게는 아주 생소한 것이었다. 당시 동남아에서는 포르투갈이 말레이시아의 말라카를, 네덜란드가 인도네시아의 자카르타를 점령하고 있었는데, 주로 도심지 내의 나무들을 베고 성채와 요새를 축성하는 방식으로 도시를 변화시켰다.

유럽인들은 동남아의 기존 도시를 비위생적인 도시로 여겼는데, 특히 19세기 초까지만 해도 바타비아(Batavia, 인도네시아 자카르타의 옛 이름)를 세계에서 가장 비위생적인 곳으로 묘사하였다. 동남아의 도시들은 늪지대 중앙에 세워지는 경우가 많았고, 각 지역은 수로와 도랑으로 엮어졌다. 이로 인해, 도시의 쓰레기가 늪지대로 쌓이고 말라리아와 같은 질병의 온상이 되기도 했다. 1714~1776년 사이에 바타비아에 있는 병원에서 약 87,000명의 병사들이 질병으로 사망하기도 했다. 19세기 초에 이르러서야 도시들은 배수로 공사, 강물의 정화, 수로의 복개, 신도시 이전 등을 통해 변모되기 시작했다. 위생학에 대한 관심은 지역의 건축양식에 대한 행정가의 고려사항으로 이어졌고, 그것은 결국 건축물의 형태뿐만 아니라 건물을 사용하는 사람들의 행동 패턴까지도 변화시키는 실질적인 이유로 작용하였다.[33]

마닐라의 도시 문제를 해결한다는 명분으로 1904년에 미국의 건축가가 필리핀으로 초청되었는데, 그는 당시 미국의 시카고학파를 대표했던 다니엘 번햄(Daniel H. Burnham)이었다.[34] 번햄은 마닐라의 기존 도시 가로(街路)를 격자형 체계로 바꾸었다. 즉, 해안을 따라 로하스(Roxas) 대로를, 그리고 도심지에는 그와 병행하게 태프트(Taft) 거리를 계획하고, 그 사이에 형성된 대규모 블록을 간선도로로 연결시켰으며, 정부 관련 건축물을 비롯한

---

33) Roxana Waterson, op. cit., pp.27-30.
34) Winand Klassen, op. cit., p.155.

중요 공공시설의 위치까지 지정해 주었다. 또한 도시 위생을 이유로 들어 인트라무로스 주위의 해자(垓字)를 메우고 나무와 잔디를 심어 공원으로 조성했으며, 그 과정에서 빈(Wien)의 도시건축환경을 역사적 선례로 삼았다. 특히, 번햄은 과거의 스페인 시대에 건설된 교회와 공공건물을 극찬하면서 마닐라를 대변하는 미래건축의 전형으로까지 제안하기도 했는데, 이에 대해 필리핀 내에서 '제국주의적' 태도라는 비판이 가해지기도 했다.

번햄과 함께 필리핀 건축에 큰 영향을 미친 또 한 사람으로 윌리엄 파슨스(William E. Parsons)를 들 수 있다. 그는 번햄의 도시계획에 참여하면서 여러 건축물들을 함께 설계했다. 그의 대표작인 마닐라 호텔(1912년)은 '캘리포니아 미션 스타일(California Mission Style)'의 콘크리트 건축물로, 처마가 깊고 로비 내부는 도릭 오더와 아치로 꾸며져 있다. 번햄과 파슨스는 미국의 초기 식민통치 기간 동안의 필리핀 건축을 이끌었던 대표적인 건축가들이었다.[35]

한편, 이 시기에 후앙 아렐라노(Juan M. Arellano)와 안토니오 톨레도(Antonio Toledo) 등으로 대표되는 필리핀의 1세대 건축가들이 등장했다. 이들은 대부분 미국과 유럽에서 유학한 사람들로, 이들 역시 당시의 유럽과 미국에서 전개되었던 역사주의적 절충주의와 신고전주의 양식에 대해 큰 호감을 갖고 있었다. 특히, 필리핀 1세대 그룹을 대표하는 건축가였던 후앙 아렐라노는 전체적으로 서양 신고전주의 양식을 따르면서 부분적으로는 근대 초기의 아르데코 양식이 지녔던 낭만적 특성을 드러내는 건축경향을 구사했다. 구(舊) 국회의사당(1918년),[36] 마닐라 우체국(1926년), 마닐라 메트로폴리탄 극장(1931년) 등은 그가 설계한 대표적인 사례들이다. 이 중에서

---

35) Winand Klassen, op. cit., p.168.
36) 제2차 세계대전 말에 미국의 포격으로 손상되었으나, 후에 미국의 재정 후원으로 재건축되었다.

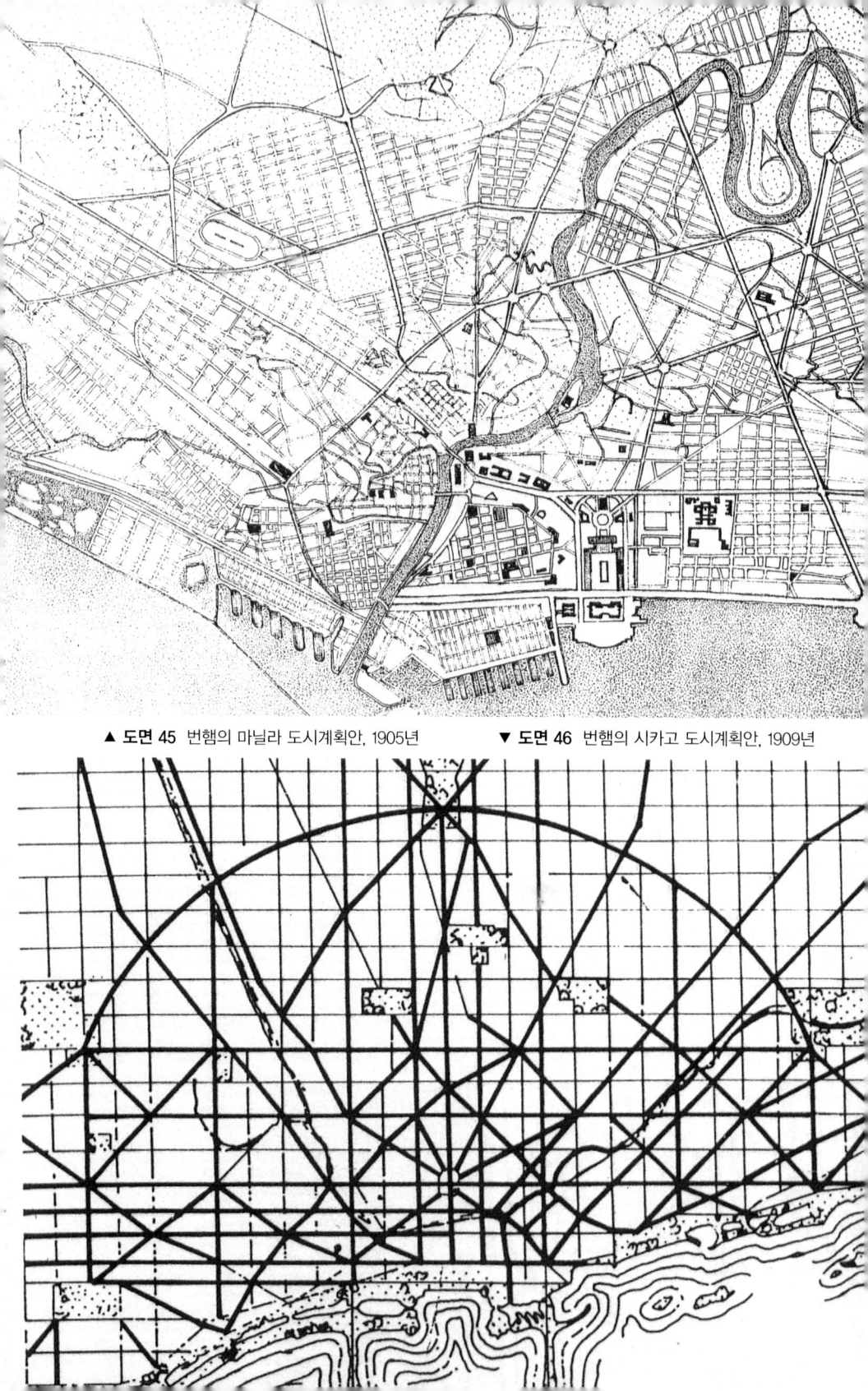

▲ **도면 45** 번햄의 마닐라 도시계획안, 1905년　　　　▼ **도면 46** 번햄의 시카고 도시계획안, 1909년

도 마닐라 우체국은 그의 건축을 대변하는 작품으로, 내부공간을 직사각형의 평면으로 구성하고 위층 중앙에 자연채광과 환기를 위한 직사각형의 개방공간을 둔 것이 특징이다.[37] 외관은 파사드에 설치된 이오니아식 열주를 주된 건축어휘로 삼아 계획되었는데, 이는 우체국의 전면과 마주하고 있는 넓은 광장에 대응하려는 의도에서 이끌어진 것으로 보인다. 마닐라 우체국은 전체적으로 쉰켈의 알테스 박물관(Altes Museum, 1828년)과 유사한 형태적 특성을 따르면서도 필리핀의 기후조건과 관련된 건축적 처리를 중시한 사례에 속하는 것으로, 알테스 박물관의 중앙 돔은 이 작품에서 열대기후를 고려한 개방공간으로 대체되었다.

▲ **도면 47** 마닐라 우체국, 1926년

---

37) Winand Klassen, op. cit., p.173.

또 하나의 특별한 사례인 메트로폴리탄 극장은 아시아와 필리핀의 건축적 감성을 함께 드러낸 건축물이다. 파사드 상부에 돌출된 기둥 위의 작은 뾰족침들은 무슬림의 영향을 반영한 것이며, 양 측면의 물결치는 듯한 모양은 말레이시아의 전통 의상에서 따온 것이다.[38] 또 전면 저층 출입부의 긴 판벽은 내부 무대를 상징화시킨 것으로 보인다. 이 극장은 그 당시 기존 건축물들과는 달리 신고전주의 양식의 과도한 남용을 없앴다는 점에서 당시 필리핀 건축의 색다른 단면을 드러냈다는 평가와 함께 필리핀 근대건축의 시작을 알리는 건축물로 간주되고 있다.[39]

7. 소결: 식민건축의 성격과 비판적 인식

동남아에서 유럽 열강들의 건축역사와 건축논리를 바탕으로 전개되었던 식민건축은 오늘날까지도 동남아 건축문화의 한 단층을 이루는 중요한 역사적 현실로 남아 있다. 유럽 열강들은 동남아 지역을 식민지로 지배하면서 이 지역의 역사와 문화를 열등한 것으로 취급했고, 이로 인해 동남아의 건축적 특질과 역사성은 객관적으로 정리되지 못한 채 서양인들의 취미 차원에서 이해되는 경향을 보였다.

동남아에서 직접적인 지배력을 행사한 유럽의 몇몇 나라들은 모국(母國)의 민족적 아이덴티티를 설립하기 위하여 그들의 문화적 가치를 식민지 사회에서 그대로 재현했으며, 그것은 지배국가의 문화적 정체성과 정치력의 상징으로 작용하였다. 그런 점에서, 포르투갈, 네덜란드, 스페인, 영국, 미

---

38) Winand Klassen, op. cit., p.175.
39) Winand Klassen, op. cit., p.184.

국 등에 의해 수동적으로 이식된 식민건축의 기저(基底)에는 통치 이데올로 기에서 비롯된 실천적 의미가 서려 있다.

이로 인해, 결과적으로 동남아의 고유한 건축역사적 맥락과 사회현실에 맞지 않는 피상적인 재현에 머물렀고, 또 민족적인 요구와 대중적인 필요에서 수용된 것이 아니라 왕족과 소수 지배계층의 귀족적 취미 내지는 지배 이데올 로기의 수단이라는 측면에서 전개되었다. 이 같은 배경에서 전개된 동남아의 식민건축은 전체적으로 유럽 신고전주의 양식을 주류로 삼는 큰 흐름을 보여 주면서 동남아의 기후조건과 전통양식에 따른 절충적 경향을 드러냈으며, 부 분적으로나마 지역과 시기에 따른 차이를 보이기도 했다. 그것은 일차적으로 유럽 각국들이 취했던 상이한 통치방식과 건축양식에서 비롯되었다.

이에 대해, 비록 한 시기에 걸쳐 유럽의 건축양식이 동남아 전체에 큰 영 향을 끼쳤고 그로 인해 동남아 고유의 건축적 가치가 흔들리는 양상을 드러 내긴 했지만, 일면 그것은 동남아의 오랜 역사 속에서 반복되어 온 다양한 경향들 중의 하나일 뿐이며, 그것이 한편으로는 동남아 고유의 근본적 가치 를 새롭게 변화시켰다는 측면에서 긍정적으로 이해할 수도 있을 것이다. 하 지만 궁극적으로 고유한 지역 전통에 기반을 둔 건축문화의 창조와 이의 대 중적 가치 구현이라는 측면에서 바라볼 때, 그것은 다분히 동남아 건축문화의 역사성과 정체성을 모호하게 만들었다는 부정적인 결과로 남을 수밖에 없다.

동남아 식민건축이 갖는 이러한 부정적인 의미는 각 나라들이 독립한 이 후에도 이 지역에서 지속적으로 이어지면서 동남아 근 · 현대건축의 핵심문 제로 작용해 왔다. 그렇지만 이 역시 사회적 내용과 건축형식 간의 괴리로 인해 건축적 진정성의 측면에서보다는 새로운 의미의 식민주의로 흐르는 문제성을 드러냈으며, 동남아 건축문화의 정체성 논의와 연관된 비판적 시 각을 다시 불러일으켰다.

제 5 장

숍하우스:
도시건축의 대중적 전형

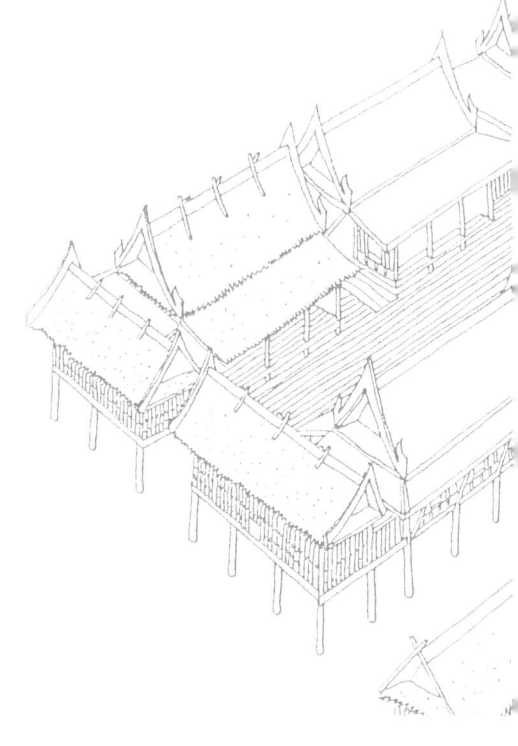

숍하우스:
도시건축의 대중적
전형

오늘날 동남아의 크고 작은 도시들의 어디에서나 흔히 볼 수 있는, 그런 만큼 동남아의 도시건축경관을 지배하고 있는 대표적인 건축유형으로 '숍하우스(shop-house, 상가주택)'를 들 수 있다. 숍하우스는, 비록 그 역사적 길이는 짧더라도, 동남아 건축문화의 한 측면을 대변하는 중요한 건축적 자산(資産)으로 통한다. 그것은 숍하우스가 이 지역의 민족, 종교, 기후 등과 같은 거시적인 측면들 외에도 사회적 변화와 연관된 건축적 반응을 적극적으로 잘 드러내 왔기 때문이다.

이런 이유로, 동남아에서는 숍하우스에 대한 건축문화적 보존에 많은 노력을 기울이고 있으며, 현대의 도시환경을 이루는 하나의 건축유형으로 재창조하기 위한 다양한 시도가 전개되고 있다.

1. 개념과 역사

숍하우스는, 그 명칭에서도 알 수 있듯이, 좁고 작은 규모의 단위 건축물들이 도시 가로변을 따라 연립해 있는 것으로, 한 건물 내에 주거 기능과 상업 활동을 함께 할 수 있도록 건축된 것이다. 이는 개념상 19세기에 우리나라에서 등장하기 시작했던 2층 한옥상가(韓屋商家)와 비교될 수 있는 유사한 건축적 특징을 지닌다.

전통적으로, 숍하우스의 아래층은 상업 행위를 위한 공간으로, 그리고 위층은 일상생활을 위한 주거공간으로 계획된 소규모 주상복합건물이다. 이는 상업 행위를 생활의 기반으로 삼고 있는 가족을 위한 이상적인 건축적 대안으로 각광받았다. 일반적으로 대부분의 숍하우스는 도로와 뒷골목을 따라 격자형 패턴으로 계획된 도시 블록 내에 지어졌다. 규모는 2~3층이고, 건축물의 전면 폭은 4~7m, 길이는 전면 폭의 2~3배 정도였지만, 석조로 지어지는 경우에는 그 길이가 60m에 이르는 것도 있었다.

숍하우스는 산업사회 이전부터 동남아 지역에서 나타났던 건축유형이지만, 본격적으로 전개되기 시작한 것은 19세기 이후부터로, 중국 남부 해안지방에 살던 중국 이주민들의 쇄도와 그 때를 같이하며, 이후 동남아 지역이 산업사회의 진입에 따른 사회적 변화를 겪으면서 수립된 새로운 도시 패턴 속에서 가로변의 건축풍경을 이끌어 가는 대중적인 건축유형으로 자리잡기 시작했다. 말레이시아와 싱가포르 지역을 중심으로 동남아 각 지역에 널리 진출한 중국인들은 자신들의 건축기술을 도시형 숍하우스로 채택했고, 그것이 동남아의 여러 주요 도시로 확산되었다.

숍하우스의 건축양식은 다양한 근원에서 이끌어졌지만, 초기 시기의 대부분은 중국 상인의 주택을 근원으로 삼아 이루어졌다. 이에 따라, 숍하우

▲ **사진 92** 숍 하우스 전경, 싱가포르 탄종파가 지역

▲ **사진 93** 숍 하우스 파사드 전경

스를 구성하는 건축요소들 중 상당 부분이 중국풍으로 처리되었다. 한 예로, 중정식의 안마당은 전형적인 중국 주거건축의 것을 따랐고, 파사드의 이미지를 결정짓는 장식 역시 중국 남부지방에서 통용되던 양식을 모사하거나 그 기억으로부터 차용한 것들이었다. 또한 단순한 중국식 모사 이외에 당시 중국의 사회적 상황에서 비롯된 건축적 변화도 큰 영향을 미쳤다.

당시 중국의 광동이나 상하이 등과 같은 지역은 유럽 열강의 세력 아래 놓여 있었기 때문에 유럽 신고전주의 건축양식이 강하게 유행했었고, 이것이 다시 동남아 지역으로 유입되어 숍하우스의 파사드 디자인에 많은 영향을 미쳤다. 특히, 중국과 동남아의 두 지역에서 급속히 성장한 당시의 신흥 갑부계층은 유럽건축의 양식적 해석에 매료되어 있었기 때문에 숍하우스의 파사드에 나타난 장식풍은 대칭을 기본틀로 삼으면서 네오-고딕, 바로크, 팔라디안풍으로 처리되는 예가 많았다. 이 같은 양상은 말레이시아에서 더 강하게 나타났다.

숍하우스의 건설은 고무생산 붐 기간 동안인 1920년대에 절정을 이루었다. 하지만 제2차 세계대전 이후, 1960년대부터 숍하우스의 형태는 국제주의 양식의 부흥과 함께 지나친 장식을 거부하면서 복고양식으로 미화(美化) 시켰던 이전의 디자인 태도가 상당히 약해졌다. 또 토지가(土地價)의 상승에 따라 숍하우스도 규모(층수)가 커지게 되면서 점차 고층화되는 경향이 강해졌다.

숍하우스는 현대화의 흐름 속에서도 그 역사성과 건축성을 유지하면서 일반화되어 왔을 뿐만 아니라 오히려 도시공간을 더 활기차게 만드는 요소로 활용되고 있다. 이는 숍하우스가 동남아의 기후 조건에 잘 적응한 대표적인 건축유형이라는 점에서, 숍하우스를 현대적 시각으로 새롭게 인식하고 그것을 현대 도시에 적합한 용도로 재창조하려는 노력의 결과였다. 아울러,

▲ **사진 94** 현대 도심지 숍 하우스의 한 예, 힐 스트리트 빌딩, 싱가포르

숍하우스 건설을 담당했던 계층도 예전의 건축장인이나 측량기사에서 전문적인 교육과 경험을 갖춘 건축가로 바뀌면서 건축디자인 수준이 크게 향상된 것 또한 숍하우스 건축의 현대화에 크게 기여한 요인이 되었다.

2. 양식적 경향들

숍하우스는 그 양식적 흐름에서 볼 때, 19세기 초부터 현재까지 크게 세 가지 경향으로 전개되었다. 간단한 목재 덧문과 최소한의 장식을 지닌 실용주의적 경향, 19세기 말 20세기 초의 전환점에서 유행했던 유럽풍의 신고전주의적 경향, 마지막으로 단순한 선(線)과 기하학적 패턴을 지닌 아르데코 경향 등이 그것이다. 일반적으로 이 세 흐름은 각 시기별로 드러났던 경제적·사회적 변화와 미적(美的) 취향(유행)에 따라 더 세부적으로 설명될 수 있다.

첫 시기인 1840~1900년대 기간 동안의 숍하우스 양식은 비교적 단순하게 구성되었다. 창문이나 문(門)을 비롯해 개구부와 환기창의 수도 적었고, 그 모양도 직사각형의 단순한 구성을 위주로 삼았다. 문과 창문은 목재판으로 짰고, 덧문과 루버를 달았다. 또 채광창이나 환기창은 문과 창문 사이와 그 윗부분에 설치되었다. 처마 부분에는 도릭이나 터스칸 오더(Tuscan Order)를 사용해 화려함보다는 무게감을 부여했고, 수평 몰딩(molding) 역시 그러한 이미지에 걸맞도록 마무리되었다. 초기의 숍하우스 양식은 동남아 지역에 이주해온 중국 이주민들이 장식을 최소한으로 줄이면서 중국의 민족적 색채와 실용적인 측면을 강하게 반영하려 했던 의도가 배어 있다.

다음 시기인 1900~1930년대 기간 동안의 숍하우스는 이전과는 다른 새로운 차이를 드러냈다. 이는 당시에 숍하우스를 담당했던 건설자들이 특별히 수직적 비례를 선호한 데서 그 이유를 찾을 수 있는데, 솔리드(벽)와 보이드(개구부)의 입면 비례가 거의 1:1의 균형을 이루고 있는 것이 특징이다. 장식 효과를 높이기 위해 주로 변형된 모양의 코린트와 컴포지트 오더(Composite Order)를 사용하면서 아치를 비롯한 여러 모양의 개구부를 뚫어 입면상의 다양성을 추구한 것도 또 하나의 다른 특징이다. 특히, 채광창과 환기창은 단순하면서도 우아한 이미지를 연출하면서 정사각형이나 다이

▲ **도면 48** 숍 하우스, 여러 유형의 전면 파사드들

아몬드 모양으로 설치되는 경우가 많았으며, 이전 시기에 비해 장식의 비중도 커졌다.

덧붙여, 1930년대에 해당하는 이 시기의 후반기에는 몇 가지 점에서 별도로 논의될 수 있는 특징이 나타났는데, 호화스럽고 극적인 장식의 사용을 그 첫째로 들 수 있다. 이 무렵에 건립된 숍하우스는 여러 양식적 경향들 중에서 가장 화려한 장식을 드러냈으며, 다색(多色) 세라믹 타일, 아라베스크 장식, 꽃줄무늬 장식, 명판, 얕은 돋을새김 장식, 플라스터 조각 등이 일반적으로 응용되었다. 또 다른 특징은 위층 부분의 개구부 면적을 크게 늘려 벽 개념을 최소화시킨 점이다. 벽에는 창을 형성하기 위한 필라스터와 기둥들로만 구성된다. 이것은 벽을 가능한 최소화시킴으로써 최대한의 환기 효과를 얻기 위함이었다. 이와 같은 장식적 화려함에 대한 상대적 반작용으로 디자인상의 합리성과 경제적 처리에 의한 단순함이 점차 강조되면서 두 경향이 절충적으로 나타나기 시작한 것도 이 시기의 중요한 특징으로 꼽힌다. 화려한 채광창이나 세라믹 타일 등과 같은 장식성이 강한 요소들, 철과 유리를 사용한 창문 구성, 단순한 기하학적 패턴의 난간 등이 함께 혼용되었다. 이러한 변화는 당시 유럽에서 일었던 아르데코의 건축적 경향을 반영한 것이다.

1930년대부터 1960년대까지는, 이전 시기의 징후에 이어, 주로 아르데코 양식의 숍하우스가 널리 유행되었다. 이 양식은 서양의 기둥 오더와 아치 그리고 첨돌과 페디먼트 등과 같은 고전적 모티브들과 기하학적 모티브들을 합리적 시각으로 각색하여 사용하였다. 기둥의 주두(柱頭)는 단순하면서도 비장식적인 곡선 부조로 처리되었고, 장식적인 벽체 타일도 드물게 사용되었다. 특히, 입면구성과 비례미에 대한 관심이 강하게 반영되었다.

3. 공간과 입면

숍하우스의 평면은 규모에 따라 다양한 방식으로 구성된다. 초기의 숍하우스는 지붕을 받치는 목재 기둥들로 이루어진 단순한 구성을 취했다. 공간구성도 전면에는 상업공간을 그리고 뒷면에는 생활공간을 배치한 단층 형식이었다. 이러한 단층 형식의 숍하우스는 19세기 초부터 서양에서 수입된 디자인 원리와 결합되면서 1층에 상점을 그리고 2층에 주거공간을 둔 2층 규모의 전형적인 형식으로 바뀌기 시작했으며, 층별 기능이 구체적으로 분화됨에 따라 공간과 평면구성도 이전과는 다른 방식으로 크게 바뀌었다.

상업 행위가 주를 이루는 아래층은 전면에 판매 공간과 2층으로 통하는 계단을 두고, 후면에는 상품 출하의 용이함을 위해 서비스 공간 용도의 뒷마당을 두었다. 그 중간에는 중정식으로 처리된 중앙마당을 두었다. 중앙마당은 열대기후와 연관된 중요한 역할을 하는 공간으로, 내부에 채광과 통풍을 원활하게 하는 효과를 주었다. 때문에 각층의 창과 개구부는 중앙마당을 향해 뚫리고, 계단도 중앙마당과 연결되어 설치되었다.

일반적으로 길이가 긴 숍하우스는 채광과 통풍 효과를 높이기 위해 여러 개의 마당을 두기도 한다. 이 밖에도 열대기후의 문제점을 극복하기 위한 여러 방식의 건축기법이 사용되었는데, 공기 순환을 촉진하기 위해 천장을 높게 하고, 지붕의 열을 식히고 열전도율을 줄이기 위해 지붕타일을 겹으로 쌓고, 내부 환기를 위해 지붕처마 아래에 환기구멍을 두는 것 등이 그것이다.

주거공간으로 쓰이는 위층은 중앙마당을 중심으로 이루어진 단순한 공간구성을 취한다. 보통 전면과 후면 양 끝에 방을 두고 그 사이에 통로와 부속공간을 배치하며, 각 공간은 마당과 도로 쪽으로 큰 창을 뚫어 채광과 환기를 해결했다. 창에는 목재 덧문을 달아 비를 막고 길거리의 소음과 공해를

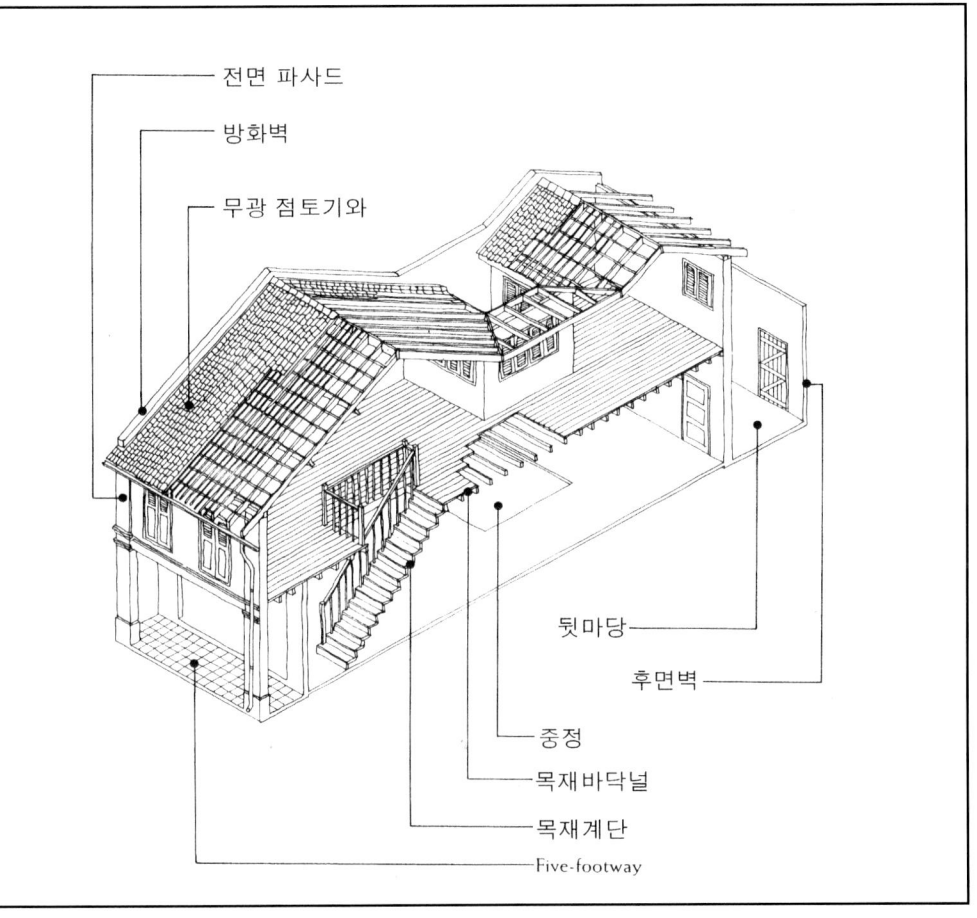

전면 파사드

방화벽

무광 점토기와

뒷마당

후면벽

중정

목재바닥널

목재계단

Five-footway

▲ **도면 49** 숍하우스 입체도

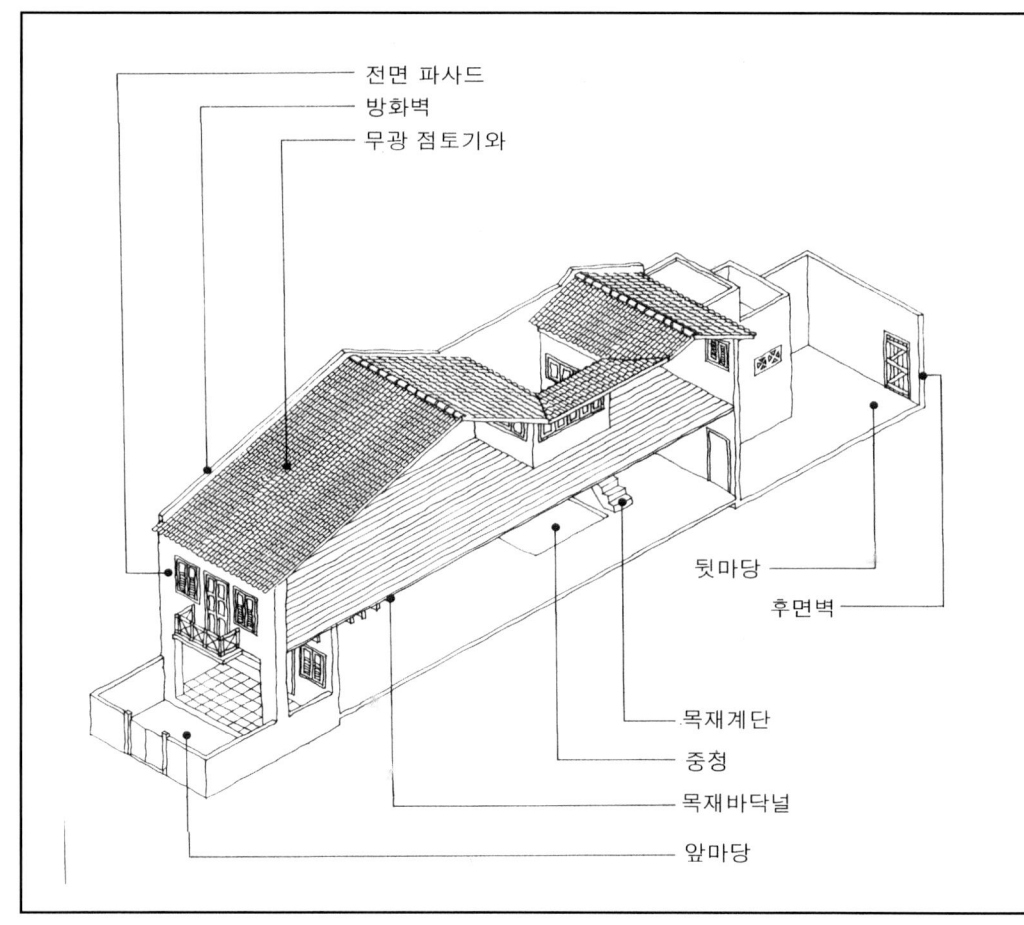

전면 파사드
방화벽
무광 점토기와
뒷마당
후면벽
목재계단
중청
목재바닥널
앞마당

▲ **도면 50** 숍하우스 입체도

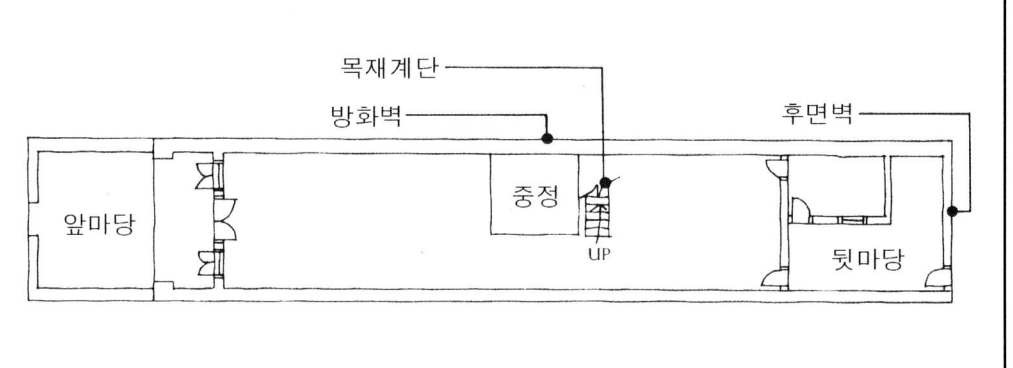

▲ **도면 51** 숍하우스 1층 평면도

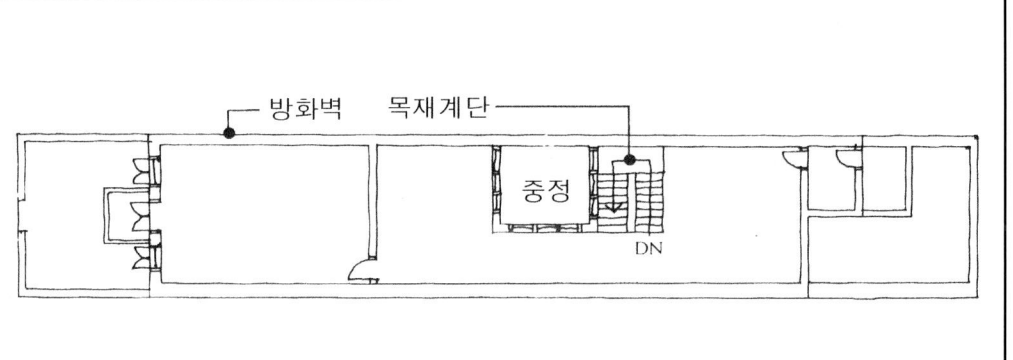

▲ **도면 52** 숍하우스 2층 평면도

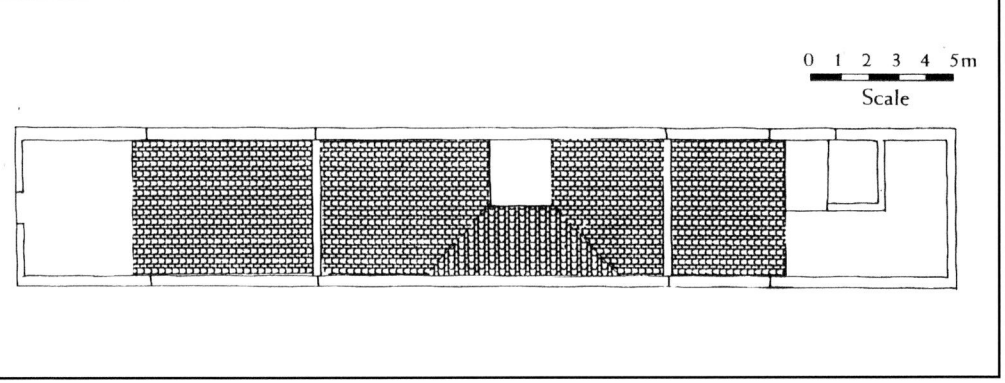

▲ **도면 53** 숍하우스 지붕층 평면도

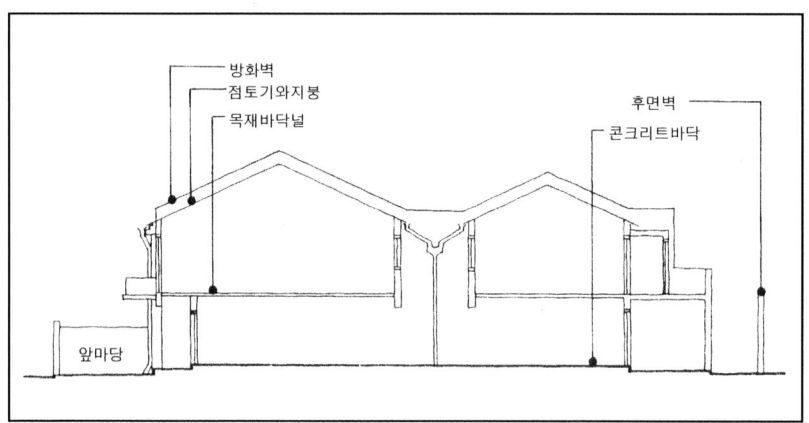

▲ **도면 54** 숍하우스 단면도

차단했다.

숍하우스의 건축적 구성에서 가장 특기할 것은 위층의 주거공간이 아래층 상가 앞부분의 외부 보행로 위로 돌출되어 있다는 점이다. '베란다식 또는 아케이드식 외부 가로길'이라는 의미로서, 'The Five Footway'라고 불리는 이러한 구성은 기능적으로 비를 피하고 그늘을 제공하기 위한 것으로, 상업적 효과를 높이고 2층의 주거 면적을 늘리기 위한 다목적 효과를 지닐 뿐만 아니라 숍하우스 블록 전체를 연결하면서 가로의 연속성을 유도하는 역할도 지녔다. 이는 당시 동남아 지역을 지배했던 영국 식민정부가, 태양과 비를 피하고 저층의 보행자 연계를 위해 도로변의 모든 건축물은 1층에 최소한 5피트 넓이의 보행로를 전면에 두고 그 위로 베란다를 설치해야 한다는 내용을 특기화 시킨 건축규정에서 비롯된 것으로, 말레이시아와 싱가포르를 비롯한 동남아의 여러 지역에서 전개된 숍하우스 건축은 대부분 이 규정에 따라 단일화 되는 양상을 보였다.

4. 장식

　내·외부의 장식 또한 숍하우스의 건축적 개성과 표현을 설명하는 데 있어 상당히 중요한 측면이다. 고도의 장인적 감각으로 섬세하게 조각된 목재 스크린은 방을 나누는 칸막이 역할을 한다. 또 벽, 출입문, 기둥, 처마 등에 가미된 화려한 장식은 동남아 특유의 미감(美感)을 풍긴다. 일반적으로 널리 쓰이는 장식요소는 새, 꽃, 상징적 문양, 글체, 인물 등이며, 주철과 목재 및 스테인드글라스를 주된 재료로 활용했다.

　20세기 초에 세워진 숍하우스 중에는 곡선을 활용한 박공지붕, 반짝이는 장식용 타일, 그리고 건축주 자신의 사회적 배경과 위상을 강조하기 위한 스터코 장식 등과 같이 중국식 특성을 통합한 것들이 많았다. 하지만 이러한 것들은 점차적으로 유럽적 감각을 지닌 장식 효과에 밀려났고, 베네치아식 아치와 페디먼트를 비롯해 유럽에서 널리 쓰였던 꽃무늬 등과 같은 유럽풍의 장식 요소가 유행되었다.

제 6 장

근대 전후(前後) 시기의
사회 변화와 건축양식:
태국의 방콕 왕조 시기를 중심으로

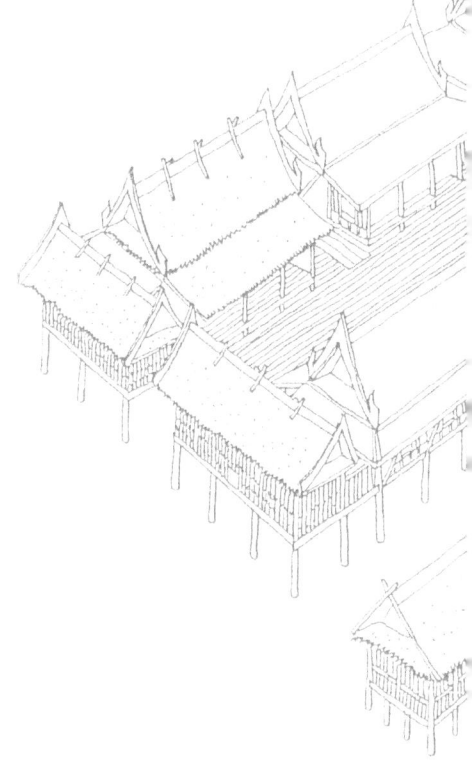

근대 전후(前後) 시기의 사회 변화와 건축양식: 태국의 방콕 왕조 시기를 중심으로

16C 초부터 시작된 서양건축의 유입은 단순히 동남아 건축문화의 한 단층으로 존재하는 것이 아니라, 이 지역의 풍토에서 자연스럽게 형성된 전통건축의 흐름을 바꾸고 다음 시기의 건축 정신(精神)에 큰 영향을 미친 역사적 요인으로 작용했다는 점에서 중요한 문제성을 지닌다. 유럽 출신 건축가들에 의한 식민지 건축양식은 동남아 현지의 지배계층은 물론 건축 장인들의 문화의식과 창작 태도를 근본적으로 뒤흔드는 배경이 되었고, 이는 전(前)근대 시기인 19세기 전반에 걸쳐 진행된 급변하는 사회변화 속에서 새로운 국면으로 전환되는 계기가 되었다.

전술했듯이, 동남아에서 19세기 전후(前後) 시기는 그 어느 때보다도 서양 세력의 식민지 확보 경쟁이 치열하게 전개되었던 때였으며, 또한 근대 시기로 이어지는 과도기로서의 의미를 지닌다. 이 시기에 동남아 각국은 크게 자국(自國)의 건축양식과 식민건축 사이에서 발생할 수 있는 다양한 건축적 반응과 갈등을 드러냈다. 여기에서는 그러한 반응을 가장 적극적이면서도 다양하게 보여 주었던 태국을 주된 사례로 삼아 그와 연관된 전반적인 양상을 살폈다.

1. 태국의 건축역사 개관

동남아의 대륙부 지역에서 전개된 역사적 흐름은 주로 크메르 종족(캄보디아), 몬 종족(미얀마), 타이 종족(태국) 등의 세 종족들이 시기와 지역을 달리하며 드러낸 흥망성쇠의 과정으로 요약될 수 있다. 그러한 흐름에서, 태국은 13세기 초에 수코타이 왕국(1235~1438)을 수립함으로써 이후 시기의 동남아 역사를 직·간접적으로 주도해 왔다. 수코타이 시기에 형성된 문화적 성취는 후속 왕조인 아유타야 왕국(1350~1767) 시기의 문화 양상을 이끄는 근본적 가치로 작용했으며, 그것은 현 왕조인 방콕 왕조(1782~현재) 시기에 들어서도 지속적으로 이어져 왔다. 그 과정에는, 태국의 문화적 고유성 내지는 원래성(原來性) 그 자체를 추구했던 궤적 외에도, 서양 열강들을 비롯해 주변국들과의 문화적 접촉과 교류를 통해 발생한 변화를 자국의 문화 속에서 새로운 시각으로 다변화시키려 했던 노력의 결과도 담겨 있다.

태국은 대체로 외래문화에 대한 포용력을 발휘해 왔다. 이는 태국의 문화가 민족적·지역적 경계를 넘어 소위 '범(汎) 동남아시아성'과 연관된 보편적 특성을 지니게 된 바탕으로 작용했다. 그것은 역사적으로 태국 왕조의 군주와 지배계급이 주변국들과 서양 열강들에 대해 쇄국(鎖國)보다는 개방적이고 우호적인 태도를 취해 왔던 측면과도 깊은 관계가 있는 것으로 여겨진다. 이러한 태도는 서양과의 국제관계가 심화되기 시작했던 19세기 전후(前後) 시기까지 유지되면서 사회적 변화와 개혁을 추진하는 주된 동력으로 작용했을 뿐만 아니라 문화예술 전반의 다양한 흐름을 이끌어가는 기본 바탕이 되었다.

비록 영국과 프랑스의 정치적 이해관계 속에서 영국의 강력한 정치적 간섭을 받고 있던 상황이긴 했지만, 태국은 유럽 열강들의 식민지 확보 경쟁이 치열하게 전개되었던 당시의 동남아 판도에서 유일하게 정치적 독립을 유지하고 있었다. 이는 태국이 부국강병(富國强兵)의 논리로 서양의 문물을 주체적인 입장에서 수용할 수 있었던 중요한 요인이었으며, 그 결과 당시 유럽의 문화와 기술적 진보를 동남아의 주변국들에 비해 상대적으로 주체적인 입장에서 적극적으로 받아들일 수 있었다.

전반적으로, 19C 전후 시기는 태국을 비롯한 동남아 전역의 사회적 · 문화적 변동과 그에 따른 건축적 변화가 크게 발생한 때였고, 또 이후 시기의 근대적 의미의 사회 변화를 이루는 과정에서도 적잖은 인과성을 드러내고 있음과 동시에 그와 관련된 비판적 문제성을 함의하고 있다는 점에서 큰 의미를 갖는다.

태국 역사의 시기구분에서 방콕 왕조 시기에 해당하는 이 시기의 태국 건축 역시 넓은 범위에서 이와 관련된 일정한 흐름과 특성을 지닌다. 그것은 초기 방콕 시기, 문호개방 시기, 문호개방 이후 시기 등의 세 기간으로 크게 나뉘어 설명될 수 있다. 첫 번째는 라마 1세부터 라마 3세까지의 초기 기간으로, 중국을 비롯한 유럽 국가들과의 교류가 재개되면서 새로운 사회적 변화가 싹틈과 동시에 문화적인 면에서 아유타야 시대의 건축적 유산과 전통적 질서가 함께 강조되었다. 두 번째는 라마 4세와 라마 5세에 걸친 기간으로, 서양 국가들과의 교류가 확대되면서 사회적으로 서구식의 사회 변화가 진행되었고, 건축 역시 서양의 신고전주의 양식을 따르는 경향을 보였다. 세 번째는 라마 6세부터 입헌혁명 발생 직후인 1934년까지로, 앞 시기의 사회적 변화가 더 구체적으로 실현되면서 건축에서도 이전 시기와는 다른 근대적 개념과 디자인 원리가 적극적으로 도입되기 시작하였다.

2. 초기 방콕 왕조 시기: 라마 1세(1782~1809)~라마 3세(1824~1851)

방콕 왕조 초창기는 미얀마와의 전쟁을 마무리하고 국가의 재건과 방어에 총력을 쏟던 시기였다. 전쟁의 여파로 인해 경제적 발전을 거의 이룰 수 없었던 당시의 초창기 현실에서 이루어진 일반 예술과 건축은 전체적으로 전(前) 시기인 아유타야 왕조 동안에 확립된 문화적 전통과 양식적 전형을 따르는 경향이 강했다. 이 기간에 건설된 종교 및 왕실 관련 시설은 과거 아유타야 시대의 건축을 그대로 답습하거나 반복했고, 주거용 건축물의 형태 역시 별다른 변화 없이 단지 아유타야 시대부터 내려온 전통을 계승했을 뿐이었다.

방콕 왕조의 첫 번째 왕인 라마 1세는 국민들의 사기와 명예를 높이고 국력을 결집시키기 위해 새로운 왕궁(Grand Palace, 1783)을 세우는 한편 여러 사원의 복원과 재건에 힘썼다. 라마 1세는 전통적인 아유타야 시대의 건축양식을 영속화시키려고 했는데, 이는 그 당시 건축 분야에 종사했던 대부분의 건축 관련 장인들이 아유타야 시대의 건축적 지식과 경험을 중시했기 때문이다. 여기에는 새로운 왕조가 설립된 초창기에 전문적인 건축기술과 경험을 가진 건축장인들이 많지 않았기 때문에 어쩔 수 없이 과거 아유타야

▲ **사진 95** 왕궁 전경, 방콕, 태국

와 톤부리(Tonburi, 1767~82) 왕조 시기에 활동했던 건축장인들에게 의존할 수밖에 없었던 사회적 이유가 작용했다.[1] 또한 건축기술 면에서도 기술적 진보를 이루었다기보다는 과거 시대의 건축기술을 답습하면서 완성도가 결여되는 한계를 드러냈다. 뿐만 아니라, 건설재료가 부족했던 탓에 사원 건립의 주 재료였던 벽돌을 전쟁으로 폐허가 된 옛 도시의 유적(遺跡)에서 철거·운반해 사용하기도 했다.

---

1) 태국건축가협회 (태국어판, 1993), p.13.

◀ **사진 96**
왕궁 내 스투파

▼ **사진 97** 왕궁 내 전각

새 왕조의 출발을 상징하기 위한 목적에서 건립된 왕궁은 총면적 218,400sq.m, 외벽 둘레 길이가 1,900m에 이르는 대규모 국가 프로젝트였으며, 기본적으로 아유타야의 양식을 모델로 삼아 이루어졌다. 새로 건설된 쑤탓싸나텝와라람 사원의 사당 역시 아유타야의 프라몽클롭핏 사당에서 그 형태를 모방했다.[2] 이 시기의 다른 중요 건축물로는 부언싸탄몽콘 왕궁, 프라 깨우 사원, 프라몬티얀탐 실(室), 싸라부리에 있는 붓다의 발자국 차양(닫집) 등을 들 수 있으며, 이외에도 방콕에서 가장 오래된 왓 포(Wat Pho, 1788년)와 싸락(마하탓) 사원의 복원이 있었다.

아유타야 시대에 확립된 건축적 전통에 대한 강한 향수는 라마 2세까지 강하게 이어졌다. 특히, 예술에 큰 관심을 갖고 있었던 라마 2세는 여러 예술 분야—건축, 문학, 그림, 조각 등—의 작품 활동을 활성화시키면서 자신도 직접 참여하였으며,[3] 각 분야의 예술장인들의 능력을 시험하고 육성하기 위해 쑤언콰[4]를 조성하기도 하였다. 쑤언콰는 자연을 모방하여 왕궁 내에 건설한 공원으로, 라마 2세는 이 작업에 목수, 시멘트공, 조각가, 기술자, 화가 등 그 당시의 예술장인들을 모아 서로의 능력을 시험하면서 당대의 문화 예술을 이끌어 가는 실험장으로 활용하였다. 새로운 시대를 위한 문화 창작과 예술의 활성화를 모색했던 이러한 흐름 속에서, 라마 2세 말기에 전 시대부터 사용되어 오던 역사적 건축 형태에 대한 집착이 점차 약해지기 시작하면서 당대(當代)의 독창적인 형태를 추구하려는 움직임이 일어나기도 했다.

---

2) Ibid.
3) 라마 2세는 스스로 싸낭짠 정자의 벽면에 무늬를 그려 넣기도 했고, 쑤탓 사원의 목재문에 조각을 새겨 넣기도 했다.
4) 현재 쑤언콰의 흔적이 없기 때문에 정확한 규모는 알 수 없다. 공원 중앙에 '48와×64와'(1와=2m) 규모의 연못이 있었다. 바닥은 시멘트로, 연못 가장자리는 벽돌로 쌓았다. (태국건축가협회, op. cit., p.14).

　　방콕 왕조 초창기의 건축에서 특기할 만한 현상은 라마 3세 시기에 나타
났다. 그것은 이 시기에 발생한 중요한 사회현상 중의 하나인 중국인의 이주
와 깊은 관계를 맺고 있다. 중국과의 국제무역이 시작되면서 방콕에 정착하
는 중국 이주민의 수가 급증하기 시작했고, 이와 함께 중국 문화와의 결합을
시도하는 새로운 흐름이 나타났다. 이에 따라, 중국풍의 예술과 건축이 유행
하기 시작했고, 태국의 장인들 역시 중국의 예술적 요소를 차용하거나 변용
하는 방식을 선호하게 되었다.

◀ **도면 55** 왓 아룬 스투파의 입면도

▶ **도면 56**
왓 아룬 스투파의 평면도

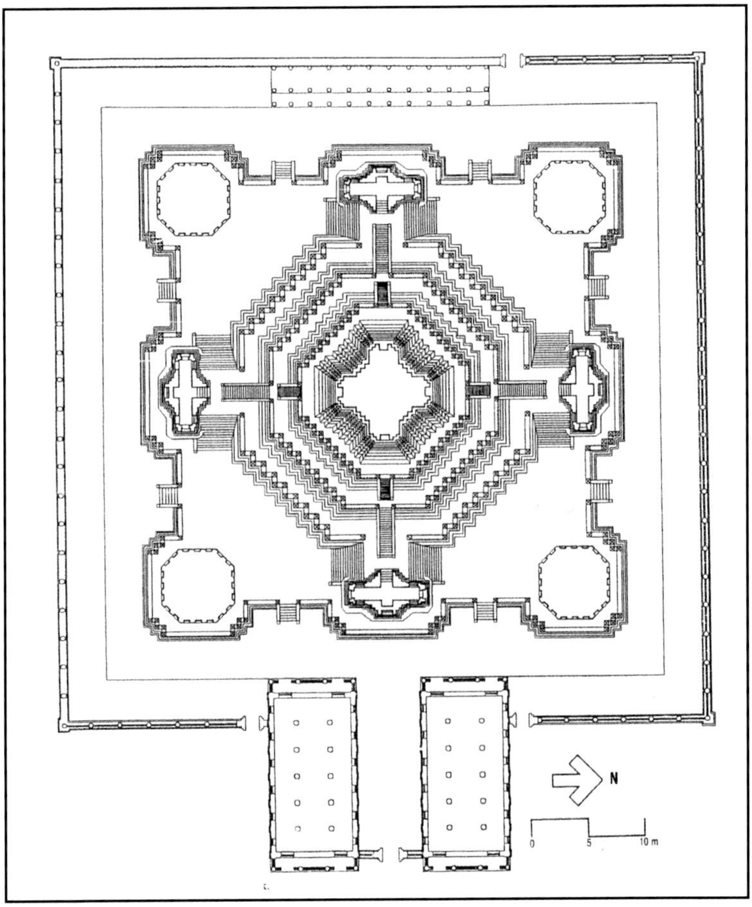

이와 관련해, 라마 3세 시기의 빼놓을 수 없는 대표적인 건축물로 방콕의 대표적인 불교사원인 왓 아룬(Wat Arun, 1842~1909)의 스투파를 들 수 있다. 방콕에서 가장 큰 사원을 세우고자 의도했던 라마 2세의 생각을 계승하여 라마 3세가 세운 이 스투파는 싸껫 사원의 프라브롬반폿(金山)의 기본 개념을 모방한 것으로, 웅대함을 특징으로 삼는다. 전체 구조는 벽돌과 시멘트로 세워졌으며, 표면은 흑색, 황색, 적색, 백색, 녹색 등의 채색기와로 장식되어 있다. 또한 상부에는 왕관 모양의 상륜부가 있는데, 이러한 방식은 예전과는 다른 이 당시 고유의 특성으로 간주된다.[6]

또한 라마 1세부터 라마 3세 시기 동안에는 스투파의 일종인 체디(chedi)와 프랑(prang)이 크게 유행되었다. 그 중요한 예로 톤부리의 라캉 사원에 있는 프랑과 방콕 왓 포 사원의 체디가 있다. 라마 3세 동안에는 스리랑카 양식의 원형 스투파가 대중화되기 시작했는데, 이는 후에 라마 4세가 된 몽굿 왕(King Mongkut)이 수코타이 예술에 관심을 갖고 수코타이의 원형 스투파 개념을 방콕으로 들여왔기 때문이다. 이런 이유로, 몇몇 체디는 수코타이 시대에 유행하던 스리랑카 양식과 비슷한 모양으로 지어지기도 했다. 라차보핏 사원과 보본 사원의 체디, 그리고 라마 4세 때 지어진 근대식의 프라파톰 체디 등이 그 예에 속한다. 방콕 왕조 시기에 세워진 대부분의 사원은 라마 3세 이전에 건립되었으며, 그 이후에 건립된 것은 극히 소수에 불과하다.

5) 최고 높이 86m로 크메르식 상륜부를 지녔으며, 정사각형의 네 모서리부에 중국식 다색장식으로 꾸며진 네 개의 작은 스투파가 있다.
6) 태국건축가협회, op. cit., p.20.

3. 문호 개방 시기: 라마 4세(1851~1868)~라마 5세 (1868~1910)

라마 1세부터 라마 3세까지의 초창기 양상이, 새 왕조의 정통성과 기틀을 확립하기 위한 문화 전략의 일환으로서 이전 시기에 확립된 건축적 전통을 강조하면서 부분적으로 중국의 사회·문화적 영향을 가미했던 것으로 요약될 수 있다면, 라마 4세와 라마 5세로 이어지는 다음 시기는 서양건축의 영향이 점차 커지기 시작한 때로 이전 시기와는 구별되는 전환점으로 설명될 수 있으며,[7] 사회적 측면에서도 근대의 기점으로 보는 견해가 강하다.

태국의 역사에서, 아유타야 시대의 나라이(Narai, 1657~1688) 왕조 때 단절되었던 서양과의 국제관계는 라마 3세 시기 동안의 과도기를 거친 이후 라마 4세 시기에 접어들면서 본격적으로 재개되기 시작했다. 1855년에 영국과 체결한 바우링 국제무역조약은 서양과의 국제관계를 공식적으로 재개시킨 중요한 사건으로, 이후 태국의 사회·문화적 변화에 지대한 영향을 미쳤다. 참고로, 바우링 조약은 영국과의 우호 및 상업에 관한 내용을 담고 있는데, 태국은 이 조약으로 인해 외국기업의 자유무역을 허용하게 되었을 뿐만 아니라 영국인에 대한 사법권과 조세부과에 관한 자율권을 상실하게 되었다. 이를 계기로 연이어 맺어진 미국과 프랑스와의 국제조약 역시 바우링 조약과 유사한 내용으로 이루어짐으로써, 태국은 정치·경제적인 면에서 사실상 서양 열강들의 간섭을 크게 받았던 반(半)식민지적인 처지에 놓이게 되었다.

당시 말레이시아 반도에서 큰 영향력을 행사하고 있었던 영국은 미얀마

---

7) Pussadee Tiptus (1992), p.14.

까지 통치하게 되면서 인접국인 태국과의 정치적 접촉도 쉽게 이룰 수 있었다. 국가의 존립을 위해 불가피하게 서양 열강들에 대한 유화 정책을 폈던 태국은, 당시 태국을 사이에 두고 서로 대립했던 영국과 프랑스에게 영토의 일부를 할양하는 질곡의 과정을 거쳤지만, 결국에는 바우링 조약으로 확립된 영국과의 우호 관계를 통해 정치적 독립국으로서의 지위를 유지하면서 부국강병을 모색하는 전략을 취했다. 영국과의 초기 관계는 주로 정치와 무역 분야를 중심으로 전개되었다. 그에 비해, 예술과 건축 분야에서의 교류는 상대적으로 활발하지 못했다. 서양 열강들은 동남아 지역에 식민지를 확대하려는 목적으로 들어왔기 때문에, 이전 시기에 무역상들이 상업적 이익을 얻기 위해 동남아에 정착했던 것과는 근본적으로 다른 큰 차이를 갖는다.[8]

이 시기에 유럽 열강들과의 국제 관계가 새롭게 정립되고 그에 따른 문화 교류가 확대되면서 유럽건축에 대한 이해와 실천이 상대적으로 강하게 진행되었다. 이는 중국적인 문화적 모티브와 함께 당대의 건축적 변화를 이끌었던 새로운 개념으로 가치화되었다.[9] 한편, 라마 4세 기간 동안에도 아유타야 시대의 건축을 직설적으로 모방한 불교사원이 건립되었는데, 아유타야 시대의 프라시산펫 사원(Wat Phra Si Sanpet)의 스투파를 모방한 방콕의 프라시라따나(Pra Si Ratana) 스투파는 그 대표적인 예에 속한다.[10] 그러나 서양 문화의 영향이 커지면서 상대적으로 아유타야의 전통도 약해지게 되었다.

태국의 지식층이었던 왕족과 지배층은 서구식의 진보된 교육의 필요성

---

8) 과거에는 무역이 주목적이었다. 즉, 토산품을 구하기 위해 유리한 무역 장소를 차지하고 다른 나라들과의 해상 경쟁에서 해상 무역선을 쉽게 통제할 수 있는 지역을 차지하는 데 주안점을 두었다. 그러나 해상 교통의 발달로 식민지 경쟁이 치열하게 전개되면서 서양 열강들은 단지 무역 장소만 원한 것이 아니라 식민지에서의 효율적인 자원 착취를 위해 주둔 지역을 필요로 하게 되었다.

9) K. I. Matics (1992), p.12.

10) Subhadradis Diskul (1991), p.31.

을 주시하기 시작했다. 라마 4세는 유화 정책의 일환으로 공무원들의 외국 유학을 적극적으로 장려하면서, 다른 한편으로는 상당수의 외국인을 공무원으로 등용했다. 그 결과, 태국은 동남아 지역의 다른 나라들에 비해 서양의 진보된 과학지식과 공학기술을 빨리 습득할 수 있었는데, 자체 기술력으로 증기선을 제작할 수 있을 정도의 수준이었다.[11] 이 시기에 철(鐵)이 건축물 장식에 처음으로 사용되기 시작했다.[12] 주로 왕궁과 일반 공공건물에 쓰였던 철은 문, 창문, 울타리 등의 장식에 사용되었을 뿐만 아니라, 교량 건설의 기본 자재로 사용되는 사례도 많았다.

한편, 영국이 1842년에 중국과의 아편전쟁에서 승리함에 따라 태국과 중국과의 외교 관계를 공식적으로 중지시키는 결과를 초래했지만, 그것이 중국과의 자유무역과 중국인의 왕래 · 이주를 금지시킨 것은 아니었기 때문에 중국 예술의 영향은 여전히 이어졌다.[13] 당시에는, 태국의 대외무역이 활성화되고 건축물의 수요가 양적으로 크게 증가하게 되면서 막대한 건설물량을 충당할 수 있는 많은 노동력이 필요했다. 이러한 사회적 흐름에서 중국인 기술자를 고용하는 경향도 함께 늘어났는데, 이 또한 중국 예술의 영향이 지속될 수 있었던 현실적인 이유로 작용했다.

라마 4세인 몽굿 왕은 서양과의 교류가 확대됨에 따라 서양 문물의 중요성을 인식하고, 서양인의 참여와 조언을 적극적으로 수용했다. 건축 분야에서도, 비록 한정적이기는 했지만, 유럽 출신의 건축가들이 서양풍의 건축계획과 건설에 관여하기 시작했다. 그 당시 방콕에 살았던 외국인과 전도사들 역시 부분적으로 건축 분야에 관해 조언해주는 자문 역할을 하면서 서양의

---

11) 냉너이 싹씨 (태국어판, 1993), p.61.
12) Ibid.
13) 태국건축가협회, op. cit., p.17.

건축지식과 기술을 태국의 열대기후와 생활조건에 알맞도록 조합시켰다.[14]
이와 함께, 동남아에 퍼져 있던 영국풍의 식민건축이 소개되기 시작하면서
서양식의 건축설계와 주거양식이 나타나기 시작했다. 이러한 주거용 건축
물은 대개 2층 규모로, 위층은 사방으로 베란다[15]가 설치되고, 아래층은 개
방된 평면구성을 취했다.

▲ **사진 99** 왕궁 내 보롬피만 홀, 방콕, 태국

14) Pussadee Tiptus, op. cit., pp.14-15.

15) 베란다는 원래 인도계의 거주 양식이라고 하며, 유럽의 언어들 중에서도 포르투갈에서 사용되었던 예가
    있다. 이는 2층 규모의 벽돌조 주거로서 1, 2층의 상·하 베란다 열주와 연속 아치를 이었다. 이는 통풍이
    나 일사량 조절과 연관된 것으로 서양의 외교관, 무역상, 종교인들에 의해 식민지 국가로 전파되었다. 베
    란다 양식은 포르투갈인의 교역 활동의 확장으로 극동아시아 지역에까지 전해졌다. 이는 18세기 말에 들
    어 건축물 주위에 베란다가 달린 하나의 건축양식으로 변화되었는데, 이것을 영국 식민지에서는 '방갈로
    양식(Bungalow Style)'이라 불렀고, 네덜란드 식민지에서는 '인도 양식(Indish Style)'이라고 불렀다(김
    정동 (1990), p.70).

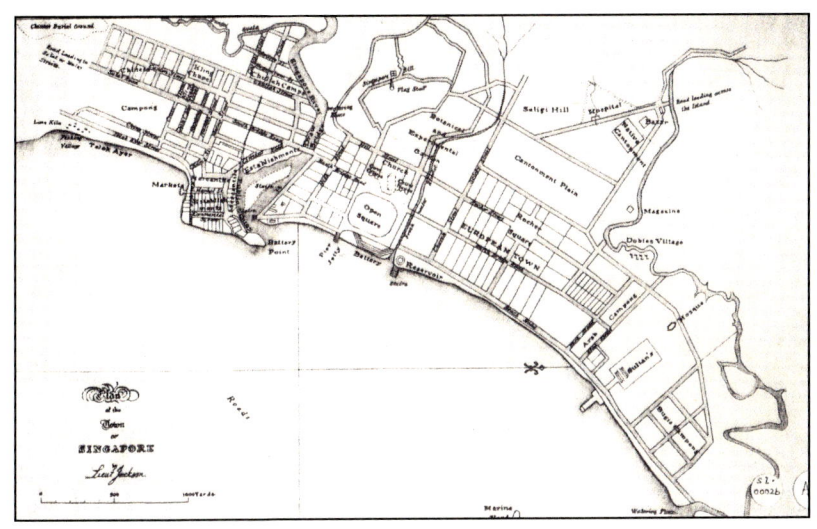

그 시기에 태국에서 등장한 서양풍의 건축양식은 외국대사관, 법원, 외
국 무역상들의 거주지, 물품창고 등과 같이 서양인들이 직접 운영하는 시설
에 한해 부분적으로 이루어지거나, 왕궁 내에 몇몇 서양풍 건축물을 짓는 정
도에 그쳤다. 이들 건축물들은 대부분 아시아의 여러 식민지에서 유행했던
유럽풍의 건축양식으로 세워졌다. 왕궁 내 지어진 대표적인 예로 보롬피만
궁전(Borom Phiman Mansion)과 예술회관을 들 수 있다. 유럽 건축가가 설
계한 보롬피만 궁전은 내부 응접실 위에 사각형 돔을 얹었고 벽면에는 인도
의 우주관을 묘사한 프레스코 벽화가 그려져 있다. 또 외국과의 접촉이 많아
짐에 따라 외국인들에게 편리한 시설을 제공함과 더불어 선진적인 국가 이
미지를 심어 주기 위한 목적으로 왕궁 내에 조성되었던 '아피나와니윗'이라
는 명칭의 촌락 또한 그 무렵 서양풍 건축의 양상을 대변하는 사례로 꼽힌다.

왕궁 내에서 지배 세력을 중심으로 처음 시도되었던 서양건축에 대한 선
호는 점차 왕궁 영역을 벗어나 공공적인 성격의 불교사원과 사회 발전에 필

요한 관료 · 공공건축 그리고 주요 도로변의 건축물들로까지 확대되었고, 점차 건축물을 장식하는 예술적인 구성 요소로 도입되기 시작했다. 태국 화폐주조소를 비롯해, 방콕에 새로 조성된 주요 가로변의 건축물들은 모두 여기에 해당하는 예들이다. 특히, 이들 도로변의 건축물들은 네덜란드의 도시와 영국령 식민지였던 싱가포르의 가로변 건축물을 모델로 삼기도 했다.

이처럼, 라마 2세 때 왕궁의 쑤언콰 공원 내에서 왕족과 귀족의 문화적 취미 차원에서 실험적으로 시도되었던 서양건축은 라마 4세에 이르러 본격적으로 전개되기 시작했다. 이 시기에 유럽에서 전개되고 있었던 건축적 경향은 신고전주의 양식으로, 바로크에서 신고전주의로 넘어가는 과도기였다. 당시 태국에 유입된 건축양식 역시 신고전주의적 색채가 강한 것으로, 태국 고유의 건축양식을 큰 틀로 삼으면서 유럽의 건축요소를 변용하는 절충적 양상을 드러냈다. 이러한 양상은 서양과의 관계가 확대되면서 더 강하게 전개되었다.

하지만 전체적으로는, 라마 2세와 라마 3세 시기에 드러냈던 중국 문화와의 영향 관계에서처럼, 건축물의 외부를 장식하는 수단으로 활용되는 데 그쳤고 그 성격 또한 범(汎) 대중적인 선호보다는 지배 세력의 취미 차원에서 이루어졌을 뿐, 내부공간과 형태를 구성하는 기본적 틀은 여전히 전통적인 방식을 따랐기 때문에 태국건축의 양식적 흐름을 뒤바꿀 정도의 영향력을 갖지는 못했다.

한편, 도시 구성 면에서도 부분적으로 변화가 발생했다. 기존의 수로(水路)를 축으로 삼아 이루어졌던 도로 체계는 근대적인 표준에 따라 재건되기 시작했는데, 방콕 차이나타운(China-town) 지역의 차로엔 크룽 신도로를 시작으로 밤룽 무엉 도로와 흐엉 나컨 도로 등이 잇따라 건설되었다.[206] 이들 중, 차로엔 크룽 도로는 그 당시에 방콕에 거주하던 외국인들의 요청에 따라

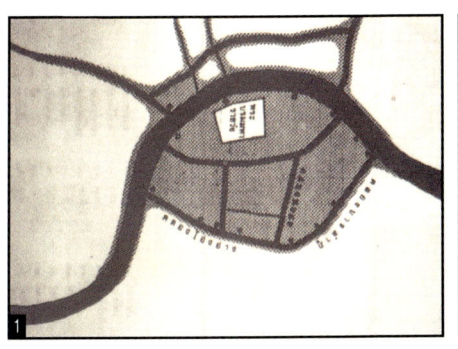

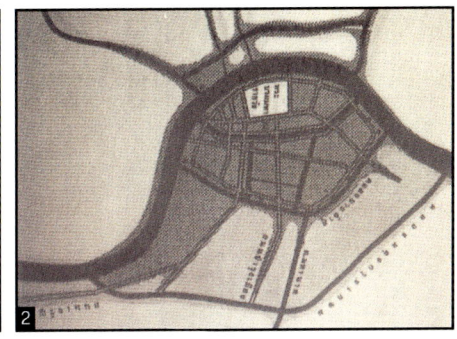

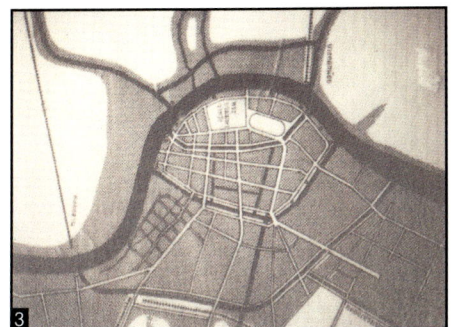

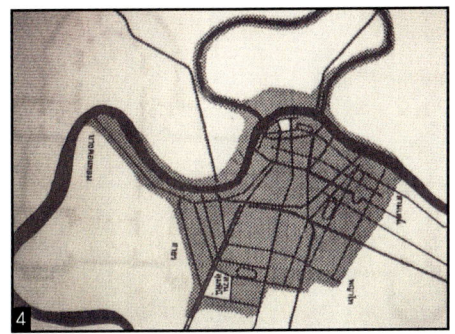

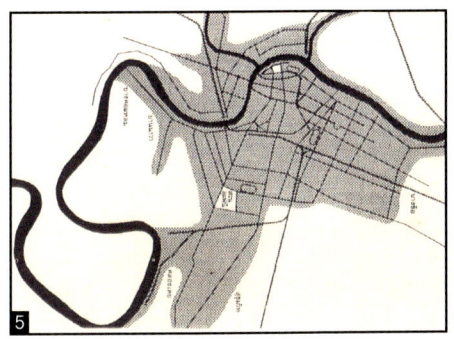

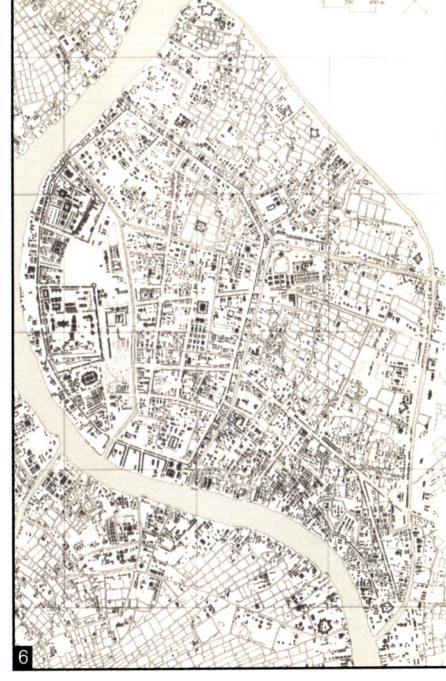

▲ **도면 58** 방콕의 도시변화
1. 라마 1~3세 시기 / 2. 라마 4세 시기 / 3. 라마 5세 시기 /
4. 라마 6세시기 / 5. 라마 7~9세 시기 / 6. 1980년대 후반

▲ **사진 100** 방콕의 도심지 내 수로

라마 4세가 수립한 것으로, 이후 방콕의 상업 및 서양풍 건축의 중심지가 되었다.[16]

　이 무렵, 신도로의 건설과 함께 새로운 도시형 타입으로 나타나기 시작한 것이 숍하우스(Shop-house) 건축이다. 특히, 19세기 동안 중국인의 이주가 많아지면서 지위가 낮은 계층에서 넓게 퍼진 건축적 현상을 특별히 '중국식 상가주택(혹은 Hong Thaew)'이라 불렀다.[18] 이는 20세기 초까지 중국인

---

16) 방콕 왕조 초기에는 경작에 필요한 물과 수로를 이용한 교통수단 때문에 대개 강이나 하천의 주변에 주거지가 형성되었다. 따라서 방콕의 초기 교통망은 큰 강과 연결된 여러 개의 운하로 이루어졌다. 도로는 단지 방콕 내의 왕궁과 공공장소를 연결하는 정도밖에 없었고, 그나마 처음에는 교통과 운송을 목적으로 한 것이 아니라 대부분 보도용이었기 때문에 넓지 않았다. 라마 5세 때 이르러 서구와의 무역이 증대되고 왕궁들 사이의 접촉이 늘어남에 따라 도로 건설의 필요성이 높아졌다. 또 도성 안과 도성 밖 주거지를 잇는 여러 갈래의 도로가 자연스럽게 생겨나기 시작했다. 주거지 역시 초기처럼 강이나 하천가를 따라 형성되었던 것 대신에 새로 건설된 도로에 면해서 형성되었다. 또한 많은 다리(총 17개)를 건설하여 왕궁을 기본 축으로 여러 도로들이 하나로 연결되도록 했다(태국건축가협회 (1993), p.17).

17) Luca Invernizzi Tettoni (1988), p.143.

18) John Hoskin (1984), p.25.

거류지에서뿐만이 아니라 방콕 어디에서나 볼 수 있는 대중적인 건축형식으로 널리 보편화되었다.

앞 장에서 설명했듯이, 숍하우스는 상점과 주거가 결합된 복합 용도의 건축물이 도로변을 따라 열 지어 있는 것으로, 상당히 기능적인 형태를 취하고 있었다. 전체적인 구성은 3~4층 높이의 직사각형 박스 형태로, 1층을 상업 목적—상점, 레스토랑, 작업장(일터), 창고, 도매점 등—으로 사용하고, 위층에는 건물주의 생활공간으로 계획되었다. 19세기 중반 무렵, 방콕에서 숍하우스가 처음 출현할 당시는 건축비가 저렴하고 시공이 용이했을 뿐 아니라 토지이용률도 높았기 때문에 사회적으로 널리 유행되었다.

라마 4세 때부터 커지기 시작한 서양의 영향은 라마 5세인 출라롱컨 왕(King Chulalongkorn)에 이르러 더 가속화되었다. 서양건축의 영향에 따른 근본적인 변화 역시 라마 5세 시기부터 시작되었다. 라마 5세는 급속하게 변화하는 새로운 시대를 준비하기 위해 서양 문물의 도입을 이전보다 더 적극적으로 끌어들여 사회적 측면의 근대화 정책을 지속적으로 추진하였다. 서양의 영향력은 정치, 경제, 사회, 문화 등 모든 분야에 걸쳐 확대되어 왕궁 내의 여러 관습에까지도 영향을 미쳤다. 또한 국가통치제도의 변화와 함께 교육제도와 통신, 교통, 수도, 전기 등의 도시 공공 기반시설 면에서 폭넓은 변화와 확장을 이루었고, 이와 관련된 건축물들이 대량 신축되었다. 이와 같이, 라마 5세가 지녔던 근대사회로의 열망과 그에 따라 광범위하게 추진되었던 국가운영정책 및 도시체계의 구조적 변화는 방콕의 도시경관과 건축환경을 크게 변화시키는 중요한 사회·정치적 요인으로 작용했다.[19]

선대(先代) 왕과 마찬가지로, 라마 5세 또한 서양의 근대적 사회변화와

---

19) 그 예로, 건축에서는 노예제도의 폐지로 지주들의 집 크기가 작아졌고 협소해졌다. 또 토지대장을 사용하여 각각의 토지소유권을 분명하게 규정했는데, 이 또한 건축물의 형태 규정에 영향을 미쳤다.

▲ **사진 101** 방콕 차이나타운 내의 숍하우스 건물군

▲ **사진 102** 숍하우스의 한 예, 차이나타운, 방콕, 태국

과학기술의 성과에 주목하고 귀족들과 공무원들을 외국으로 유학시켜 국가 경쟁력 향상의 일환으로 삼았으며, 자신도 말레이시아, 싱가포르, 자바, 스리랑카, 인도, 유럽 등을 방문하여 서구식으로 발전된 사회상을 직접 경험하기도 했다.[20] 서구식의 근대사회를 지향했던 라마 5세 통치하의 태국 정부는 여러 분야에서 전문적인 지식과 능력을 겸비한 서양의 전문가를 필요로 했다. 이에 따라, 상당수의 유럽인들이 태국의 여러 정부기관에서 공무원으로 등용되기 위해 태국으로 건너왔다.[21] 사실, 서양 열강들에 대해 펼쳤던 유화 정책으로 인해, 태국 왕정은 외국인을 관직에 등용하지 않을 수 없었다.[22] 결과적으로, 이들은 태국 사회의 근대화 정책을 추진하는 중요한 인적(人的) 자원으로 활용되었다.

태국에서 공무원으로 등용된 서양인들 중에는 건축가를 비롯해 토목·측량·전기 관련 기술자 등이 포함되어 있었다. 이들은 서양의 건축기술을 소개하면서 주로 왕궁과 공공건물 및 고위 공무원의 저택을 설계했는데, 이 시기에 태국에서는 처음으로 표준 벽돌이 사용되었다. 라마 5세는 서양 건축가를 고용하여 차크리 마하프라삿 궁전(Chakri-Mahaprasad Hall, 1876~1882년)과 아난타 싸마콤 궁전(Anata Samakhom Throne Hall, 1908~1915년) 등의 왕궁 관련 시설을 비롯해 정부청사, 병원, 학교 등의 공공시설물의 건설을 추진하였고, 지방에서도 서양식의 성곽과 궁전이 세워지기 시작했다.[23]

---

20) 촛 깐야나밋 (1983), p.62.
21) Pussadee Tiptus, op. cit., p.17.
22) 태국건축가협회, op. cit., p.68.
23) 방콕과 지방에서 서양식 성과 궁전이 많이 세워짐에 따라 서양의 새로운 건축 지식과 기술을 필요로 했다. 이에 따라, 유럽의 건축가, 토목 및 전기 기술자, 측량 기술자들이 태국의 정부 기관에 공직자로 임명되었다. 존 클러니쉬(John Clunish)와 에드워드 힐리(Edward Healy)는 라마 5세 당시 가장 유명했던 서양 건축가였다.

▲ **사진 103** 차크리 마하프라삿 홀, 방콕, 태국

◀ **사진 104** 차크리 마하
프라삿 홀의 중앙부

▲ **사진 105** 아난타 싸마콤, 방콕, 태국

　방콕 내에 지어지는 건축물의 유형도 이전 시기인 라마 4세 때에 비해 훨씬 다양해졌을 뿐만 아니라 신축되는 건축물의 수도 크게 증가하기 시작했다. 이전 시기에 주류를 이루었던 왕궁 내 시설이나 관료·공공시설 외에도, 외국인들의 산업 참여와 관련된 건축물들—공장, 상업점포, 조선소 등—과 외국인 전용 주거시설이 광범위하게 건설되었으며, 행정·군사·외교 등을 비롯한 여러 기능들이 라마 5세의 정책에 따라 왕궁 밖으로 이전되면서 여기에 필요한 다양한 업무용 건축물들이 새롭게 건립되었다.

　또한 많은 귀족과 부유층들도 자신들의 개인 건축을 위해 서양 건축가들을 필요로 하였다. 당시의 지배계층과 특권 부유층은 서양식 생활에 대한 동경과 문화적 취향을 갖고 있었고, 건축은 그것을 표현하는 주된 대상이었다. 이와 함께, 사회적으로 건축 관련 직종(職種)이 크게 증가하면서 건축도 하나의 전문분야로 인식되기 시작했다.

　이 같은 양상과 함께, 이전에 단편적인 장식 수준에서 차용되었던 서양

건축의 양식적 요소들은 형태를 결정짓는 주된 건축어휘로 확대되었고, 건축양식 면에서도 신고전주의풍의 역사적 형태와 함께 당시 유럽에서 새롭게 태동되었던 초기 근대건축의 형식이 소개되면서 다양한 경향들―태국의 전통건축양식, 유럽의 신고전주의양식, 서양의 초기 근대건축양식 등―이 혼재되는 양상을 보여 주었다. 하지만 여기에는 전통양식과 근대적 건축형식 그리고 태국식과 서양식 사이의 이항대립적인 충돌과 갈등이 내재되어 있었고, 그것은 점차 태국건축의 정체성과 관련된 심각한 논의로 발전되었다.

재론컨대, 라마 5세 당시의 건축양식적 경향은 태국식과 서양식을 절충하거나 서양건축 그 자체를 직설적으로 모방하는 경향이 강했다. 또한 서양건축에 대한 양식적 선호도(選好度)가 신고전주의풍의 역사적 형태에서 초기 근대건축양식으로 빠르게 전환되면서 왕궁건축과 관료 · 공공건축을 비롯한 도심지 주요 건축물들이 근대적인 건축양식으로 전개되는 양상이 이전에 비해 상당히 늘어나기 시작했다. 이러한 건축적 변화는 근본적으로 19C 말 서양의 근대적 사회 발전에 큰 관심을 보였던 라마 5세가 태국 사회를 근대적으로 혁신시키기 위해 추진했던 '차크리 개혁(Chakri Reformation)'과 맞물려 있다. 그는 서양 사회를 발전 모델로 삼아 행정과 교육 등을 포함한 일련의 국가통치제도를 새롭게 개혁했고, 건축 역시 그러한 사회적 분위기에서 과거와는 확연히 구분되는 근대적 변화를 드러냈다.

하지만 대부분의 일반 건물은 전통적인 형식과 공간적 특성을 유지하고 있었다.[24] 당시 태국의 건축장인들은 서양건축에 대한 이해와 실천력이 상당히 부족한 상태에서 여전히 과거 건축의 양식적 틀에 머물러 있었기 때문에, 이러한 변화를 이끌었던 주체는 대부분 유럽 출신의 외국 건축가들이었

---

24) Pussadee Tiptus, op. cit., p.45.

다. 그들은 서양화의 물결이 거세게 일었던 사회적 배경 속에서 태국 지배세력의 적극적인 지원과 후원을 받아 태국의 건축장인들보다 훨씬 많은 설계기회와 특권을 누렸다. 이 같은 양상은 라마 6세와 라마 7세의 통치기간 내내 지속되었다.

한편, 종교시설과 같이 전통적인 건축양식이 요구되는 건축물의 설계는 전통건축에 대한 역사적 지식과 경험이 풍부한 태국 출신의 건축장인에게 맡겨지는 경우가 많았는데, 이들 중에는 서양건축에 대한 관찰과 경험을 통해 국제적인 감각과 전문적 기술을 익혔던 귀족 출신의 건축장인들도 포함되어 있었다.[25] 특히, 중요한 건축물의 설계는 귀족 출신 건축가들에게 위임되는 경우가 많았는데, 이들은 전통적인 설계 방식을 추구하면서 새로운 기술과 구조와 재료를 참고적으로 응용하였다. 나리스란누밧봉세(Narissranuwatwongse, 1863~1947), 바누랑스리 사왕옹세(Bhanurangsri Sawangvongse), 크롬 문 산파삿수파키(Krom Mun Sanpasatsupha-kij, 1857~1919), 프라비 줌사이(Pravij Jumsai, 1847~1925), 콘 홍사쿨(Korn Hongsakul, 1863~1914)[26], 프라 사팃니마른칸(Pra Sathitnimarnkarn) 등은 당시의 대표적인 귀족 출신 건축가들이다. 특히, 라마 5세의 아들인 나리스란누밧봉세는 건축 직업의 전문적 중요성을 강조하면서 태국건축의 근대적 전환을 주도했던 인물이었다.[27] 이들은 서양 건축가들과 함께 작업하면서 국제적인 건축기술과 감각을 배울 수 있었고, 이를 통해 얻은 지식과 경험으로 독립적인 건축 작업을 시작하였다.

---

25) Pussadee Tiptus, op. cit., p.19.
26) 1901년 벤차마보핏 사원의 건설, 왓 아룬 사원의 복원, 위만 맥 궁전 건설 당시의 주임 건축가였다.
27) Pussadee Tiptus, op. cit., p.75.

4. 문호 개방 이후 시기: 라마 6세(1910~1925)~라마 7세(1925~1934)

라마 6세가 왕위에 올랐을 때인 1910년(불기 2453년) 당시에도 서양 국가들과의 무역 교역은 더 확대되고 있었다. 건축 분야 역시 양적인 측면에서 큰 발전을 보였지만, 전체적인 흐름은 라마 5세 때와 같은 방향에서 진행되고 있었다. 이 시기에 공공편익시설이 활발하게 건설되면서 유럽 신고전주의풍의 식민건축과 함께 근대사회의 건축개념이 이전 시기에 비해 폭넓게 응용되기 시작했다. 라마 6세는 국민복지시설의 향상과 도시 위생 및 하수 공급체계의 수립에 많은 노력을 쏟았을 뿐만 아니라, 왕족과 귀족을 위한 궁전과 고급주거(mansion)를 건설하였고, 라마 5세가 기획·착수했었던 건설 작업을 계승하면서 그와 관련된 주요 건축물의 건설에도 박차를 가했다.[28] 이와 함께, 예술분야에 많은 관심을 기울였던 라마 6세는 화려한 건축물의 건설에 후원을 아끼지 않았다. 하지만 이는 왕실의 재정을 악화시켜 라마 6세 말기에는 심각한 재정위기를 맞아 다음 라마 7세 시기의 나라 운영에 직접적인 영향을 주었다.

또한 민주주의 국가를 수립하는 데 힘쓰면서 그에 따른 민주주의적 도시계획을 담은 '가상(假想)의 모형 도시(일명, 인형도시놀이)'를 추진하기도 했다.[29] 이러한 작업의 대부분은 이탈리아, 영국, 독일, 프랑스 등의 서양 건축

---

28) 영국 옥스퍼드 대학에서 유학한 라마 6세는 영국과 스위스의 시골농가 및 고딕풍을 결합한 절충양식을 선호하기도 했다.

29) 라마 6세는 민주주의 통치제도를 수립하기 위한 방법의 일환으로 가상모형도시를 만들어, 공무원들이 민주주의 제도를 알도록 훈련시키는 하나의 모델로 사용했다. 이는 태국의 도시구조와 통치제도에 관한 기본 이념을 드러내는 것으로, 도로계획을 비롯해 토지분배와 소유권 분할 및 건물의 배치 ―공공시설, 왕궁, 사원, 법원, 호텔, 일반주거지, 상업지역 등 ― 등에 관한 전반적인 내용이 담겨져 있다(촛 깐아나믿, op. cit., pp.63-68 참조).

가들에 의해 설계되었다. 이들 서양 건축가들의 대부분은 도시관리국, 예술문화성, 토목건설성 등과 같은 정부기관에 소속되어 있었으며, 정부와 관련한 작업 외에도 별도로 설계사무소를 운영하면서 개인 작업을 수행하고 있었다.[30]

이 같은 상황에서, 서양 건축가들과 함께 작업에 참여했던 태국 건축가들도 있었다. 예술국에서 보조건적사로 일했던 멈짜오 잇티텝싼 크리다컨은 그중 가장 뛰어났던 태국 건축가들 중의 한 사람으로, 프랑스의 에꼴 데 보자르에서 유학했으며 후에 예술단체 회장을 역임하기도 했다. 이외에, 프야 비수캄실 파프라시트, 프아아토른 수라실 등도 그 당시를 대표했던 태국 건축가들이다. 이 시기에 지어진 출라롱컨 대학교, 출라롱컨 병원, 프라랑 6 철교, 삼센 병원, 삼센전기발전소 등은 모두 서양 근대건축의 맥락을 따랐던 초기 작품들에 속하며, 그 밖에도 예술국, 기술교육학교, 와치라파야반 학교, 타마삿 대학교 등이 건설되었다. 한편, 이 시기에 처음으로 건축용어가 제정되었으며, 유럽에서 유학을 마친 태국 건축가들이 귀국해 활동하기 시작했다.[31]

이 시기의 건축적 특징으로는 전통건축의 형태를 근대사회의 실용성과 연관시켜 공공건물에 응용하기 시작했다는 점이다. 이와 관련해, 방콕에 있는 출라롱컨 대학교의 문과대학 건물은 근대건축의 형태적 합리성과 공간적 기능성 위에 고대 수코타이 시기의 역사적 형태를 가미함으로써, 근대성과 역사성의 조합을 시도했다는 긍정적인 평가를 받고 있는 작품으로, 초창기 태국 근대건축의 양상을 대변하는 대표적인 사례로 꼽힌다.[32]

---

30) Pussadee Tiptus, op. cit., p.24.
31) 냉너이 싹씨, op. cit., p.173.
32) 이 건축물의 설계자로 칼 되어링(Karl Doehering, 당시 내무부 정규기술자, 독일인)과 에드워드 힐리(Edward Healey, 당시 법무부 정규기술자, 영국인)가 지명되었고, 최종적으로 힐리의 설계가 채택되었다. 그러나 힐리는 단지 계획과 구조만 했을 뿐 상세한 모든 부분은 태국 기술자들이 맡았다(냉너이 싹씨, op. cit., p.175).

▲ **사진 106** 출라롱컨대학교, 방콕, 태국

▲ **사진 107** 출라롱컨대학교 지붕 전경

이와는 대조적으로, 서양 신고전주의 양식을 뚜렷하게 나타낸 경향도 부분적으로 이어지고 있었다. 라마 6세 초기에 세워진 토지관리국, 국방성, 왕궁경찰서, 화람퐁(Hua Lamphong) 철도역사, 상업성 건물 등은 당시의 그러한 경향에 속하는 주요 사례들이다. 토지관리국은 3층 높이로 강조된 입구의 포치(porch)와 그 위에 설치된 그리스 교회 형태의 박공지붕이 인상적이며, 2층과 3층의 포치에는 고전적 형태에 따라 이오니아식 기둥이 설치되어 있다. 또 이탈리아의 건축가 그라씨(Joachim Grassi)가 설계한 국방성 빌딩은 중앙 부분을 강조한 스터코 벽돌 건축물로, 전면의 고딕식 기둥과 그리스 교회 형태의 지붕박공 그리고 포치 아래 부분의 넓은 베란다를 특징적으로 강조했다.

특히, 화람퐁 철도역사는 반원형 볼트 구조를 이용해 넓은 무주공간(無株空間)을 만든 사례로, 당시로서는 구조적 혁신과 기술적 진보를 표현한 대표적인 예에 속한다. 즉, 철구조로 만든 반원형 지붕이 50m 넓이의 내부 공간을 덮고 있으며, 지붕의 중앙부에는 빛의 유입을 위해 밝은 자재로 마감했다. 이 건축물의 형태는 유럽의 신고전주의적 형태로부터 영향을 받았으며, 전체적으로 이탈리아 르네상스풍을 띠고 있다. 전면에는 기둥을 두 개로 짝지어 배열시켰고, 이오니아 형태의 기둥을 단계적으로 설치했다. 또 다른 예인 왕궁경찰서는 단층 규모로 베란다가 있는 두 면을 도로에 개방시킴으로써, 서양식 형태와 열대지방 건축의 조화를 시도한 사례에 해당한다. 또 박공 형태의 3층 규모인 상업성 건물은 전체적으로 르네상스 건축양식을 채택했으며, 세련된 이오니아식 기둥 외에도 아래층을 아주 거칠게, 위층은 질서정연하게 처리함으로써, 층마다 서로 다른 외벽 질감과 창문 디자인을 시도하였다.

▲ **사진 108** 국방성, 방콕, 태국

▲ **사진 109** 토지관리국 빌딩, 방콕, 태국

▲ **사진 110** 화람퐁 철도역사, 방콕, 태국

▲ **사진 111** 화람퐁 철도역사 내부

라마 6세의 통치 기간 동안에 이루어졌던 사회적 흐름과 건축적 내용은 라마 7세 시기로 넘어가면서 큰 변화를 보여 주었다. 제1차 세계대전의 종료와 맞물렸던 라마 7세의 통치 기간은 전반적으로 혼란스러운 국제 정세 속에서 정치·경제적으로 큰 어려움을 겪었던 시기였으며, 세계적인 공황의 여파에 따른 경제불황이 계속되면서 심각한 사회적 어려움을 겪고 있었다. 재정적인 어려움으로 정부의 예산과 지출 규모가 삭감되었고, 공무원의 수도 크게 줄었다. 이러한 상황은 라마 7세 말기에 발생한 입헌혁명(1932)을 이끈 주요한 사회적 배경이 되었다. 절대왕정 체제에서 입헌군주제로 통치제도가 바뀐 입헌혁명 이후, 태국은 새로운 국가 분위기 조성과 함께 근대화를 향한 사회적 기반을 마련하는 데 심혈을 기울였고, 이는 제2차 세계대전이 끝나는 1945년까지 꾸준하게 지속되었다.

그러나 라마 6세의 사치스러웠던 국가 경영과 잇따른 세계대전 등으로 경제 상황은 더 악화되었고, 이로 인해 절약을 강조하는 사회적 분위기가 조성되었다. 여기에서의 절약이란 경제적인 것 뿐만 아니라 건축면적을 줄이고, 장식을 삼가고, 형태를 단순하게 만들고, 복잡한 지붕 형태를 사용하지 않는 것까지도 포함하는 넓은 의미를 지녔다. 그 같은 상황은 최소한의 공간 개념과 합리적이고 간결한 형태 개념을 낳게 했던 중요한 사회적 배경으로 작용했다. 이와 함께, 이 시기에 영국과 프랑스 등에서 유학을 마친 태국 건축가들이 귀국하기 시작함에 따라 그 당시 유럽의 새로운 근대적 건축이론과 디자인 개념이 본격적으로 소개되기 시작했으며, 그에 따른 디자인 경향이 태국 건축가들 사이에서 빠르게 확산되었다.

이 과정에서, 태국의 건축계는 물론 건축양식 면에서도 커다란 변화를 드러냈다. 무엇보다도, 입헌혁명을 통한 민주주의 사회의 구현이라는 새로운 자각에 따라 외국 출신의 공무원과 건축가를 경시하는 사회적 풍조가 형성되기 시작했다.[33] 태국에서 서양 건축가들의 역할이 줄어들기 시작한 것도 이 무렵부터다. 외국 건축가들은 점차적으로 정부 산하(傘下)의 모든 공공기관에서 사라지게 되었고, 유학을 마치고 귀국한 태국 건축가들이 그 역할을 대체하기 시작했다.

멈짜오 잇티텝싼 크리다컨을 비롯해 프라 사로, 아칸 낫트 포티프라쌋 등은 태국 건축계의 선구자들이자 서양의 근대건축을 소개한 초창기 건축가들이다. 전술했듯이, 이들은 태국 건축계의 1세대에 해당하는 해외 유학파들로, 아시아와 유럽 문화의 차이에 대한 이해를 바탕으로 서양의 근대건축을 받아들었다. 이처럼 태국 건축계를 이끌어가는 창작 개념과 주체가 바뀌면서 건축양식도 서양 건축가들이 추구했던 유럽풍의 고전적 형태에서 근대사회의 국제주의 양식으로 변화되기 시작했으며, 이러한 흐름에 맞춰 태국에서는 처음으로 근대건축과 국제주의 양식을 가르치는 교육과정과 교과목들이 개설되고, 이를 체계적으로 교육하는 고등교육 수준의 건축학교가 설립되었다. 또한 1934년에는 잇띠텝싼 크리다컨, 루엉분캄코윗, 와이카야컨 위라완, 나롯 포티프라쌋, 시와윙 쿤천 등의 건축가들이 중심이 되어 태국왕립건축가협회(ASA)를 창설했다. 이들은 건축설계와 건축가의 의식에 관한 규범을 제정함과 아울러 정기간행물의 출판과 공공사업을 추진했다.

근대사회를 향한 사회·경제적 발전 속에서 건축설계의 내용과 방향도 급속한 변화를 보였다. 전체적으로, 기능, 구조, 경제성에 큰 관심을 가지면서 합리성과 단순성을 보여 주는 경향으로 바뀌었고, 철, 유리, 콘크리트 등과 같은 산업재료의 도입으로 형태적 실험이 자유롭게 전개되기 시작했으며, 과학적 지식과 기술적 설비를 최대한 활용하여 기후 조건에 맞는 실제

---

33) Pusadee Tiptus, op. cit., p.26.

적인 해결을 중시하였다.[34] 다시 말해, 전반적으로 초창기 근대건축의 국제주의 건축양식을 주조로 삼으면서 서양건축의 고전적 단편들을 부분적으로 병행하는 양상으로 이어졌으며, 이와 함께 열대기후와 관련된 공간구성과 건축적 처리(상세)를 보완적으로 구사하는 방식도 중시되었다.

방콕 중앙우체국, 라차담능 도로변의 법무부 건물군, 차로엔 크룽 영화관(Charoen Krung Royal Theater) 등은 당시의 그러한 특성을 명확하게 보여 주고 있는 주요 사례들이다. 특히, 1930년대 말에 싸마이차룽 크릿다컨과 나룻 포티프라쌋이 공동 설계한 차로엔 크룽 영화관은 태국에서는 처음으로 근대적인 방식의 음향 처리와 냉방장치를 자체적으로 실현한 건축물이며, 이로 인해 건축기술적 측면에서 태국 근대건축의 효시로 평가받고 있을 뿐만 아니라 건축양식 면에서도 이전에 비해 높은 완성도를 보여준 건축물로 꼽힌다.

이외에도, 구조·기술적으로 성공한 사례들로 프라싸롯라타나피만이 설계하고 프라차른위싸와캄이 구조를 맡았던 국립운동장(싸남킬라행찻), 라마 1세 기념 다리(프라파톰브롬나차누썬), 후어힌 호텔 등을 들 수 있다. 국립운동장의 경우는 지붕 캔틸레버의 길이가 18m에 이른다. 또한 라마 7세가 방콕 왕조 창립 150주년을 기념하기 위해 건설한 프라파톰브롬나차누썬(영국의 Dorman Long 회사 시공)은 방콕과 톤부리를 잇는 철교로, 총길이 229.76m, 넓이 16.68m, 수면 위 높이 7.5m의 규모를 지니며 다리 중앙 부분을 전력으로 들어 올려 큰 배가 편리하게 지나갈 수 있도록 설계되었다.[35] 이들은 당시 근대건축의 기술적 혁신을 통해 태국건축의 비전을 수립했다는 측면에서 큰 의미를 갖는 사례들로 평가받고 있다.

---

34) Pusadee Tiptus, op. cit., p.60.
35) 냉너이 싹씨, op. cit., p.100.

▲ **사진 112** 법무부 건물군, 방콕, 태국

◀ **사진 113** 방콕 중앙우체
국, 방콕, 태국

▲ **사진 114** 방콕 중앙우체국의 모서리 휘장 장식

▲ **사진 115** 차로엔 크룽 영화관, 방콕, 태국

5. 태국에서 건축양식의 고유성과 외래성

태국건축은 그 자체의 역사적 흐름에서 형성된 고유성 외에도 '외래적인 것'과 연관된 다양한 반응과 결과를 보여 주었다. 여기서는 앞에서 서술한 근대 시기 전후의 태국건축의 양식적 성격을 세 측면—1) 자국의 전통건축에 대한 태도, 2) 아시아 건축과의 영향 관계, 3) 서양건축에 대한 인식과 수용 방식 등—으로 구분하여 각각이 지니는 사회적 배경과 건축적 의미를 비평적으로 재론했다.

방콕 왕조 이후 태국건축의 양식적 경향을 이 세 측면에서 바라볼 때, 사회 상황의 변화에 따라 각기 다른 양식적 근거와 개념을 취하면서 형태와 내용 면에서 큰 차이를 드러냈다. 먼저, 전통건축에 대한 태도는 자국의 전통건축에 대한 반응 양상에 관한 것으로, 전통양식을 그대로 반복하거나 추상적 또는 직설적으로 현대화시키는 양상을 보였다. 아시아 건축과의 영향 관계 측면에서는 좁게는 주변국의 당대(當代) 건축이, 넓게는 아시아 건축문화가 태국건축과 어떤 관계성을 맺고 있는가에 관한 것으로, 주로 중국건축과의 역사적 인과관계를 통해 설명될 수 있는 일련의 건축적 변화가 발견된다. 서양건축과 연관된 측면은 다시 두 경향으로 나뉘어 논의될 수 있는데, 하나는 태국의 전통건축에 서양건축을 절충시켜 혼합하는 경향이고, 다른 하나는 전통건축을 도외시하고 서양의 건축양식 그 자체를 지역과 시대에 상관없이 그대로 도입·수용하는 경향이다. 위 경향들은, 비록 정도의 차이는 있을지 모르지만, 비서구 지역의 어디에서나 나타나는 일반적 양상으로 이해될 수 있을 것이다.

1) 태국의 전통건축에 대한 문화적 태도: 통치 이념으로서의 복고주의

　건축에서 전통적인 문화유산과 관련된 창작 태도는 그 자체로서 역사적 명분과 정당성을 갖는다. 하지만 지역과 민족 고유의 전통적 문화유산을 이어 가려는 노력이 언제나 의미 있는 결과로 남는 것은 아니며, 또 완전히 순수한 의도에서 이루어지는 것도 아니다. 그것은 전통을 이어가는 방식과 태도에 따라 당대(當代)의 현실에서 갖는 의미가 달라지기 때문이다. 즉, 전통적 유산은 그 자체로서 의미를 갖기보다는 사회 변화 속에서 새롭게 생성되는 당대의 가치와 긴밀하게 엮어지고 그것이 다음 시기의 창작 기반으로 작용할 때 의미화 될 수 있기 때문이다.

　방콕 왕조 초창기에 강하게 전개되었던 전통문화의 강조는 왕족과 귀족 세력이 왕조 초기의 국가적 정체성과 통치의 정당성을 확보하기 위한 의도를 지녔다는 점에서 지배 이데올로기로서의 성격이 짙다. 이처럼 통치의 한 수단으로 활용되었던 전통주의(traditionalism)는 왕조의 통치 기반이 안정되면서, 그리고 서양과의 국제 관계 속에서 형성된 사회적 인식의 변화에 따라 점차 낭만적 의미의 역사주의(historicism)로 그 성격이 바뀌었다. 또한 문화 창작의 주체가 왕조에서 일반대중으로 확대됨에 따라 전통에 대한 개념적 범위가 넓어지고 실천방식 또한 다양해지면서, 엄격한 전통주의를 통한 직설적 재현에 충실했던 초창기의 창작 태도도 약화되거나 느슨해지기 시작했다.

　라마 1세는 새 왕조의 위상과 민족적 자긍심을 높일 목적으로 장엄하고 숭고했던 아유타야 시대의 건축물을 복원·재건하는 데 국력의 대부분을 쏟았다. 방콕 왕조 창건 이후에 건설된 불교사원의 대부분이 라마 1세 시기 동안에 세워졌다는 사실은 그것을 반증한다. 방콕 왕조의 창건으로 인해 수도의 이전도 불가피했다. 라마 1세는 새 수도의 면모를 과시하기 위해, 또 미얀마와의 4차례 전쟁으로 피폐해진 국가 분위기를 일신하고 태국 국민들의 사기와 명예를 세우기 위해 대규모의 도시 건설을 국가 차원의 최우선 사업으로 추진했다.

그 중에서도, 새로운 왕궁의 건립은 왕조의 권위와 역사적 정당성을 가시화시키는 중요한 근간이자 상징으로 인식되었다. 앞서 언급했듯이, 왕궁은 아유타야 시대의 건축을 모델로 삼아 건립되었다. 방콕 왕조 초창기의 건축이 기본적으로 아유타야의 역사적 사례를 모방하는 것을 기본 방향으로 삼고 있었으나, 두 시대 사이의 건축적 양상은 약간의 차이를 보인다. 아유타야 시대의 건축양식은 전체적으로 웅크린 듯한 형태감을 주는 반면, 방콕 왕조의 것은 기다란 비례와 화려한 장식으로 인해, 아유타야의 건축에 비해 상대적으로 더 위풍당당하게 보인다. 이러한 차이는, 아유타야 시대의 건축에 관한 역사적인 자료와 참고 사례들이 부족한 현실에서, 단지 건축장인들의 경험과 기억에 의존할 수밖에 없었던 당시의 상황에서 비롯되었다. 방콕 왕조 초창기에는, 1767년 미얀마의 침공에 따른 화재로 아유타야의 도시에 있던 대부분의 건축물과 건축 관련 자료가 소실되었기 때문에, 아유타야 시대의 건축적 특성과 역사적 동일성을 명확하게 이해하고 그 전통적 의미를 이어가는 데 커다란 문제점으로 작용했다.

국가적 결속과 단합을 명분으로 삼았던 방콕 왕조 초창기의 건축은 양식적인 면에서 기본적으로 전통적이고 기념비적이어야 하며, 지배계급의 힘과 권력을 상징하는 권위적 표현을 드러내는 방향에서 추진되었다. 즉, 새로운 양식의 창조보다는 전통양식을 엄격하게 모방하는 데 집중하고 기념비적인 스케일에 전통미학을 부여함으로써, 현재의 궤도에 과거의 영광을 끌어들여 역사의 연속성과 국가의 영원함을 상징적으로 드러내는 데 초점을 두는 경향이 강했다. 전통건축의 직설적 답습이나 모방은 그것을 강화시키는 유용한 양식적 수단으로 활용되었다.

전통주의자는 경험의 축적을 높이 평가하며 그것에 의해서 국가적 특질을 유지하려 하기 때문에 그들에게 새로운 것의 추구는 당시의 현실에서 큰 의미를 갖지 않는다. 그들은 언제나 과거로부터 전승되어온 보편적인 가치로서의 표현을 존중하며, 따라서 장엄하고 화려한 기념비적 건물을 강조한다.[36] 태국의 경우, 초창기에는 건축에 대한 새로운 인식 없이 과거 건축의 이미지를 새롭게 바꾸려는 노력보다는 그것을 사실 그대로 구현하려는 의지가 컸기 때문에 창조적인 변형은 보이지 않았다.

태국에서 방콕 왕조 초창기에 보여준 전통건축의 답습은 라마 3세 말기 이후 중국과 서양의 영향이 점차 커짐에 따라 아유타야 시대의 전통이 상대적으로 약해지면서, 또 절대군주와 지배세력의 관심이 서양 문화 쪽으로 크게 기울면서 약화되기 시작했으며, 그 이후부터는 단순한 답습이나 직설적 복고 수준을 넘어 다소 추상적인 표현으로 전개되기 시작했다. 여기에는 서양과의 활발한 교류와 그에 따른 사회적 변화로 다양한 유형(용도)의 건축물이 대두되면서 전통적인 건축술의 한계가 드러나게 되었던 현실적인 이유도 작용했다. 하지만 이는 역설적으로 자국의 전통양식을 새로운 관점에서 다시 모색해야 한다는 자각을 불러일으키는 효과를 낳았다.

이와 관련해, 태국 건축가들은 불교사원과 전통주거에 대한 이해를 통해 전통건축의 가치를 새롭게 이끌어내기 위한 노력을 기울이기 시작했다. 하지만 역사적 자료와 경험이 부족했던 당시의 현실에서 일차적으로 지붕의 형태를 직설적으로 재현하는 데 의존했던 한계를 드러냈다.[37] 태국건축의 형태적 어휘들 중에서 지붕은 종교적 이념과 지역의 기후조건을 결합시킨

---

36) 비토리오 M. 람프냐니 (1980), pp.185-186.
37) John Hoskin, op. cit., p.22.

독특한 특성을 지니고 있다. 즉, 불교 이념의 근본 교리이자 삼보(三寶)—불(佛, Buddha), 법(法, Dharma), 승(僧, Sangha)—를 상징화시킨 3단 구성의 지붕 형태는 태국건축의 역사적 이미지를 대변하는 중요한 형태성으로, 전통양식을 구현하기 위한 주요 대상으로 인식되었다. 라마 5세 시기 후반에 아유타야 지방의 방파 인 별궁(Bangpa In Palace) 내에 지어진 프라티낭 아이사완티파앗 파빌리온(Phra Thinang Aisawan Thiphya-Art Pavilion, 1876년)은 그러한 건축개념을 표현한 가장 세련된 예로 평가받고 있으며, 방콕에 건립된 왕실 사원인 벤차마보핏 사원(Wat Benchamabophit, 나리스란누밧봉세 설계, 1899년) 역시 그와 같은 맥락에 속해 있는 수작(秀作)으로 꼽힌다.

특히, 라마 6세와 라마 7세의 두 시기 사이에 지붕을 주제로 전통양식을 재현한 많은 공공시설들이 지어졌는데, 앞에서 언급했던 출라롱컨 대학교의 문과대학과 강당 및 왓치라웃 대학교 강의동 등은 그 대표적인 예에 속한다. 고등교육을 위한 건축시설로는 처음으로 설계된 출라롱컨 대학교는 수코타이 시대의 전통지붕양식을 응용한 것으로, 건축물 주위에 베란다를 설치하여 통로 공간으로 활용하면서 내부공간에 비와 햇빛의 유입을 막았다. 서로 연결된 몇 채의 건물들은 공통적으로 저층부의 현대적인 매스(mass) 위에 전통적인 맞배지붕을 올렸는데, 전체적으로 전통적인 규범이 지켜지고 있으나 그 세부 형태는 매우 단순화되어 있다.

이에 대해, 태국 건축계는 전통양식을 근대식으로 처리한 대표적인 사례로, 또는 전통건축의 창조적 계승을 대표하는 사례로 논의되어 왔지만, 여전히 직설적인 수준을 벗어나지 못했다. 이러한 양상은 입헌혁명으로 바뀐 1930년대를 변곡점으로, 경제개발이 본격적으로 착수되기 시작한 1960년대까지 이어졌으며, 그 이후에 전통양식에 대한 새로운 추구가 다양하게 전

▲ **사진 116** 방파 인 별궁 내 파빌리온, 아유타야, 태국

▲ **사진 117** 왓 벤차마보핏, 방콕, 태국

개되기 시작하면서 과거에 비해 추상화되는 경향을 보였을 뿐 아니라 전통 표현의 참조범위와 대상도 지붕 형태 외에 전통적인 공간구성과 공예품 등으로 확대되었다.

2) 중국 건축의 영향: 장식적 외연의 확대와 절충주의

동남아에서 인도의 영향력은 13세기에 발생한 이슬람의 인도 침략을 계기로 조금씩 약해지기 시작했다. 반면, 중국과의 사회 · 문화적 관계는 이전보다 더 활발하게 전개되었으며 그에 따른 영향력도 커지기 시작했다. 당시의 태국은 이전 시기에 형성된 자체의 문화를 유지하고 있었지만, 동남아에서 중국의 영향력이 발휘되기 시작했던 때에 독립국가로 등장했기 때문에, 정치와 예술을 비롯한 모든 측면에서 중국과 관련된 역사적 흔적들이 발견되고 있다.[38] 이후, 중국은 태국을 비롯한 동남아 지역의 문화적 밑바탕을 이루는 중요한 성분들 중의 하나로 남게 되었으며, 현재까지도 이 지역의 문화적 조류(潮流)의 형성에 폭넓게 작용하고 있다.

원래 중국인은 이전 왕조인 아유타야 시대 말기부터 현재의 방콕 지역에서 공동체를 이루고 있었다. 당시에 중국에서 방콕으로 이주해 온 중국인들은 대부분 상인과 부두 노동자 출신이었다. 방콕에 정착하는 중국인 공동체의 규모가 커지면서 당연히 중국인들의 문화적 가치관과 예술적 특성이 태국 사회에 유입되기 시작했고, 점차 태국의 사회 변화와 예술 창작에까지 영향을 미칠 정도로 크게 유행하게 되었다. 이러한 양상은 서양 문화가 본격적으로 유입되기 시작한 19세기 중반까지 강하게 이어졌다.

19세기 초의 라마 3세 시기부터 본격적으로 유입되기 시작한 중국 문화

---

38) Suntud Khaisang (1968), pp.13-16.

◀ 사진 118
중국 공동체의 정체성을 표현한 건축물의 한
예, 까싯 쑥 거리, 방콕, 태국

의 영향으로, 중국풍의 모티브와 이미지를 강조한 문화적 현상이 발생했다. 이러한 현상은 중국인들의 사회 참여가 늘어나면서 당시 태국의 예술과 건축을 구성하는 보편적인 요소로 확대되었고, 이는 이전 시기와 비교될 수 있는 새로운 문화현상으로 인식되었다. 처음에 중국인 거주지 내에서 한정적으로 이루어지던 중국건축 또한 이 같은 흐름에서 대중적인 인기를 얻게 되었으며, 중국인 공동체의 문화적 정체성을 드러내는 수단으로 기능했다.

이처럼, 전통문화의 강력한 채택을 왕조 설립의 정신적 기반으로 삼았던 초창기의 국가적 분위기에서, 비교적 짧은 기간 동안에 중국 문화가 빠르게 확산된 데에는 당시의 사회적 상황과 관련된 몇 가지 이유가 있는 것으로 추론된다. 첫째는, 전통유산의 창조적 계승보다는 그 자체를 그대로 재현하는 수준에 그쳤던 당시의 상황에서, 중국건축의 수용을 통해 이를 발전적으로 개선하려 했던 의도가 작용했을 것이라는 점이다. 다시 말해, 미얀마와의 전쟁으로 전통유산과 문헌자료가 대부분 소실되었던 현실에서, 자체의 역사적 지식과 참고 사례를 통해 독자적인 건축사상과 건설기술을 이어가기 어려웠기 때문에 태국에 비해 상대적으로 오랜 전통과 기술력을 지녔던 중국 문화와의 접목을 시도함으로써 새로운 대안을 모색했을 가능성이 높았다는 점이다. 그런 면에서, 중국 문화는 결과적으로 문화적 촉매제로서의 역할과 의미를 지니고 있었다. 둘째는 중국 문화를 확산시킨 주체가 왕조에 의해 위로부터 이루어진 것이라기보다는 일반대중에 의해 광범위하게 채택되었다는 점이다. 이와 관련해, 외래문화에 대해 친근한 정서를 지녔던 태국인들의 일반적인 민족성으로 인해, 주변국의 문화가 별다른 갈등 없이 수용될 수 있었던 점도 하나의 배경으로 삼을 수 있다. 이는 서양 문화가 불평등한 국제 관계 속에서 왕조 중심의 지배세력에 의해 부국강병의 정치 논리에 따라 위로부터 적극적으로 장려되었던 것과 비교될 수 있다. 셋째는 중국 이주민들의 노동력이 태국인에 비해 상대적으로 저렴했을 뿐만 아니라 중국 출신 예술 장인들의 기술과 감각 또한 뛰어났기 때문에 이들에 대한 수요가 늘어났고, 사회·경제적으로도 그들의 기여도가 상당히 높았다는 점을 들 수 있다.

이러한 사회적 배경에서, 중국의 예술과 건축에 관심을 갖기 시작한 태국인들은 중국 출신의 장인들에게 중국식 형태의 가옥을 짓도록 요구했고, 이에 따라 중국과 태국의 건축적 특성이 혼합된 형태를 띤 건축물들이 나타나기 시작했다. 또 건설 현장에 중국 장인의 기술이 많이 활용되기 시작하면서 태국식과 중국식의 도제 기술이 혼합되었다.[39] 중국건축의 영향은 사원(寺院)을 비롯한 모든 유형의 건축물에서 발견되는데, 다채색 타일과 금박(金箔) 등으로 대표되는 화려한 장식을 특징으로 삼았다. 또 왕궁 내에 중국풍의 사원과 궁전이 지어지기도 했는데, 나라이 사원과 피차이얏 사원은 그

39) Pussadee Tiptus, op. cit., p.12.

▲ **사진 119** 웨핫 참룬 궁전, 아유타야, 태국

▲ **사진 120** 프라 빤야 저택, 중국풍 주거

대표적인 예이며, 특히 방파인의 웨핫 참룬 궁전(Wehart Chamrunt, 1889년)은 모든 자재를 중국에서 직접 들여와 건설한 것으로 유명하다.

일반 주택에서도 중국식의 기와와 조각, 문양, 공예 등의 장식 수법이 도입되었다. 이러한 방식은 일반적으로 도로변의 단층 가옥에서 유행되었고, 대체로 창문을 장식하는 수준에서 전개되었다. 한편, 서양건축의 유입이 시작되면서 중국과 서양의 것이 함께 절충적으로 혼합된 독특한 사례도 등장했다. 프라 빤야는 그 대표적인 예에 속한다. 후에 라마 4세가 된 몽꿋 왕자의 거처로 사용하기 위해 지어진 3층 규모의 이 건축물은 서양식의 형태에 중국식의 장식을 덧붙인 방식을 취했다. 중국건축의 영향은 이처럼 주로 장식에 국한되었을 뿐 형태의 발전은 거의 없었다.[40] 다시 말해, 태국건축의 역사적 근본과 관련된 창조적 결과를 드러냈다기보다는 장식 위주의 절충주의를 낳는 근간으로 작용했다.

3) 서양 건축에 대한 태도와 수용 방식: 혁신적 변화의 동인(動因)

19C 중엽, 태국이 유럽 열강들에게 문호를 개방한 이후부터 본격적으로 유입된 서양건축은 태국의 전통적인 도시경관과 건축적 패러다임을 근본적으로 변화시켰다. 전술했듯이, 동남아에 유입된 서양건축은 유럽풍의 신고전주의 양식과 초기 근대건축 양식을 주된 양식적 근거로 삼고 있었다.

당시의 유럽건축은 신고전주의 양식에서 근대적 양식으로 옮겨 가는 과도기였다. 일반적으로, 동남아에서 전개된 유럽 신고전주의 양식은 유럽 열강들이 동남아를 침탈하는 과정에서 강제로 이식된 것이기 때문에 식민건축이 지니는 부정적 의미의 외래양식으로 인식될 수 있는 반면, 근대건축은

---

40) John Hoskin, op. cit., p.22.

신고전주의 양식과 비슷한 과정과 경로를 통해 이식되었음에도 불구하고, 당시의 초기 산업사회에서 지향되어야 할 보편적인 가치를 지닌 것으로 인식될 수 있다는 점에서, 식민건축으로서의 부정적 의미보다 근대사회가 요구하는 시대양식으로 의미화 될 수 있다. 사실 이러한 경향들은 태국을 비롯해 서양과의 국제 관계를 맺고 있었던 대부분의 비서구권 나라들에서 발생했던 일반적인 현상이지만, 태국의 경우는 그 시작과 과정이 왕조와 지배계급의 주체적 수용에 의해 이루어졌다는 점에서 일반적인 의미의 식민건축과는 그 성격과 의미를 달리한다.

중국건축의 영향이 장식 중심의 시각적 효과를 강화하는 데 치중되었다면, 서양건축의 영향은 배치, 공간구성, 형태, 기법(기술) 등과 관련된 근본적인 변화를 초래했다. 그것은 태국건축의 전통적 흐름과는 전혀 다른 새로운 형태의 건축이었다. 변화의 양상은 개념적으로 크게 두 가지 경향으로 구분될 수 있다. 하나는 태국의 전통건축에 서양의 건축양식을 절충적으로 조합하는 경향이고, 다른 하나는 전통건축과는 무관하게 서양건축 그 자체를 직설적으로 재현하는 경향이다.

태국식과 서양식이 절충적으로 조합되면서 새로운 건축형태와 공간구성이 발생하였다. 절충양식은 이질적인 두 건축양식을 접목하기 위한 일차적인 시도였지만, 그것을 실천하는 과정에서 태국건축의 고유성과 관련된 심각한 갈등과 한계를 드러냈다. 라마 5세가 추진한 차크리 마하프라삿 궁전은 그 대표적인 예로, 당시에 서양건축을 어떻게 받아들였는가를 단적으로 보여 준다. 라마 5세는 태국 군주로는 처음으로 싱가포르를 비롯한 주변국들을 여행하면서 영국과 네덜란드가 조성한 식민건축을 경험하고 그에 대한 관심을 크게 갖고 있었기 때문에, 귀국 후에 주변국의 식민건축과 견줄만한 건축물을 세우려는 의도에서 처음부터 완전한 서양식으로 설계하기를 원했었다.

방콕 왕조 100주년을 기념하여 영국계 싱가포르 출신 건축가인 존 클러니쉬(John Clunish)가 설계한 차크리 마하프라샷 궁전은 처음에는 지붕에 세 개의 서양식 돔을 설치한 빅토리안-이탈리아풍의 양식이었으나, 태국의 귀족 출신인 차오프라야 브롬이하씨쑤리야윙이 태국의 전통건축양식으로 바꿀 것을 주장하며 반대했고, 마침내 시공 과정에서 지붕이 태국의 전통적인 첨탑 형식으로 변경되었다. 결과적으로, 건축물의 본체는 아치형 창문, 고전식 기둥, 러스티케이션(rustication) 등이 가미된 유럽풍의 건축어휘로 마무리되었고, 지붕은 박공형식에 금박장식과 가느다란 첨탑이 장식된 태국의 전통양식으로 처리되었다.

차크리 마하프라샷 궁전과 거의 같은 시기에 지어진 쌀라루쿤나이 건축물 역시 이와 비슷한 사례로, 최초의 설계는 차크리 마하프라 궁전과 같은 방식으로 처리되었으나, 후에 박공이 없는 태국식 주거 형태로 바뀌었다.[41] 당시의 다른 건축물들에 비해 상당히 독특한 형태를 지녔던 이 건축물은 고딕풍의 교회 양식을 띠면서 열대 지역의 특성을 살린 개방형 공간으로 구성되었다. 이들은 서양건축의 영향에 모호한 태도를 취했던 당시의 상황을 단적으로 보여 주는 사례들이다.

이러한 현상은 일부 사원과 왕궁 내의 건축물에서도 발견되는데, 사각형 평면으로 구성된 다른 사원들과는 달리 서양식의 십자형 평면으로 구성된 벤차마보핏 사원의 프라우봇(법당)과 고딕풍의 니벳 타마프라왓 사원(Wat Nivet Thammaprawat), 영국 빅토리안풍의 위만 맥 궁전(Viman Mek

---

41) 냉너이 싹씨, op. cit., p.94.

▲ **사진 121** 위만맥 궁전, 방콕, 태국

▲ **사진 122** 위만맥 궁전 내부 회랑

Palace, 1901)[42] 등이 그 사례들이다. 특히, 위만 맥 궁전은 나리스란누밧봉세가 설계한 팔각형 평면의 건축물로 2개 층의 베란다와 약 500명을 수용할 수 있는 큰 공간을 지닌, 세계에서 가장 큰 티크 목조 건물이다. 이외에도, 주요 공공건축물에서는 서양식의 사각형 매스 위에 경사가 가파른 태국식 지붕을 얹는 방식이 주로 채택되었지만, 전체적인 효과는 부자연스러웠다.

　일반 주거의 공간구성과 형태에서도 큰 변화가 나타났다. 특히, 부유층은 자신들의 사회적 위치와 지위를 강화시키기 위한 수단으로 서양식의 생활방식과 관련된 귀족적 취향을 화려하게 연출했는데,[43] 초기에는 전통적인 사각형 외에 육각형, 팔각형, 타원형 등과 같은 특이한 형태의 평면구성을 취하면서 부분적으로 반원형 아치, 고딕 아치, 그리스-로마풍의 모조 벽기둥 등과 같은 서양 고대건축의 건축어휘가 활용되었다. 당시 일반 주거 설계의 큰 방향은 대개 2층 규모로 4각형의 개방형 평면구성을 취했으며, 위층에는 사방으로 베란다를 설치했다. 또한 지붕은 전통적인 박공식이거나 혹은 박공이 없는 경사지붕 형태로 마무리되었고, 주재료는 목재와 벽돌이 함께 사용되었다. 이러한 설계 방식은 현지의 열대성 기후에 적합한 공간과 형태를 만들기 위한 노력의 결과로서 태국에서뿐만이 아니라 동남아 주거건축의 일반적 전형으로 굳어졌다.

　이상에서와 같이, 궁전건축에서부터 일반 주거에 이르기까지 폭넓은 유형에서 채택되었던 절충적 경향은 어떤 면에서는 서양건축과의 갈등과 불협화음을 여실히 드러낸 과도기적 시류(時流) 내지는 유행으로 폄하될 수 있을 것이다. 그러나 서양의 문화적 충격이 거세게 작용했던, 그리고 전통

---

42) 방콕의 두싯 공원 내에 위치하며, 라마 5세의 여름 별장으로 내부에 81개의 방, 홀, 베란다와 테라스로 둘러싸인 대기실 등이 있다. 3층 규모로 길이 60m, 높이 20m의 두 매스가 날개 모양으로 배치되었다. 1층은 벽돌과 시멘트로, 위층은 황금색 티크 목재로 마감되었다.

43) Pussadee Tiptus, op. cit., p. 45.

사회에서 근대사회로 넘어가는 격변의 사회 · 문화적 상황에서, 태국건축의 역사적 진정성과 그것의 근대적 계승을 고민할 수 있었던 기회로 작용했고 또 그와 연관된 건축적 탐구와 실천의 결과로 남아 있다는 점에서, 태국건축의 역사성과 근대성을 논의하는 데 필요한 일정한 내용과 시사성을 제공한다.

한편, 서양건축과 태국건축의 부분적 조합을 시도했던 절충적 양상과는 달리, 태국의 전통건축을 아예 무시하면서 서양건축 그 자체를 완벽하게 추종하는 경향도 성행했다. 이탈리아 출신의 건축공학자인 마리오 타마뇨 (Mario Tamagno)가 설계한 아난타 싸마콤 궁전은 그러한 양상을 대표하는 예에 속한다. 2층 규모로, 중앙의 돔을 중심으로 엄격한 대칭구성을 취하고 있는 이 궁전은 전체적으로 이탈리아 르네상스의 신고전주의 양식을 띠고 있다. 중앙 돔의 높이는 49.5미터로 그 주변에 6개의 작은 돔들을 배열하여 웅장한 느낌을 높였으며, 이탈리아 대리석으로 벽면을 마감하고 콘크리트 지붕을 동(銅)으로 처리하여 화려함을 더했다.

라마 5세 시기부터 1930년대 초반 동안에 강하게 전개되었던 이러한 경향은 건축 창작의 근거와 방식을 서양건축에 의존함으로써 태국건축과는 무관한 별개의 건축적 현상으로 남게 되었고, 그 의미 또한 식민건축이 갖는 부정적 측면에서 비판적으로 다루어지고 있다.

제 7 장

종합 및 제언

종합 및 제언

　어느 지역에서건 어느 민족이든, 오랜 세월에 걸쳐 그곳의 문화와 예술을 이끌어 온 근본적인 힘과 바탕을 지닌다. 그것은 길고 복잡한 역사의 흐름에서 하나의 문화적 패러다임(paradigm)으로 귀결된다. 여기에는 그 지역이 공유해 온 역사적 내용(경험)과 그 과정에서 형성된 공통의 역사적 성격, 즉 역사성이 존재하기 마련이다. 이와 함께, 그 지역의 자연환경과 물리적 조건에서 비롯된 지역적 특성, 즉 지역성도 담겨 있다. 물론 둘 사이의 개념적 정의를 명확히 구분해서 논하기는 어렵겠지만, 역사성이 지역의 인문적 바탕과 정신적 측면의 신념을 주된 성분으로 삼고 있는 것이라면, 지역성은 물리적 환경과 기술적 측면에 대한 반응의 결과로 이해될 수 있을 것이다.

　이들은 고정되어 머물러 있는 것이 아니라 시대적 상황에 따라 생성과 해체와 변화를 거듭하면서 '가치화'되고, 다음 세대를 위한 창작적 기반으로 새롭게 이어진다. 그 과정에서 모두가 공감하는 문화적 자아(自我)가 자연스럽게 형성되며, 그 안에서 이루어지는 모든 것의 의미는 '그 자체'로서 존재할 뿐 특별한 노력을 통해 밖으로부터 부여되거나 획득되는 것이 아니다. 문화적 위기는 그 과정을 자연스럽게 이어가지 못하거나, 문화적 자아를 상실하거나, 또는 이전(以前) 시대의 문화적 내용과 가치로 감당하기 어려울 정도의 급격한 사회적 변화를 겪게 될 때 발생한다. 어떤 이유에서든, 문화 창작의 힘을 주체적으로 생산하지 못할 경우, 또 문화적 자아가 스스로의 힘을 발휘하지 못하게 될 경우, 그것은 '우리 안의 또 다른 타자(他者)'로서 남게 될 뿐이다.

1. 역사성과 지역성 그리고 식민성에 대한 비판적 단상(斷想)

하나의 지역문화권으로서의 동남아 역시 다른 문화권과는 구별되는 고유의 역사성과 지역성을 지니고 있다. 물리적 자연환경, 열대성 기후와 지역재료, 전통토착사회의 고유 신앙과 관념성, 외래 종교와 종교건축의 전래(傳來), 외국 이주민의 유입과 그것의 문화적 영향, 서양 열강의 식민지배와 그에 따른 사회적 변화 등은 동남아 건축문화의 역사성과 지역성을 구성하는 본래적(本來的) 근원이자 역사적 성분들이다. 이들 각각의 근원과 성분들은 지역과 시기를 달리하면서 동남아 건축문화의 줄기들을 형성하는 데 직·간접적으로 큰 영향을 미쳤다.

이들 중에서, 자연환경의 조건과 토착사회의 관념적 신앙과 생활양식은 동남아 건축문화의 일차적 특성을 규정하는 가장 근본적인 원리로 작용했다. 고상식 처리, 지역재료를 활용한 가구식(架構式) 건축술, 배치와 방향성의 설정, 좁고 어두운 내부공간, 환기와 통풍을 고려한 공간의 개방성과 융통성, 강한 형태성을 지닌 독특한 지붕양식들, 급한 지붕경사, 자연적 이미지를 추상화시킨 장식문양 등은 동남아 건축이 지니는 일차적 특성들이다. 이러한 특성들은 동남아 지역이 외래의 문화와 종교를 접하기 훨씬 이전부터 이어져 오던 것으로, 동남아 전역에서 일반적으로 발견되는 보편성을 지닌다. 여기에는 자연 조건에 대응하기 위한 '거주처(shelter)'로서의 합리적 처리와 함께 토착사회의 신앙적 믿음을 상징적으로 표현하기 위한 건축적 노력이 강하게 반영되어 있으며, 그 양상 또한 지역별로 다양하게 전개되었다.

특히, 상징성을 드러내기 위한 대부분의 노력은 다른 요소들에 비해 상대적으로 지붕의 형태를 독창적으로 만드는 데 집중되었다. 그것은 때로 너무 독특해서 서로를 비교하기조차 어려울 정도로 다양한 양상을 보였다. 인도네시아에 있는 또라자 전통주거의 지붕양식은 동남아 토착사회의 건축적 특성을 극단적으로 드러낸 대표적인 사례에 속하며, 그것이 지니는 강력한 형태성으로 인해 근대 이후에도 또라자 지역의 건축적 정체성을 대변하고 있다. 건축역사의 전체 흐름이 지붕의 형태성과 크기의 변화에 큰 비중을 두고 전개되었던 또라자 전통주거의 경우에서처럼, 동남아 건축은 부분적으로 인간생활의 리얼리티와 연관된 계획적 합리성과 기능성의 추구보다는 독창적인 지붕 형태를 통해 시각적 상징성을 강화시키는 것에 더 큰 의미를 두고 이루어져 왔다는 인상을 준다. 이러한 태도는 외래문화와 종교가 유입되기 시작한 이후의 사회적 변화와 그에 따른 건축적 수용이 이루어지는 과정에서도 일정 부분 유지되는 양상을 보였다.

대부분의 다른 문화권과 마찬가지로, 동남아의 문화사에서도 종교는 역사성을 대변하는 핵심적인 인문적 요소로 작용했다. 이는 전통토착사회를 통해 구축된 것과는 다른 차원의 성격을 지닌다. 전통사회를 훨씬 벗어난 오늘날에도 가치 판단의 기준과 미적(美的) 취향이 여전히 종교적으로 고정되어 있는 경우가 많다. 서론에서 약술했듯이, 동남아에는 역사적으로 힌두교, 불교, 이슬람교 등의 여러 종교가 지역과 시기를 달리하며 공존해 왔다. 16세기 이후부터 유입되기 시작한 기독교는 동남아의 종교 지형(地形)을 마무리한 마지막 주자(走者)였다. 이외에도, 지역별로 고착된 토착신앙이 곳곳에 산재해 있다.

동남아의 경우, 각 지역의 소수 종족들이 신봉하는 전통토착신앙을 제외한 대부분의 종교는 외부에서 유입된 것으로 오랜 세월에 걸쳐 지역화 되었다. 외래 종교건축의 지역화는 기존과는 다른 새로운 가치를 지니면서 동남아 문화예술의 역사적 동인(動因)이자 속성으로 굳어져 왔을 뿐만 아니라, 지역 문화의 전반을 대변하는 강한 정체성으로 이어져 왔다. 동남아 지역에서, 종교는 지배계급의 정치적 이데올로기로서, 문화적 사고(思考)와 판단을 이끌어 온 창작기반으로서, 그리고 인간의 윤리의식과 제도적 규범과 생활방식의 구체성을 규정하는 사회적 원리로서 작용해 왔다.

동남아에서 종교성은, 토착사회의 건축적 양상과는 다른 차원에서, 근대사회 이전의 건축적 흐름과 성격을 이끌어 온 중요한 바탕이었다. 즉, 전체적으로 각 종교가 내세우는 관념적 이상(理想)을 원론적인 규범으로 삼으면서 동남아의 자연적 조건과 토착사회의 인문적 양상에 반응하는 건축적 결과를 드러내 왔으며, 그 과정에서 동남아의 건축에서만 찾아볼 수 있는 독특한 기법과 감각으로 지역화 되는 양상을 보여 주었다. 이러한 양상은 근·현대사회에서도 여전히 강하게 이어지면서 동남아 건축의 정체성을 추구하는 역사적 개념으로 활용되고 있다.

동남아에 전래된 외래 종교건축은 그 자체의 종교적 특성과 내용에 맞는 건축적 결과물을 지역별로 다양하게 드러냈다. 지역화의 양상은, 초창기에는 각 종교의 발생지에서 확립되었던 원래의 종교건축양식을 그대로 재현하거나 또는 동남아 현지의 전통건축물을 재활용하는 방식으로 이루어졌으나, 시간이 지남에 따라 점차적으로 동남아의 전통건축양식과 열대기후를 수렴하게 되면서 원래의 종교건축양식과는 구별될 수 있는 독특한 건축형식을 취하게 되었다. 하지만 지역화의 태도와 양상은 종교별로 약간의 차이를 드러냈는데, 불교와 이슬람교의 경우는 지역의 전통건축양식에 대한 개방적인 태도를 통해 지역화의 의미를 강조한 데 반해, 힌두교는 그 자체의 종교적 보수성으로 인해 인도의 힌두사원양식을 고수(固守)하면서 직설적으로 재현하는 성향을 보이기도 했다.

토착건축양식과 외래 종교건축의 지역화로 굳어졌던 동남아 건축의 역사성은 유럽 열강들의 동남아 침탈과 그에 따른 문화적 영향으로 인해 이전과는 다른 양상을 드러냈다. 동남아의 건축문화와 예술은 최소한 유럽과의 국제관계가 본격적으로 이루어지기 전까지는 '그 자체가 곧 전통'이었다. 동남아에서 전개된 유럽 문화와 건축은 자연스러운 문화 전파 내지는 주체적인 문화 수용과는 거리가 먼 강압적인 국제질서의 산물(産物)이었다는 점에서, 이전 시기에 확립된 역사적 성격과는 다른 비판적 시각으로 이해된다. 대부분의 동남아 지역은 유럽 열강들의 식민지 확보 경쟁으로 인해 문화적 위기를 겪게 되었고, 그 결과로 문화 창작의 주체성과 역사성의 농도(濃度)가 옅어졌으며, 이와 함께 전통문화와의 갈등이 유발되었다.

유럽 문화의 유입과 그에 따른 문화적 갈등 양상은 동남아의 대부분 지역에서 비슷하게 전개되었지만, 그 결과적 현상은 각국별로 정도의 차이를 드러냈다. 대체로, 문화적 갈등은 피식민지의 지배계층, 관료사회, 부유층 등에서 주로 빚어지거나 문제시되었으며, 대상 건축물 또한 국가 차원에서 기획된 대규모 프로젝트와 관료시설을 중심으로 이슈화되었다. 여기에는 지배계급이 유럽 열강들과의 우호 관계를 유럽 문화에 대한 선호를 통해 도모함으로써 자신들의 정치적 위치와 지배력을 강화하고, 이와 더불어 유럽의 문물과 과학을 통해 부국강병의 명분을 내세우려 했던 것이 한 이유로 작용하기도 했다.

반면, 일반 대중사회에서는 여전히 고유의 전통양식을 충실히 따르거나 고수하면서 실제 생활과 관련된 건축기술이나 장식을 부분적으로 절충·응용하는 수준에서 나타났기 때문에 지배계층에서 드러났던 갈등 양상과는 그 내용과 성격이 달랐다. 그런 점에서, 이 같은 상황의 이면(裏面)에는 사회적 신분에 따른 계급성과 정치적 전략에 따른 정치성이 어느 정도 함의(含意)되어 있으며, 그것은 넓은 의미에서, 소위 '식민성(植民性)'과 연관된 부정적인 의미로 이해될 수 있다.

이러한 갈등 양상이 빚어졌던 식민지적 현실에서, 말레이시아와 필리핀은 오랜 식민화 과정에서 주체성을 상실한 채 지배국가의 건축양식을 그대로 받아들일 수밖에 없었고, 그 과정에서 전통건축양식의 연속성과 의미를 상실하는 결과를 낳았다. 특히, 필리핀의 경우에는 지배국가의 종교와 건축적 전통이 자국의 전통으로 전이(轉移)되는 식민건축화의 극단적인 전형을 드러냈다. 또한 이들 나라들은 지배국가의 강력한 식민정책에 의해 주변국과의 문화교류도 거의 이루어내지 못했다. 식민 기간 동안에 이들 나라들에서 전개된 건축양식은 유럽의 신고전주의 양식이 주를 이루었고, 1920~30년에 들어서부터는 근대주의 양식이 나타나기 시작했다.

비록 이들 나라들과 유사한 역사적 과정과 경험을 겪었지만, 동남아에서 유일하게 식민지배를 겪지 않았던 태국의 경우는 건축계의 형성과 제도적 장치를 주체적으로 주도할 수 있었기 때문에, 다른 나라들에 비해 태국의 전통양식을 우세하게 전개시키면서 유럽의 건축적 이념과 양식을 비판적으로 수용할 수 있었을 뿐만 아니라, 이후의 급격한 사회적 변화 속에서도 그러한 흐름을 유지할 수 있었다. 태국은 외형상으로나마 정치적 독립을 유지하면서 유럽의 문화적 침투를 오히려 자국의 전통건축을 새롭게 재인식되는 계기로 삼아 주변국들과는 다른 건축적 실체와 의미를 드러냈다는 점에서, 그리고 역사적으로도 동남아의 문화사적 흐름을 주도하면서 불교와 관련된 문화적 전통과 독창성을 이끌어 왔다는 점에서, 동남아의 문화예술과 건축을 논함에 있어 상당히 중요한 위치와 의미를 부여할 수 있다.

2. 아시아 속의 동남아: 지역문화에 대한 인식과 문화적 상상력의 확대를 위하여

동남아 건축문화에 대한 공부는 그 자체의 고유한 역사적 내용과 흐름을 이해하고, 그것이 현대사회의 다양한 측면들과 어떤 인과관계로 '맺어져 있는지', 그리고 어떻게 새롭게 '맺어질 수 있는지'를 살피는 것에 일차적 초점을 두고 있다. 이와 함께, 문화상대적인 관점에서 동남아 건축이 지니는 문화적 특성과 의미를 비평적으로 살피고 그것을 우리의 상황과 연계시켜 새로운 시각으로 재인식하는 것 또한 다문화적(多文化的) 가치가 상승되고 있는 시점에서 중시되어야 할 부분이다.

아시아의 한 부분으로서, 동남아는 넓은 의미의 '아시아적 가치(Asian value) 혹은 아시아성(Asian identity)'과 연관된 문화적·건축적 실체를 지닌다. 아시아에는 광범위한 지역에 걸쳐 다양한 민족들이 긴 역사를 통해 드러낸 문화적 줄기들이 존재하며, 각각의 기저(基底)에는 그 자체로서 절대적 의미를 갖는 역사적 근본들이 자리 잡고 있다. 그것은 때로 종교(신앙)에서 비롯되기도 하고, 때로는 우주와 미지(未知)의 세계에 대한 인간의 상상력을 통해 생성되기도 하며, 때로는 자연에 대한 인간정신에서 발현되기도 하며, 때로는 인간생활의 사회적 질서와 편리를 도모하기 위한 수단으로서 고안되기도 한다. 이들은 여러 세기를 통해 인간의 구제적인 삶 속에서 시대별로, 지역별로, 민족별로 새롭게 각색되거나 의미화 되는 과정을 거쳐 왔다.

오늘날 우리가 당대의 문화와 예술과 건축을 만들면서 생각하고 실천하는 대부분의 시도들 또한 의식적으로든 무의식적으로든 그러한 문화적 근본들을 우리 시대의 지성과 감성으로 새롭게 각색하고 의미화 시키는 작업의 과정이자 단면일 수도 있다. 반면, 이와는 반대로, 근대와 탈근대를 지나 초현대성(transmodernity)이 논의되고 있는, 또 문화가 경제 개념과 연관되면서 그 깊이와 무게를 축적하기보다는 상업적이고 소비지향적인 가치 개념으로 가볍게 흘러가고 있는, 그리고 첨단공학의 혁신적인 성과에 밀려 인문학적 위상과 문화적 정체성이 위협받고 있는 현대의 시점에서, 문화적 근본들에 대한 인식과 이해를 멀리하거나 등한시하면서 오로지 이 시대만의 합리성과 요구에 부합하는 문화적 시도들도 폭넓고 강하게 이어지고 있다.

어떤 면에서, 문화를 생산하는 사고와 상상력의 범위가 과거에 비해 넓어지고 있는 상황에서, 문화적 근본을 역사적으로 오래 이어저 온 것에 한정해서 이해하는 것 또한 지양해야 할 일이다. 덧붙여, 역사적 기억과 의미보다는 첨단과학과 테크놀로지가 문화개념의 한 축으로 더 굳어진 지 오래인 상황에서, 옛 시대의 문화적 가치와 의미에만 집착하거나 매달리는 것도 그리 올바른 태도는 아닐 것이다. 하지만 아직까지도 여전히 문화적 정체성에 대한 이해와 실천이 문화 생산의 핵심 명제이자 큰 방향으로 자리 잡혀 있고, 고유한 문화 전략을 통해 지역의 경쟁력을 높이는 것 또한 묵직한 과제로 남겨져 있음도 분명하다.

그 방향과 과제를 풀어 가기 위한 장기적인 전략의 하나로서, 우리를 포함한 동북아시아와 서양 지역에만 치중해 왔던 그간의 편향된 공부 범위를 벗어나, 우리 문화의 근본과 줄기를 그보다 훨씬 더 넓은 지역으로 확대해서 살펴보는 자세가 요구되는 시점에 와 있다. 그것은 아마도 아시아의 다양한 문화적 근본들과 그것의 현대적 비전을 넓은 시각으로 다시 조망하고 의미화 시키는 일로부터 시작될 수 있을 것이며, 동남아에 대한 문화적 탐색도 그 일환으로서 의미를 갖게 될 것이다.

물론 이전부터 아시아에 대한 지적(知的) 관심과 탐색이 전혀 없었던 것도 아니고, 지난 세기 후반에는 문학을 비롯한 인문학 분야에서 '제3세계'를 핵심어로 삼아 전개되었던 일련의 논쟁도 있었다. 하지만 대부분 서구지향적 취향에 묻혀 있던 우리 현실에서 큰 의미와 반향을 만들지 못한 채 몇몇 나라들에서 나타난 단편적인 현상을 가볍게 살피는 데 그쳤다. 결국 아시아에 대한 인식과 관심은 있으되 학문적 축적이 빈약한 현실, 아시아의 문화적 인자(因子)는 물려받았으되 서구적 가치에 묻혀 우리 스스로 등한시해 온 현실, 오리엔탈리즘을 비판하면서도 그 안에 갇혀 우리식의 오리엔탈리즘으로 아시아를 역투시하고 있는 현실에 대한 반성 어린 자각과 성찰 있는 실천이 요구된다.

솔직히, '아시아적 가치 또는 아시아성'이란 용어 자체는 상당히 추상적이고 불명확하다. 군이 직설적으로 풀이하자면, 아시아 문화의 바탕을 이루고 있는 근본적인 개념들과 그것의 역사적 흐름에서 고착·지속되어 왔던 다양한 특성들에 대한 총칭일 것이다. 하지만 그 자체가 곧 아시아성의 내용과 가치를 대변하는 것은 아니며, 그렇다고 현대문화의 성분으로 고스란히 이어지는 것도 아니다. 이는 추상적인 의미는 있으되 실체는 모호하기 때문이며, 또한 당대의 관점과 유행에 따라 선택적으로 개념화되고 규정되기 때문이다. 즉, 문화는 그 속성상 정치와 경제 분야처럼 정량적으로 산출되거나 기술적으로 풀어질 수 없기 때문이며, 바로 이 점이 정치적·경제적 측면의 아시아성과 궤도를 달리할 수밖에 없는 큰 차이점이다.

동남아를 비롯한 대부분의 비서구권에서, 아시아성에 대한 논의는 크게 두 측면에서 가시화될 수 있다. 하나는 근대 시기 이전의 문화 그 자체가 지녀 온 역사적 개념의 성격이고, 다른 하나는 근대 시기 이후 서양 문화에 대응하는 상대적 의미로서의 성격이다. 이 둘의 차이는 분명하다. 역사성으로 규정될 수 있는 전자는 오랜 역사에서 가치화된 전통적 의미의 정체성을 의미한다. 근대 이전의 사회에서 정체성은 사실 논쟁의 대상으로 삼을 수도 없었던 문제의 일종이었다. 후자는, 서양 문화의 가치가 주도해 온 흐름에서, '지배와 종속'의 등식으로 성립되어 왔거나 또는 오리엔탈리즘과 연관된 이해 방식을 통해 의미화 된 현대성이다. 그 중심에는 식민지 콤플렉스, 민족주의, 서양을 향한 이론적 사대주의 등과 연관된 이념적 갈등이 짙게 깔려 있다.

이는 우리나라를 비롯한 아시아 대부분의 나라들이 공통적으로 겪어야 했던 것으로, 서구 문화의 충격을 흡수하는 과정에서 가치화된 것이다. 불행히도, 지금 우리에게 더 가깝게 남겨진 것은 후자로 보인다. 이를 혹자는 '근대의 그늘'로, 혹자는 '문화적 병리(病理) 현상'으로 비판하기도 한다. 이와 연관시켜 볼 때, 아시아 연구 역시 아시아 문화 그 자체의 역사적 리얼리티에 대한 이해력과 근대 이후의 어긋난 현대성에 대한 비판적 인식력을 높이는 것, 그리고 이를 통해 문화적 진정성을 확보해내는 방향으로 모아지게 될 것이다. 궁극적으로는 아시아성에 기반을 두면서 역으로 새로운 시대에 맞게 해체하고 확대하는 것이며, 그 표현 방식 또한 '탈(脫)아시아성'임과 동시에 탈시대적, 탈지역적'이어야 할 것이다.

여기서 한 가지 지적하고 싶은 것은 아시아성을 탐구하는 목적이 아시아 전역을 관통하는 보편성을 규정하고 그것을 역사적 의미에서 고착화시키는 데 있다기보다는 오히려 차이의 다양성을 발견하고 새로운 시각을 통해 현대사회로 끌어들이는 데 더 큰 의미가 있다는 점이다. 아시아는 큰 맥락에서 종교성에 바탕을 둔 가치관과 문화 체계를 공유하고 있지만, 그 안에는 너무나 이질적이고 다양한 요소들이 혼재되어 있기 때문에, 또 같은 근본이라고 하더라도 지역적으로 매우 다른 형태를 보여 주고 있기 때문에 아시아에서 보편성에 대한 집착은 무의미하다. 설사 있더라도, 그것은 지역적으로 제한된 의미의 보편성을 갖는 데 머물기 마련이다.

부언컨대, 한국의 건축계에서 아시아성과 관련된 노력은 아직까지도 미비하다. 우리의 경우, 해방 이후 식민지배의 후유증을 극복하기 위한 대항 이념의 성격으로서 민족주의 입장에 입각한 한국성의 모색이 1960년대부터 꾸준히 전개되기 시작했었고, 1980년대 접어든 이후에는 포스트-모더니즘(post-modernism)의 유행과 맞물린 문화 전략의 한 방편으로 한동안 활발하게 재론되기도 했었다. 하지만 대부분 한국 전통건축의 역사적 단편을 시각적으로 재현하는 데 머물러 있었을 뿐, 아시아성과 연관시킬 수 있는 지식의 생산이나 실적을 전혀 드러내지 못했다. 물론 '한국성이 곧 아시아성'이라는 주장도 설득력이 있지만, 역으로 한국성과 연관된 지식 기반을 더 확고하게 다지고 건축적 상상력과 디자인 감각을 키우기 위한 노력의 일환으로 아시아성에 대한 진지한 공부가 다시 요구되고 있음을 재차 강조하고 싶다.

우리는 해방 이후 한국성을 논했던 그 열정으로 다시 아시아성을 논의해야 하는 지점에 와 있다. 이는 오늘의 문제적 현실을 진단하기 위한 하나의 개념적 축(軸)으로서 아시아성을 내세우고 그에 대한 공부의 필요성을 강조

하기 위함이다. 아시아성에 함의된 역사·문화적 리얼리티를 구체적으로
논하는 것은 이후의 과제이다. 이 모두는 우리의 문화적·건축적 상상력을
아시아로 확대시키는 일이며, 역으로 아시아를 우리 문화 속으로 끌어들이
는 작업이다. 그럼으로써 궁극적으로는 서구화에 치우쳐 온 세계성의 다른
부분을 채우는 작업과 직결될 것이다. 동남아에 대한 이해와 관심은 바로 이
러한 맥락에서 의미를 갖는다.

마지막으로, 몇 가지 사항을 지적하고 싶다. 첫째는 아시아를 생각하는
지역적·관념적 범위를 넓히는 일이다. 우리에게 아시아는 동북아시아 3
국─중국, 일본, 한국─에 한정된 좁은 의미로 활용되어 왔다. 이는 주변국
인 중국과 일본을 상대로 한 역사적 인과관계가 크게 작용했고, 그것이 19
세기 이후 국제 관계의 흐름에서도 일정기간 동안 그대로 이어지면서 자연
스럽게 '동아시아적 의식'이 형성되었기 때문이다. 지역적 범위를 넓히는 것
은 단순히 물리적 거리의 확대를 넘어 상상력의 개념적 범위와 지적 바탕을
키우는 일과 통한다. 둘째는 아시아의 역사와 문화를 열린 시각으로 관찰하
고 이해하는 것이다. 이와 함께, 융통성 있는 개념적 틀과 바탕을 확립하고
그에 수반되는 다양한 시도를 긍정적으로 허용하는 문화 풍토의 조성도 중
요하다. 또한 이미 다문화(多文化) 사회로 진입한 상황에서 우리와의 역사
적·현실적 인과관계를 따져 선택적으로 다루기보다는 아시아 각 지역의
다양한 문화 현상을 경험함으로써, 한 지역이나 나라의 특수한 관점에만 집
중하는 기존의 관행도 경계해야 한다. 셋째는 서양 중심의 세계화가 일정 수
준의 궤도를 유지하고 있는 추세에서, 아시아성과 서양적 가치를 상호 대립
의 관계가 아니라 서로 공유될 수 있는 타협의 관계로 이끌어야 한다는 점
이다. 이 또한 맹목적인 '아시아주의(Asianism)'에 빠질 수 있는 우려를 줄일
수 있다는 점에서 나름의 의미를 갖는다. 넷째는 현대적 의미로 다듬어진 아

시아성의 발견과 실천을 위한 하나의 방법으로서, 전통적 가치에 단순히 반응하는 소극적인 자세보다는 그것을 상대로 당대의 시대정신과 감수성을 동원해 과감하게 대결하는 적극적인 태도를 갖는 것이다. 현대적 의미의 아시아성은 전통의 재건설에 있는 것이 아니라 오히려 그것을 새로운 가치로 해체하고 재구축하는 데 있기 때문이다.

덧붙여, 이상에서 언급한 내용을 다지기 위한 백년대계 중의 하나로, 지금까지 이루어진 문화·건축교육의 프로그램을 보완해야 한다는 점을 강조하고 싶다. 평소 우리나라 건축교육에서 아시아의 문화와 건축에 관한 교육 프로그램이 상당히 부족했고, 그것이 우리 건축계의 지식 판도를 빈약하게 만든 원인 중의 하나였다는 사실에 큰 아쉬움을 느끼곤 했다. 서양건축의 역사와 이론이 건축역사교육의 필수 교과목으로 자리 잡고 있는 현실에 비해, 아시아의 건축문화에 관한 교육과 연구는 상대적으로 아주 빈약한 실정이다.

이런 사정을 감안해 볼 때, 어쩌면 건축교육의 현장에서 아시아성과 관련된 교육 프로그램을 기획하고 강의하는 것이 그 무엇보다 우선되어야 함은 자명하다. 재차 강조하건대, 아시아에 대한 편협한 인식과 몰이해에서 비롯된, 그리고 서양 중심주의와 자민족(自民族) 중심의 민족주의적 입장으로 대별되었던 그간의 상황에서 야기된 한국건축의 고질적 한계를 벗어나 세계사적 흐름에서 당당하게 읽혀질 수 있는 건축작품을 내놓는 일, 이를 위한 교육과 공부를 지금부터라도 시작해야 할 것이다.

참고문헌

국문 단행본

권률 외, 『동남아 연구의 새로운 지평』, 명원출판사, 2002.

김주한, 『서양의 역사』, 역사교양사, 1998.

김홍식, 『민족건축론』, 한길사, 1987.

박사명 · 조흥국 외, 『동남아의 화인사회』, 전통과 현대, 2000.

양승윤, 『동남아—인도관계론』, 한국외국어대학교 출판부, 2009.

조흥국, 『동남아의 역사와 문화에 대한 이해』, 온양민속박물관 개관 18주년
　　　기념학술회, 1996.

최석만 외, 『태국의 사회변동과 경제발전』, 집문당, 1993.

한국외국어대학교 지역학 연구회, 『지역학 연구의 과제와 방법』, 책갈피,
　　　2000.

한국외국어대학교 외국학종합연구센터, 『세계의 민간신앙』, 한국외국어대학
　　　교 출판부, 2006.

태국어

냉너이 싹씨, 『라따나꼬씬 시대의 건축유산』(태국어판), 롱핌끄룽텝(방콕),
　　　1993.

촛 깐야나밋, 『라따나꼬신 시대 서구식 건축의 영향: 1783-1982』(태국어판),

태국건축예술 제2권, 탐마쌋대학교 출판부, 1983.

태국건축가협회, 『태국건축의 사상과 양식의 발전』(태국어판), 아마린 출판
　　사(방콕), 1993.

번역서

다끼까와 쯔도무 외, 『동남아시아 현대사 입문』, 나남출판부 역, 1982.

버나드 루이스, 『이슬람문명사』, 김호동 역, 이론과 실천, 1994.

비토리오 M. 람프냐니, 『현대건축의 조류』, 이정호 역, 태림문화사, 1989.

레스니코프스키 W. G., 『합리주의와 낭만주의 건축』, 박순관·이기민 공역,
　　국제출판사, 1993.

조지 미셸, 『힌두사원-그 의미와 형태에 대한 입문서』, 심재관 역, 대숲바람,
　　2010.

학위논문

김정동, "한국근대건축에 있어서 서양 건축의 전이와 그 영향에 관한 연구-
　　동아시아와 극동을 매개로 하여 동침하는 과정과 병행하여", 홍익대
　　학교 대학원 박사학위논문, 1990.

박순관, "근대화 시기 전후 태국건축의 변화과정 연구-건축양식상의 의미를
　　중심으로", 명지대학원 박사학위논문, 1997.

문순홍, "문화적 식민주의의 본질", 성균관대학원 석사학위논문, 1982.

이충원, "동남아시아에 있어서 구미제국의 식민지 교육정책에 관한 연구",
　　성균관대학교 박사학위논문.

최영수, "포르투갈과 스페인의 식민정책에 관한 비교연구", 단국대학교대학
　　원 박사학위논문, 1990.

영문

A. Ghatar Ahmad, British Colonial Architecture in Malaysia 1800-1930, Museum Association of Malaysia (Kuala Lumpur), 1997.

A. K. Bhattacharyya, Buddhist Iconography in Thailand: A South-East Asian Perspective, Punthi Pustak (Kolkata, India), 2007.

Abdul Halim Nasir, Mosques of Peninsular Malaysia, Berita Publishing SDN. BHD. (Kuala Lumpur), 1984.

Abdul Halim Nasir, The Traditional Malay House, Penerbit Fajar Bakti Sdn. Bhd. (Malaysia), 1997.

Adrian Snodgrass, The Symbolism of the Stupa, SEAP (SGP), 1985.

Ahmad Ibrahim, Sharon Siddique, Yasmin Hussain (compiled by), Readings on Islam in Southeast Asia, Social Issues in Southeast Asia, ISEAS (SGP), 1985.

Amar Nath Khanna, Hindu and Buddhist Monuments and Remains in South-East Asia, Aryan Books International (New Delhi), 2008.

Anna Libera Dallapiccola (ed.), The Stupa: Its Religous, Historical and Architectural Signficance, Franz Steiner Verlag, 1980.

Anuvit Charernsupkul, The Elements of Thai Architecture, Karn Pim Satri Sarn Co. Ltd. (BKK).

Barry Dawson & John Gillow, The Traditional Architecture of Indonesia, Thames and Hudson Ltd, (London), 1994.

Betty Gosling, Sukhothai: Its History, Culture, and Art, Oxford Univ. Press, Asia Books, 1991.

Bodrogi, T.. Art of Indonesia. New York Graphic Society Ltd., 1972.

C. P. Fitz Gerald, The Southern Expansion of the Chinese People, White Lotus (BKK, Cheney), 1972.

Caroline Humphrey & Piers Vitebsky, Sacred Architecture, Duncan Baird Publishers (London), 1997.

Charles F. Chicarelli, Buddhist Art: An Illustrated Introduction, Silkworm Books (BKK). 2004.

Chen Voon Fee (ed.), The Encyclopedia of Malaysia-Architecture, Archipelago Press (Singapore), 1998.

Clarence Aasen, Architecture of Siam-A Cultural History Interpretation, Oxford University Press (New York), 1998.

Christophe Munier, Sacred Rocks and Buddhist Caves in Thailand, White Lotus Press (BKK), 1998.

Christopher Tadgell, India and Southeast Asia-the Buddhist and Hindu Tradition, Ellipsis (London), 1998.

Cyril M. Harris, Historical Architecture Sourcebook, McGraw-Hill Co., 1977.

D. R. SarDesai, Southeast Asia-Past & Present, Third Edition, Westview Press (USA), 1994.

Dawson, B. & Gillow. J.. The Traditional Architecture of Indonesia. Thames and Hudson (London), 1994.

Dean Sherwin, Malay Roof Forms and Ventilation, MA(Majallah Akitek) Vol 1:77, 1977.

Denise Heywood, Ancient Luang Prabang, River Books (BKK), 2006.

Dhaninivat, Kromamun Bidyalabh, A History of Buddhism in Siam, The Encyclopaedia of Buddhism, 1960.

Donald K. Swearer, The Buddhist World of Southeast Asia, State University of New York Press, 1995.

Ellis, G. R.. The Art of the Toradja. Journal of Arts of Asia, 9/10, 1980.

Evelyn Lip, Chinese Temple Architecture in Singapore, Singapore University Press (Singapore), 1983.

Fritz A. Wagner, Art of Indonesia. Graham Brash (SGP), 1988.

G. Coedes, edited by Walter F. Vella & translated by Susan Brown Cowing, The Indianized States of Southeast Asia, East-West Center Press (Honolulu), English Edition 1968.

Gabin Folld, An Introduction to Hinduism, First South Asian Edition, Foundation Books Pvt. Ltd. (New Delhi), 2004.

George Michell, Hindu Art and Architecture, Thames and Hudson Ltd. (London), 2000.

Ha Van Tan & Nguyen Van Ku-Pham Ngoc Long, Chua Vietnam Buddhist Temples, Social Sciences Publishing House (Ha-Noi), 1993.

Hans Penth & Andrew Forbes, A Brief History of Lan Na and The Peoples of Chiang Mai, Chiang Mai City Arts & Cultural Centre (Chiang Mai Municipality), 2004.

Helen Grant Ross & Darryl Leon Collins, Building Cambodia: 'New Khmer Architecture' 1953-1970, ARK Research (Architecture Research Khmer, Phnom Penh), 2006.

Himanshu Prabha Ray (ed.), Sacred Landscapes in Asia: Shared Traditions, Multiple Histories, India International Centre, Manohar (New Delhi), 2007.

Howard M. Federspiel, Sultans, Shamans & Saints: Islam and Muslims in Southeast Asia, University of Hawai's Press, Silkworm Books BKK), 2007.

Humphrey, C. & Vitebsky, P.. Sacred Architecture. Duncan Baird Publishers (London),1997.

Ipac-Alarcon, Norma, Philippine Architecture during the Pre-Spanish and Spanish Periods, Santo Tomas University Press (Manila), 1991.

I. W. Mabbett, The Indianization of Southeast Asia: Reflections on the Prehistoric Sources, Journal of Southeast Asian Studies, Vol.VIII, No.1, 1977.

Institute of Art and Culture, The Domestic Architecture of the Thai Muslims in The Southern Border Provinces of Thailand, Prince of Songkla University (Thailand), 1994.

J. S. Sande, Toraja in Carving's, 1991.

Jacques Dumarcay, The House in South-East Asia, Oxford University Press Pte. Ltd., 1987.

Jacques Dumarcay, Architecture and Its Models in South-East Asia, Orchid Press (BKK), 2003.

Jacques Dumarcay and Michael Smithies, Cultural Sites of Burma, Thailand, and Cambodia, Oxford University Press, 1998.

Jacques Dumarcay and Michael Smithies, Cultural Sites of Malaysia, Singapore, and Indonesia, Oxford University Press, 1998.

Jane Beamish & Jane Ferguson, A History of Singapore Architecture-The Making of a City, Graham Brash (Pte) Ltd. (SGP), 1985 & 1989.

Joachim Schliesinger, Tai Groups of Thailand, Vol. 1 Introduction and Overview, White Lotus (BKK), 2001.

John Hoskin, Ten Contemporary Thai Artists: The Spirit of Siam in Modern

Art, Graphics (BKK), 1984.

John Sun Hock Lim, "Colonial Architecture and Architects of Georgetown and Singapore", PH.D. Thesis, NUS (National University of Singapore), 1990.

Jowa Imre Kis-Jovak & Hetty Nooy-Palm & Reimar Schefold & Ursula Schulz-Dornburg, Banua Toraja-Changing patterns in architecture and symbolism among the Sa'dan Toraja Sulawesi Indonesia, Royal Tropical Institute (Amsterdam), 1988.

Julian Davison (texted by), Introduction to Balinese Architecture, Periplus Edition (HK) Ltd., 2003.

Juliet Pegrum, Vastu Vidya-the indian art of placement, New Age Books (New Delhi), 2000.

K. G. Izikowitz & P. Sorensen, The House in East and Southeast Asia: Anthropological and Architectural Aspects, Scandinavian Institute of Asian Studies Monograph Series No. 30, 1982.

K. I. Matics, Introduction to The Thai Temple, White Lotus (BKK), 1992.

K. R. Srinivasan, Temples of South India, National Book Trust (India), 1972.

K. V. Raman, Temple Art, Icons and Culture of India and Southeast Asia, Sharada Publishing House (Delhi), 2006.

Karl Dohring, Buddhist Temples of Thailand - An Architectonic Introduction, translated by Krisana Honguten, White Lotus Co., Ltd. (Bangkok-Berlin), 2000.

Karl Dohring, Buddhist Stupa (Phra Chedi) Architecture of Thailand, translated and with a preface by Walter E. J. Tips, White Lotus Co., Ltd. (Bangkok-

Berlin), 2000.

Karuna Kusalasaya, Buddhism in Thailand-its Past and its Present, Mental Health Publishing House (Thailand), third printing, 2001.

Ken Yeang, The Architecture of Malaysia, The Pepin Press (Kuala Lumpur), 1992.

Kis-Jovak, J. I.. Banua Toraja-Changing Patterns in Architecture and Symboling among the Sa'dan Toraja Sulawesi Indonesia, The Royal Tropical Institute Indonisia), 1998.

Lim Jee Yuan, The Malay House-Rediscovering Malaysia's Indigenous Shelter System, Institut Masyarakat (Malaysia), 1987.

Lim Chong Keat, Habitat in Southeast Asia-A Pictorial Survey of Folk Architecture, National Art Gallery (Kuala Lumpur), 1987.

Linda Yip & Susan Bleackley & Madya Kamariyah Kamsah, Balai Besar, Balai Nobat: Mubin Sheppard Memorial Prize Vol. 2, Badan Warisan (Malaysia), 1998.

Luca Invernizzi Tetton, Myanmar Style: Art, Architecture and Design of Burma, Periplus, 1998.

Madya Dr. Mohd Tajuddin Mohd Rasdi & Alice Sabrina Ismail, Traditional Muslim Architecture in Malaysia, Monograph KALAM Vol. 2, Pusai Kaji alam Bina Dunia Melayu (KALAM), 2003.

Marampa. A. T., Guide to Tana Toraga. Hak penyusun dilindungi Undang (Indonesia).

Martin Frishman & Hasan Uddin Khan, The Mosque-History, Architectural Development & Regional Diversity, Thames and Hudson Ltd. (London),

1994.

Mary Somers Heidhue, Southeast Asia-A Concise History, Thames & Hudson.
2000.

Michel Gilquin, The Muslims of Thailand, Silkworm Books (Chiang Mai), 2002.

Milton Osborne, Southeast Asia: An Introductory History, Allen Unwin, 1997.

Minh Chi-Ha Van Tan-Nguyen Tai Thu, Buddhism in Vietnam: From its Origins
to the 19th century, The Gioi Publishers (Hanoi), 1993.

Mohd Tajuddin Mohd Rasdi (ed.), Traditional Muslim Architecture in Malaysia,
KALAM (Malaysia), 2003.

Neeru Misra Sachchidanand Sahai (ed.), Mapping Connections: Indo-Thai His-
torical and Cultural Linkages, Mantra Books (New Delhi), 2006.

Nguyen Duc Dieu (ed.), Buddhist Temples in Vietnam, Social Sciences Publish-
ing House (Hanoi), 1993.

Nithi Sthapitanonda & Brian Mertens, Architecture of Thailand-A guide to tra-
ditional and contemporary forms, Asia Books Co. Ltd. (BKK), 2005.

Norma I. Alarcon, Philippine Architecture during the Pre-Spanish and Spanish
Period, Santo Tomas Univ. Press (Philippines), 1991.

Norman Edwards & Peter Keys, Singapore: A Guide to Building, Streets, Places,
Times Books International (SGP), 1996.

Norman Edwards, The Singapore House and Residential Life 1819-1939, Ox-
ford University Press Pte. Ltd., 1990.

O. W. Wolters, History, Culture, and Region in Southeast Asian Perspectives, In-
stitute of Southeast Asian Studies (Singapore), SEAP Publications (SGP),
1998.

P. G. Morley, The Malay Houses-An Article in PETA Journal, Nov. 1995 Issue.

P. N. Chopra (ed.), Religions and Communities of India, Vision Books Pvt. Ltd. (New Delhi), 1998.

Pinna Indorf, "Theravadin Monastic Architecture: Canonical Residential Forms and the Development of Theravadin Monastic Architecture of Southeast Asia with Emphasis on the Thai Monastic Forms", PH.D. Thesis, NUS (SGP), Volume 1-3, 1985.

Piyalada Devakula, "A Traditional Rediscovered-Toward an Understanding of Experiential Characteristics and Meanings of the Traditional Thai House", PH.D. Thesis, The University of Michigan, 1999.

Pratapaditya Pal (ed.), Buddhist Art: Form & Meaning, Marg Publication, 2007.

Promsak Jermsawatdi, Thai Art with Indian Influences, Abhinav Publications (New Delhi), 1979.

Pussadee Tiptus, An Architectural Digest-From the Past to the Present, The Association of Siamese Architects (BKK), 1992.

R. Champakalakshmi, The Hindu Temple, Roli & Jansen BV (New Delhi), 2007.

Rahul Vishwas Altekar, Vastusastra: Ancient Indian Architecture and Civil Engineering, D. K. Printworld (P) Ltd. (New Delhi), 2004.

Renata Holod & Hasan Uddin Khan, The Mosque and the Modern World, Thames and Hudson Ltd. (London), 1997.

Rita Ringis, Thai Temples and Temple Murals, Oxford University Press (London), 1990.

Robert E. Fisher, Buddhist Art and Architectur, Thames and Hudson Ltd. (London), 1993.

Robert Powell, Singapore-Architecture of a Global City, Archipelago Press (SGP), 2000.

Robert Powell, Singapore Architecture, Periplus Edition (HK) Ltd. (SGP), 2004.

Ruethai Chaichongrak, Somchai Nil-athi, Ornsiri Panin and Saowalak Posayananda, The Thai House-History and Evolution, River Books, 2002.

Roxana Waterson, The Living House-An Anthropology of Architecture in Southeast Asia, Thames and Hudson, 1990.

Roxana Waterson, Regional Identity and the Fate of Some Vernacular Architecture in Indonesia. NUS Academy Paper (SGP), Vol.2 No.1, 1989.

S. Vlatseas, The History of Malaysian Architecture, Longman Pte Ltd (SGP), 1990.

S. P. Gupat & Shashi Prabha Asthana, Elements of Indian Art: Including Temple Architecture, Iconography & Iconometry, D. K. Printworld (P) Ltd. (New Delhi), 2002.

Saeng Chandra-ngarm, Buddhism and Thai People, Ming Muang Printing (Chiang Mai), 1999.

Stanislaus Sandarupa, Life and Death in Toraja. Indonesia: Ujung Pandang (Indonesia), 1996. 2000.

Sande, J. S. (ed.), Toraja in Carving. Penyusun (Indonesia), 1989.

Sarassawadee Ongsakul, History of Lanna, Translated by Chitraporn Tanratanakul, Silkworm Books, 2001.

Seiji Imanaga, Islam in Southeast Asia, Keisuisha, 2000.

Seri Phongphit, Theravada Buddhism and its Role in the Changing Thai Society Today, Sophia University (Tokyo), 1985.

Shakunthala Jagannathan, Hinduism, Vakils, Feffer and Simons Ltd. (Bombay), 1984.

Siregar, L. G.. "Ethical and Ecological Realization Facing Globalization: A Contribution from Vernacular Architecture", Medio Ambiente Comportamiento Humano, 4(2), 2003.

Steve Van Beek & Luca Invernizzi Tettoni, The Arts of Thailand, Periplus (SGP), 1991.

Subhadradis Diskul, Art in Thailand: A Brief History, Amarin Printing Group (BKK), 1991.

Sujata Soni, Evolution of Stupas in Burma, Pagan Period: 11th to 13th centuries A.D., Motilal Banarsidass Publishers PVT. LTD. (Delhi), 1991.

Sumet Jumsai, Naga-Cultural Origins in Siam and the West Pacific, Oxford University Press (SGP, New York), 1988.

Suntud Khaisang, "A Study of the Composition of Ancient Architecture in Thailand", Master's Thesis, University of Nebraska, 1968.

Surendra K. Gupta, Indians in Thailand, Books India International (New Delhi), 1999.

Sushil K. Naidu, Buddhism in Myanmar, Kalinga Publications (Delhi), 2008.

Swati Chattopadhyay, "A Critical History of Architecture in a Post-Colonial World: A View from Indian History", Architronic v6n1.05, 1997.

T. S. Rukmani (ed.), Hindu Diaspora: Global Perspectives, Munshiram Manoharlal Publishers Pvt. Ltd. (New Delhi). 2001.

Taufik Abdullah & Sharon Siddique (ed.), Islam and Society in Southeast Asia, ISEAS, 1986.

Thew Kim Lean, Malay Influences in Architecture Focus on W. Malaysia & Singapore, B.Arch., NUS, 1978/79.

Trevor Ling (ed.), Buddhist Trends in Southeast Asia, ISEAS, 1993.

Trevor Ling, Buddhist Trends in Southeast Asia, Institute of Southeast Asian Studies (SGP), 1993.

The Association of Siamese Architects, The Traditional Thai House, 1969.

Tjahjono, G. (ed.), Indonesian Heritage-Architecture. Archipelago Press (SGP), 1998.

Urban Redevelopment Authority, Little India-Historic District, Singapore, 1995.

Vira Sachakul, Bangkok Shophouses: Socio-Economic Analysis and Strategies for Improvements, PH.D. Thesis, The University of Michigan, 1982.

Volkman, T. A. & Zerner, C.. Tourism and Architectural Design in the Toraja Highlands. Mimar, Vol 2 No.25, 1987.

Wagner, F. A.. Art of Indonesia. Singapore: Graham Brash, 1988.

Waller, E.. The Three Toragan Brothers. Architectural Journal of NUS, National University of Singapore, 1991.

William S. W. Lim, Architecture and Development in Southeast Asia, Solidaridad Publishing House, 1991.

Winand Klassen, Architecture in the Philippines-Filipino Building in a Cross-cultural Context, University of San Carlos (Manila), 1986.

Wulf Killmann, Tom Sickinger & Hong Lay Thong, Restoring & Reconstruction The Malay Timber House, Forest Research Institute Malaysia (FRIM), 1994.

Zerner, C.. Animate Architecture of the Toraja, Journal of Arts of Asia, 9/10, 1983.

도판 목록

사진 목록

1. 깜띠엥 저택, 방콕, 태국

2. 쑤안 페커드 저택, 방콕, 태국

3. 타이 루에 종족의 전통주거, 치앙마이, 태국

4. 미낭가바우 지역의 궁전양식

   출처, Roxana Waters (1990), p. 235.

5. 인도네시아 수마트라 북부지역의 전통주거

6. 인도네시아 수마트라 서부지역의 전통주거

7. 인도네시아 리아우 지역의 전통주거

8. 인도네시아 누사 텡가라 서부지역의 전통주거

9. 물소 머리 장식, 사단 또라자 마을 내

10. 보리 또라자 지역의 마을 전경

11. 사단 또라자 지역의 전통주거(통고난)

12. 론다 그레이브, 동굴무덤군, 또라자 지역 내

13. 팔라와(Palawa) 또라자 마을의 곡물창고

14. 팔라와 또라자 지역의 마을 전경

15. 내부 벽체, 팔라와 또라자 마을 내

16. 내부 바닥, 사단 또라자 마을 내

17. 옥외 지반층 공간, 팔라와 또라자 마을 내

18. 내부 중앙부의 살리 공간, 팔라와 또라자 마을 내

19. 내부 남측부의 숨봉 공간, 팔라와 또라자 마을 내

20. 지붕 시공 상세, 팔라와 또라자 마을 내

21. 뚜락 솜바(외부기둥), 팔라와 또라자 마을 내

22. 대나무 연결방식

23. 처마 밑 박공부분의 채색장식, 팔라와 또라자 마을 내

24. 본채 전면, 팔라와 또라자 마을 내

25. 마깔레 의회청사, 술라웨시, 인도네시아

26. 산치대탑, 산치 지역, 인도

27. 왓 프라시산펫, 아유타야, 태국

28. 탓 루앙, 비인티안, 라오스

29. 왓 프라람의 스투파, 아유타야, 태국

30. 왓 구구트(차마테위)의 스투파, 층계식 스투파, 람푼 지방, 태국

31. 왓 도이 수텝의 스투파, 치앙마이, 태국

32. 왓 하리푼자야의 스투파, 태국

33. 왓 얀 싸와라람의 스투파, 파타야, 태국

34. 뜨란 퀵 사원의 파고다, 하노이, 베트남

35. One Pillar 파고다, 하노이, 베트남

36. 프라 파톰 스투파, 나껀 빠톰, 태국

37. 앙코르 왓, 캄보디아

　　사진 제공, 김상언(제주 담건축사사무소)

38. 왓 프라 싱, 치앙마이, 태국

39. 왓 찬타부리, 비인티안, 라오스

40. 왓 시사켓, 비인티안, 라오스

41. 왓 라차나다람 사원, 방콕, 태국

42. 콩시 사원의 한 예, 말레이시아

43. 쳉 훈 텡 사원, 말라카, 말레이시아

44. 티안혹켕 사원, 싱가포르

45. 왓 망꼰 카말라왓, 차로엔 크룽 거리, 방콕, 태국

46. 푸탁치 사원, 싱가포르

47. 푸탁치 사원의 내부 중정

48. 켁록시 중국사원, 페낭, 말레이시아

49. 기단부 채색 자기타일 장식, 왓 아룬, 방콕, 태국

50. 채색 금박장식, 왓 포, 방콕, 태국

51. 지붕장식, 왓 차이몽콘 사원, 치앙마이, 태국

52. 지붕장식, 왓 찬타부리, 비인티안, 라오스

53. 지붕장식, 왓 옹 떼마하위한, 비인티안, 라오스

54. 지붕의 초파 장식, 왓 차이몽콘, 치앙마이, 태국

55. 차문데스와리 힌두사원, 마이솔(Mysore), 인도 남부지역

56. 스리 마하마리암만 힌두사원(일명, Wat Khaek Silom), 방콕 실롬 로드,
    태국

57. 스리 마하마리암만 힌두사원의 고푸람, 방콕 실롬 로드, 태국

58. 스리 마리암만 힌두사원, 싱가포르

59. 스리 페루말 힌두사원, 세랑군 로드, 싱가포르

60. 스리 깔리암만 힌두사원, 세랑군 로드, 싱가포르

61. 나고르 두르가 모스크, 텔록 아이어 거리, 싱가포르

62. 나고르 두르가 모스크의 내부

63. 마스지드 미라수딘 회교 사원, 방콕, 태국

64. 캄보디아 이슬람 센터, 깜퐁 참, 캄보디아

65. 술탄 모스크, 싱가포르

66. 자메 모스크, 싱가포르

67. 말레이시아 국립 회교사원, 쿠알라룸푸르, 말레이시아

68. 말레이시아 국립 회교사원의 내부

69. 말라카 현대 모스크, 말라카, 말레이시아

70. 말라카 현대 모스크 내부

71. 엔레깡 현대 이슬람 사원, 술라웨시 군도, 인도네시아

72. 페낭 현대 모스크, 페낭, 말레이시아

73. 자카르타 이스티퀼 현대 모스크, 자카르타, 인도네시아

74. 식민풍 건축의 한 예, 프놈펜, 캄보디아

75. 식민풍 건축의 한 예, 프놈펜, 캄보디아

76. 캄보디아 법원, 프놈펜, 캄보디아

77. 세인트 폴 성당 내부, 말라카, 말레이시아

78. 성 피터 교회, 말라카, 말레이시아

79. 성 피터 교회 내부

80. 바라이 베자르, 알로르 세타르, 말레이시아

81. 바라이 베자르 내부

82. 치 멘션, 말라카, 말레이시아

83. 스테이더스 광장, 말라카, 말레이시아

84. 스테이더스 공회당, 말라카, 말레이시아

85. 크라이스트 교회, 말라카, 말레이시아

86. 식민풍 주택, 페낭, 말레이시아

도면 목록

5. 타이 루에 종족의 전통주거 입체도, 치앙마이, 태국

  출처, The Association of Siamese Architects (1969)

6. 타이 루에 종족의 전통주거 내부공간구성도, 치앙마이, 태국

  출처, The Association of Siamese Architects (1969)

7. 태국 북부 지역의 전통주거

  출처, Jacques Dumarcay(1987), p. 29.

8. 태국 중부지역의 전통주거

  출처, Clarence Aasen (1998), p. 116.

9. 인도네시아 카로 바딱 전통주거양식

  출처, Barry Dawson & John Gillow (1994), p. 38.

10. 물소 머리 모양의 장식 패널, 또라자 전통주거

  출처, Barry Dawson & John Gillow (1994), p. 138.

11. 이끼 모양 장식, 또라자 전통주거

  출처, Barry Dawson & John Gillow (1994), p. 138.

12. 또라자 지역 위치도

  출처, Jowa Imre Kis-Jovak (1998), p.10)

13. 신화적 의미의 도해, 인도네시아 또라자 종족

  출처, Jowa Imre Kis-Jovak (1998), p. 37.

14. 파일 타입 주거의 평면과 단면

  출처, Jowa Imre Kis-Jovak (1998), p. 86.

15. 곡물창고 입면도

  출처, Barry Dawson & John Gillow (1994), p. 111.

16. 또라자 통고난의 횡단면도

  출처, Barry Dawson & John Gillow (1994), p. 111.

17. 빠뿌아 띠나 장식

출처, J. S. Sande (1991), p. 41.

18. 빠떼동 장식

출처, J. S. Sande (1991), p. 8.

19. 북측 전면 파사드

출처, Jowa Imre Kis-Jovak (1998), p. 100.

20. 또라자 지붕형태의 역사적 전개

출처, Jowa Imre Kis-Jovak (1998), p. 69.

21. 말레이시아 전통주거의 내부공간 구성도

출처, Lim Jee Yuan (1987), p. 36.

22. 붐붕 판장 주거양식

출처, Lim Jee Yuan (1987), p. 22.

23. 붐붕 리마 주거양식

출처, Lim Jee Yuan (1987), p. 22.

24. 붐붕 페락 주거양식

출처, Lim Jee Yuan (1987), p. 24.

25. 붐붕 리마스 주거양식

출처, Lim Jee Yuan (1987), p. 24.

26. 붐붕 말라카 주거양식

출처, Lim Jee Yuan (1987), p. 31.

27. 미낭가바우 주거양식

출처, Lim Jee Yuan (1987), p. 30.

28. 기원전 1세기경의 불교 전파도

출처, Amar Nath Khanna (2008), p. xxv.

39. 와디 알 후세인 모스크, 나라티왓, 태국

출처, Nithi Sthapitanonda (2005), p. 112.

40. 깜풍 후루 모스크의 북측입면도, 말라카, 말레이시아

출처, Madya Dr. Mohd Tajuddin Mohd Rasdi (2003), p. 13.

41. 깜풍 후루 모스크의 1층 평면도

출처, Madya Dr. Mohd Tajuddin Mohd Rasdi (2003), p. 13.

42. 바라이 베자르 정면도

출처, Linda Yip (1998), p. 8.

43. 바라이 베자르 평면도

출처, Linda Yip (1998), p. 6.

44. 초기 방갈로 건축 입면

출처, Urban Redevelopment Authority (1995), p. 25.

45. 번햄의 마닐라 도시계획안

출처, Winand Klassen (1986)

46. 번햄의 시카고 도시계획안

출처, Winand Klassen (1986)

47. 마닐라 우체국, 후앙 아렐라노 설계

출처, Winand Klassen (1986)

48. 숍하우스, 여러 유형의 전면 파사드들

출처, Chen Voon Fee(ed.) (1998), p. 90.

49. 숍하우스 입체도

출처, Urban Redevelopment Authority (1995), p. 28.

50. 숍하우스 입체도

출처, Urban Redevelopment Authority (1995), p. 30.

51. 숍하우스 1층 평면도

　출처, Urban Redevelopment Authority (1995), p. 31.

52. 숍하우스 2층 평면도

　출처, Urban Redevelopment Authority (1995), p. 31.

53. 숍하우스 지붕층 평면도

　출처, Urban Redevelopment Authority (1995), p. 31.

54. 숍하우스 단면도

　출처, Urban Redevelopment Authority (1995), p. 31.

55. 왓 아룬 스투파의 입면도

　출처, Sumet Jumsai (1988), p. 124.

56. 왓 아룬 스투파의 평면도

　출처, Sumet Jumsai (1988), p. 123.

57. 싱가포르의 도시계획, 1882년

　출처, Jane Beamish (1985), p. 13.

58. 방콕의 도시변화

　라마 1~3세 시기

　라마 4세 시기

　라마 5세 시기

　라마 6세 시기

　라마 7~9세 시기

　1890년대 후반

　출처, Pussadee Tiptus (1992), p. 37-40 & Clarence Aasen (1998), p. 123.

박순관(朴淳官)

2001년부터 현재까지 제주국제대학교(구 탐라대학교) 건축디자인학과에 몸담고 있다. 1990년
대 초반부터 아시아 건축문화의 근본이념과 그것의 근대적 변화에 관한 내용을 공부의 큰 주제
로 삼으면서 비서구 사회의 건축문화가 지니는 문제적 현실에 대한 비판적 극복을 강조해 왔다.
주로, 인도와 동남아시아 지역의 역사 · 문화와 건축에 대한 이해를 통해 아시아 전반의 문화성
과 건축현상을 살피는 데 힘써 오면서 이와 연관된 저서와 논문을 다수 발표했다.
1997년에 명지대학교 대학원에서 「근대 시기 이후, 태국건축의 변화과정 연구」라는 주제로 첫
번째 박사학위를 마쳤다. 이후, 인도 국립네루대학교(Jawaharlar Nehru University)의 미학 · 예
술대학에서 다시 박사학위과정(2007~2009)을 수료했으며, 현재 「인도와 동남아의 근대불교건
축」을 주제로 두 번째 박사학위논문을 진행 중에 있다.

동남아
건축문화
산책

초판인쇄	2013년 6월 28일
초판발행	2013년 6월 28일

지은이	박순관
펴낸이	채종준
펴낸곳	한국학술정보(주)
주소	경기도 파주시 문발동 파주출판문화정보산업단지 513-5
전화	031) 908-3181(대표)
팩스	031) 908-3189
홈페이지	http://ebook.kstudy.com
E-mail	출판사업부 publish@kstudy.com
등록	제일산-115호(2000.6.19)

ISBN	978-89-268-4386-4 93540 (Paper Book)
	978-89-268-4387-1 95540 (e-Book)

이담
Books 한국학술정보(주)의 지식실용서 브랜드입니다.